装备科技译著出版基金

现代短波信号检测与测向

Modern HF Signal Detection and Direction Finding

［美］Jay R. Sklar 著

刘寅生 唱亮 译

国防工业出版社

·北京·

著作权合同登记　01-2023-0335号

图书在版编目(CIP)数据

现代短波信号检测与测向/(美)杰伊·R.斯克拉(Jay R. Sklar)著;刘寅生,唱亮译.—北京:国防工业出版社,2023.10

书名原文:Modern HF Signal Detection and Direction Finding

ISBN 978-7-118-13061-4

Ⅰ.①现… Ⅱ.①杰… ②刘… ③唱… Ⅲ.①信号检测 Ⅳ.①TN911.23

中国国家版本馆 CIP 数据核字(2023)第173375号

Modern HF Signal Detection and Direction Finding
ISBN 978-0262038294
by Jay R. Sklar
© 2018 The MIT Press

本书简体中文版由 The MIT Press 授予国防工业出版社在中国大陆地区(不包括香港、澳门以及台湾地区)出版与发行。未经许可之出口,视为违反著作权法,将受法律之制裁。

※

国防工业出版社出版发行
(北京市海淀区紫竹院南路23号　邮政编码100048)
三河市腾飞印务有限公司印刷
新华书店经售
*
开本 710×1000　1/16　印张 17　字数 299 千字
2023 年 10 月第 1 版第 1 次印刷　印数 1—1500 册　定价 129.00 元

(本书如有印装错误,我社负责调换)

国防书店:(010)88540777　　书店传真:(010)88540776
发行业务:(010)88540717　　发行传真:(010)88540762

前　言

本书的内容来自于麻省理工学院(MIT)林肯实验室在短波自适应天线阵列处理技术30年来的深度研究与实践工作。在研究初始阶段，尚不清楚这种技术能否成功地抑制干扰并准确估计信号波达方向。由于来自远端发射源的高频信号在电离层折射后沿着大致倒U形路径到达接收机，而不像超高频(VHF)及以上频段的通信信号沿着视距直接到达接收传感器，因此我们对基于阵列天线处理方法的有效性尚存疑问，因为上述方法主要基于视距平面波传播理论进行设计。在工作起始阶段，我们把重点放在论证高频自适应阵列技术的应用可行性上，但随着经验的不断积累，相应研究已扩展到量化评估阵列处理的性能，以及在不同天线阵列构型下性能差异的评估上。

本书第一个目标是揭示经验背后的深层次理论，力争在短波通信领域中的自适应阵列信号技术上，为有经验的工程师们提供一个自成体系的参考。经过对海量技术论文进行系统的整理与归纳，我们也感觉到建立上述参考体系是十分必要的，希望这一主要目标已经实现。本书的第二个目标是阐明当前使用的各种典型方法之间的关系，并将阵列几何构型、可达到的性能和相关信号处理方法相互关联。

本书首先对短波传播效应、通信信号制式和短波接收机体系架构进行简要介绍，旨在为不同领域的阅读者提供基本的技术参考；然后在介绍阵列信号处理这一核心内容之前，简要描述了信号监测的目标及贯穿全文的矢量信号模型。基于这一模型，对信号检测和示向度估计技术进行了详细阐述，并对相应的定位方法进行进一步的介绍。在最后两节中，对信号估计(俗称为"复制")技术进行了论述。

本书的读者应具有线性代数的基础，并在电离层传播效应和通信信号理论等领域具备专业知识。尽管在前面的章节中回顾了这些领域的内容，但主要目的是为读者提供一个学习的"入口通道"，并不能视为对这些领域的详细论述。更详细的背景资料可以在第2章和第3章所引用的参考文献中找到。

致　　谢

我对高频信号的兴趣可以追溯到 20 世纪 80 年代中期,那时尚未证明自适应阵列处理技术应用在高频信号传输的可行性。从 VHF 阵列处理技术的成功中得到启发,希德·基森和杰夫·弗里德霍夫建议麻省理工学院林肯实验室成立一个小组,以欧文·斯蒂格利茨为首,用高频天线阵列进行实验。我很幸运地领导了这项工作,并在短波测向(HFDF)领域有了 30 多年的工作经验,我非常感谢这些先驱者们。

在探索的道路上,我与林肯实验室的许多同事们一起工作,他们拥有深厚的阵列处理技术背景,为我们的各种短波信号项目提供了极为宝贵的建议,我由衷地感谢他们的贡献。他们中的许多人通过自己执笔的章节回顾工作,为本书提供了直接的支持,例如:加里·布伦德尔、基思·福赛斯、格雷格·吉内特、维塔利·格雷泽、加里·哈特克、亚当·玛格丽茨、卡罗尔·马丁、弗兰克·罗比、肯·森恩和欧文·斯蒂格利茨。阿比纳夫·吉里亚尼慷慨及时地提供了适合项目的射线追踪示例,包含在图 2.8 和图 2.9 中。多年来不断地与这些同事及许多其他实验室的朋友进行沟通和交流,让我对 HFDF 的相关知识有了更深刻的理解。此外,我还要感谢林肯实验室的工作氛围,它鼓励员工之间互相影响、彼此合作,变得更加卓越、开放。

最后,我要感谢我的家人,特别是我的妻子艾伦,他们花费十多年的时间和心力对材料进行收集,整理成书。没有他们的大力支持,我也无法完成系统且复杂的图书编著工作。

目 录

第1章 绪论 ··· 1
1.1 概述 ··· 1
1.2 高频传播 ··· 3
1.3 高频频段使用情况 ··· 4
1.4 高频频段应用自适应天线阵列技术的意义 ··· 5
1.5 本书内容总览 ··· 6
参考文献 ··· 7

第2章 高频传播物理特性及其对信号的影响 ··· 8
2.1 电离层介质 ··· 8
2.1.1 概述 ··· 8
2.1.2 太阳风 ··· 9
2.1.3 高度变化 ··· 11
2.1.4 地理变化 ··· 12
2.2 电离层中的波传播 ··· 13
2.2.1 物理现象 ··· 13
2.2.2 电离层折射 ··· 15
2.2.3 电离层相速度 ··· 16
2.2.4 电离层群速度 ··· 17
2.2.5 垂测 ··· 18
2.2.6 射线追踪 ··· 19
2.2.7 Breit 和 Tuve 定理 ··· 23
2.2.8 电离层吸收损耗 ··· 24
2.2.9 地磁场效应 ··· 25
2.2.10 传播曲线 ··· 27
2.2.11 扰动电离层波传播特性 ··· 30
2.2.12 常用电离层模型 ··· 32

2.3 高频噪声环境 33
2.4 昼夜变化 35
参考文献 36

第3章 常用高频调制协议 37

3.1 概述 37
3.2 模拟信号调制的可选方案 39
 3.2.1 常规幅度调制 40
 3.2.2 双边带抑制载波调制 42
 3.2.3 单边带幅度调制 43
 3.2.4 残留边带幅度调制 44
 3.2.5 模拟信号性能比较 44
3.3 数字调制方法 44
 3.3.1 二进制数据开关传输 44
 3.3.2 二进制频移键控 46
3.4 二进制相移键控 48
 3.4.1 相干 PSK 48
 3.4.2 差分相移键控 49
 3.4.3 二进制调制误码率比较 49
 3.4.4 多进制调制 50
3.5 高频调制解调器设计 55
 3.5.1 关键信道因素 55
 3.5.2 信道纠错编码 56
3.6 政府标准 57
 3.6.1 调制解调器信号标准化 57
 3.6.2 调制解调器性能比较 59
 3.6.3 自动链路建立 60
3.7 小结 62
3.8 附录：摩尔斯电码 62
参考文献 63

第4章 高频接收机架构 65

4.1 概述 65
4.2 架构选项 66

        4.2.1 引言 ·· 66
        4.2.2 窄带超外差接收机 ·· 66
        4.2.3 数字中频接收机 ··· 68
        4.2.4 多载波超外差接收机 ··· 71
        4.2.5 直接采样接收机 ··· 72
    4.3 镜像控制 ·· 74
        4.3.1 窄带超外差接收机镜像 ·· 74
        4.3.2 数字中频接收机镜像 ··· 76
        4.3.3 多载波超外差接收机镜像 ··· 76
        4.3.4 直接采样接收机镜像 ··· 77
    4.4 模/数转换器：问题与性能 ··· 77
        4.4.1 噪声 ·· 78
        4.4.2 失真 ·· 80
        4.4.3 采样时间准时制 ··· 81
        4.4.4 无杂散动态范围 ··· 82
        4.4.5 抖动 ·· 84
        4.4.6 ADC 的最新进展 ·· 86
    参考文献 ··· 86

第 5 章 高频阵列处理架构 ··· 87
    5.1 检测 ·· 87
    5.2 测向 ·· 89
    5.3 估计 ·· 91
    5.4 重构 ·· 92
    5.5 信号分选 ·· 93
    5.6 地理定位 ·· 94
    参考文献 ··· 96

第 6 章 自适应阵列信号的矢量模型 ·· 97
    6.1 概述 ·· 97
    6.2 阵列信号模型 ·· 98
    6.3 理想传播模型 ·· 99
    6.4 一个简单的示例 ·· 101
    6.5 波束形成 ·· 104

6.6 权重矢量计算 ·· 105
6.7 极化敏感阵列 ·· 106
 6.7.1 物理动机 ·· 106
 6.7.2 极化敏感天线建模 ···································· 108
参考文献 ·· 111

第7章 信号检测处理 ·· 112
7.1 概述 ·· 112
7.2 高频环境检测问题 ·· 113
 7.2.1 高频频谱占用率 ······································ 113
 7.2.2 高频传播统计 ·· 115
7.3 似然比检测 ·· 116
 7.3.1 概率数据模型 ·· 116
 7.3.2 似然比检验 ·· 117
 7.3.3 LRT 示例 ·· 118
7.4 微扰发现 ·· 119
 7.4.1 简单的模型:高斯均值的变化 ·························· 119
 7.4.2 另一个简单的模型:高斯方差的变化 ···················· 121
 7.4.3 多维模型:高斯协方差的变化 ·························· 122
 7.4.4 基于预测自适应波束形成器的信号采集 ·················· 125
 7.4.5 新信号采集示例 ······································ 129
7.5 时间检测 ·· 132
7.6 频域检测 ·· 134
7.7 高阶统计 ·· 135
参考文献 ·· 137

第8章 阵列评估:测向性能界限 ·································· 139
8.1 概述 ·· 139
8.2 界限值 ·· 139
 8.2.1 单一随机参数估计 ···································· 140
 8.2.2 单一固定参数估计 ···································· 141
 8.2.3 多重随机参数估计 ···································· 142
8.3 克拉美－罗界限 ·· 144
 8.3.1 单参数情况 ·· 144

		8.3.2 线性阵列示例	145
		8.3.3 多参数情况	148
8.4	最小均方误差界限		148
8.5	韦斯-韦恩斯坦 Weiss-Weinstein 边界		149
		8.5.1 边界描述	149
		8.5.2 线性阵列示例	151
8.6	高频阵列几何结构		152
		8.6.1 阵列大小和阵元分布	152
		8.6.2 定量阵列评估——自由度	153
		8.6.3 均匀线性阵列示例	156
		8.6.4 阵列几何评估——图形比较	156
		8.6.5 模式计算示例	157
8.7	一些常见的高频天线示例		159
		8.7.1 圆环阵列	159
		8.7.2 十字形和 L 形阵列	161
		8.7.3 螺旋阵列	162
		8.7.4 随机阵列	162
参考文献			162

第9章 高频应用中的测向技术   164

9.1	概述		164
9.2	干涉测量：相位拟合		164
9.3	最大似然法估计示向线		167
9.4	矢量空间法		170
	9.4.1 MUSIC 算法		170
	9.4.2 Root-MUSIC		173
9.5	极化敏感阵列测向		175
	9.5.1 动机		175
	9.5.2 极化敏感测向算法		176
	9.5.3 矢量传感器示例1		178
9.6	基于特征的方法		180
	9.6.1 变化检测方法		180
	9.6.2 循环平稳特征方法		183
9.7	特征矢量旋转		184
参考文献			186

第 10 章　地理定位技术 188

10.1　概述 188
10.2　多传感器角度定位 188
10.2.1　坐标系统 189
10.2.2　传感器方位测量 189
10.2.3　传感器到赤道坐标的转换 191
10.2.4　地理定位示例 192
10.3　单站地理定位 194
10.3.1　基本的 SSL 测距 194
10.3.2　垂直孔径测距 195
10.4　模式差分地理定位 196
10.4.1　模式差分延迟估计 197
10.4.2　基于差分模式延迟的距离估计 199
10.4.3　模式差分地理定位总结 200
10.5　多点差分到达时间地理定位 200
参考文献 202

第 11 章　估计:导向矢量方法 204

11.1　概述 204
11.2　均方误差波束形成器 204
11.3　基于导向矢量的估计 206
11.4　基于 MUSIC 的估计 207
11.4.1　MUSIC 波束形成的概念 207
11.4.2　波束形成实现问题 208
11.4.3　信号子空间投影波束形成器 210
11.5　基于极化的方法 210
11.5.1　利用极化差复制信号 210
11.5.2　基于极化的复制实例 211
11.6　估计权矢量跟踪 213
11.7　宽带处理 215
11.7.1　总覆盖带宽 215
11.7.2　子带分段 216
11.7.3　分段合并 216
参考文献 218

第12章 估计:特性开发方法 ········· 219

12.1 概述 ········· 219
12.2 基于载波的调零 ········· 220
- 12.2.1 载波信号格式 ········· 220
- 12.2.2 算法描述 ········· 221
- 12.2.3 示例 ········· 223

12.3 基于速率线的方法 ········· 225
- 12.3.1 循环平稳信号 ········· 225
- 12.3.2 算法逼近 ········· 228
- 12.3.3 算法描述 ········· 229
- 12.3.4 QPSK 示例 ········· 230

12.4 恒模处理 ········· 232
- 12.4.1 恒模信号格式 ········· 232
- 12.4.2 基本恒模波束形成描述 ········· 232
- 12.4.3 恒模算法示例 ········· 233

12.5 频谱差分处理 ········· 235
- 12.5.1 概述 ········· 235
- 12.5.2 分析描述 ········· 236
- 12.5.3 子带平滑 ········· 239
- 12.5.4 示例 ········· 239

12.6 开关键控信号 ········· 243
- 12.6.1 算法描述 ········· 243
- 12.6.2 间歇信号估计方法 ········· 245
- 12.6.3 算法总结 ········· 246
- 12.6.4 通断键控示例 ········· 246

12.7 雷达信号 ········· 247
- 12.7.1 雷达脉冲格式 ········· 247
- 12.7.2 线性调频处理 ········· 248
- 12.7.3 线性调频处理示例 ········· 249

12.8 语音调制信号 ········· 252
- 12.8.1 典型相关分析方法 ········· 252
- 12.8.2 可编程典型相关分析 ········· 255
- 12.8.3 单边带抑制载波信号示例 ········· 256

参考文献 ········· 258

第1章 绪 论

1.1 概 述

如大多数读者所知,根据电磁波的频率不同,可以将电磁频谱分为若干组成部分。其中,高频(HF)部分是指频率为 3~30MHz 的频谱,在此频段的电磁波通过空中的电离层进行反射传播[①]。此时,由地面天线向空中辐射的电磁波将不会完全进行直线传播,而是反射回地球,被地面经过调谐的接收机所接收。这一传播的具体特性由相应的频率、辐射仰角和当时的电离状态决定。有利的传播条件将使得一系列短波通信应用成为可能,包括大陆间常见的短波无线电通信信号传输(通常称为短波无线电通信)、天波超视距雷达(over-the-horizon radar,OTHR)等。

但是,在良好传播条件下的相关短波应用及它们的长距离传播特性,将会导致本地的频谱比较拥挤,如图1.1所示的语谱图,俗称瀑布图中可以很清晰地看到这种拥挤。在2MHz带宽、10s的时间跨度内,多个信号持续出现,其他一些信号短时出现,另还有大量出现的突发噪声。

上述拥挤的频谱特征在短波频段较为常见。毕竟HF信号可以传播较远的距离,在被目标接收机接收到的同时,也可能被其覆盖范围内的其他非目标接收机接收到,而这类接收机可能正与其他的发射机进行通信。大多数HF信号波形协议中这一不受控的特性将会导致多个用户使用同一频率,这种"同信道干扰"现象将会在短波通信领域经常出现。因此,对于干扰消除的需求就显而易见了。近年来,自适应天线技术逐渐成为应对干扰消除的可行方案,其机理为在接收端应用多阵元天线阵列,基于同信道间的信号来波方向不同来进行干扰消除。本书将围绕该技术展开讨论。

近年来,自适应天线阵列在理论上得到深入研究。其基本思想为通过将天线阵列单元集成到信号幅度相位可调整的硬件系统中,将每路信号从数学上表示为一个复信号,并通过对各路信号赋予复数权值,完成天线波束方向的形成。

---

① 大概高度范围为 80~400km。

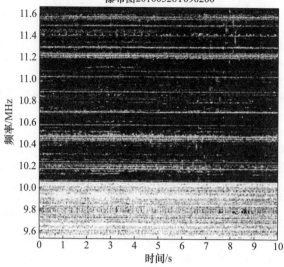

图 1.1　语谱图(瀑布图典型示例)

同时,对各路权值进行合理的计算,可以使波束形成具备所需要的特性。数学分析和计算机仿真都证明上述方法对于干扰压制和多径消除有着显著的效果。然而,在硬件实现上的高成本长期制约该技术在多个场景下优势的体现。当前,随着现代电子技术的发展,自适应天线系统逐渐实用且成本可控,这使得其在军事和民用的各类场合得到日益广泛的应用。

起初,这些应用主要聚焦在视距传播的场景中。早期的例子包括雷达和通信中的相关应用。上述场景下的成功使得其有望用在更复杂的场景,特别是在通信领域。另外,尤其是 HF 通信中,长距离的多径传播效应,有限频谱导致的同信道干扰等问题,都需要引入自适应天线技术来解决。任何一个 HF 频段的用户都会呼吁该技术的帮助。

该书探讨现代自适应天线阵列理论及应用,以及在 HF 信号感知和接收中的应用。早期的丛书[1-3]介绍经典的自适应阵列理论,为当前众多阵列处理的方法起到奠基作用。但是近期的多项理论,特别是在多径信道下 HF 感知/接收问题上,尚没有进行全面的、自洽的研究。进一步来说,尽管大部分的进展已经发表在多个期刊上,但相关的研究进展很快。因此,有必要把近期的研究成果进行总结,并与经典的方法进行比较。填补此项空白是本书的中心主题。所以,本书的目标主要有以下几点。

（1）简要描述短波信号的传播环境,为不熟悉短波接收系统所面临挑战的读者提供相应背景知识。

（2）定义具有广泛普适性的自适应天线阵列理论数学框架。
（3）给出适用于短波通信范畴的阵列信号处理算法的理论基础。
（4）基于典型的短波信号场景，以仿真的方式对典型算法进行举例说明。

本书适用于在军事和民用领域从事 HF 信号处理的群体，特别是对干扰密集场景比较关注的群体。尽管本书考虑的阵列天线处理技术将会增加额外的天线和多信道处理的成本，但该项技术确实是有望解决上述干扰问题的唯一思路。期待本书的出版可以为现代天线阵列处理算法在各类典型短波通信场景中的应用起到良好的促进作用，也能够为后续算法的改进提供借鉴，以便更好适用于短波这一复杂、不可预测，但却充满吸引力的信道传播环境。

1.2 高频传播

自无线电诞生不久，"高频通信"这一术语用于表达 2～30MHz 频段的通信。在这些频段中，无线电波由位于地面的辐射源发出，经由电离层不同层反射，可以将足够的能量反射回地面，实现较为可靠的地 – 地的超视距通信。但是，电离层的形成主要是太阳加热的结果，所以接收阵列收到信号的时域、频域、空域特征就和信号传播路径上的电离层特性密切相关。因此，由于电离层对信号传播影响较大，若不对其进行基本讨论，对 HF 信号处理的相关论述将是不完整的。上述内容将在第 2 章中进行讨论。

地球上空的电离层由混合气体形态组成，其相对电子密度大致呈指数衰减，具有大约每 7km 衰减 1/e 倍的规律。在太阳照射大气时，空气中的分子吸收太阳紫外线并进行电离，但由于太阳光会深入穿透大气，其能量将会随着大气密度的增加而迅速衰减。总体而言，电离层中的自由电子浓度在地表时将会较低，但随着高度而增加，并将在 400km 高度达到峰值，再升高时则会由于大气在自由空间中消失而迅速降低。其总体特性在大气相对电子密度与高度关系如图 1.2 所示，同时从图 1.2 中可以看出，这一简易的平滑模型事实上具有较大的不规则性，可以描述为分层。当自由电子浓度的变化率大到可以将无线电信号反射回地球表面时，则分层是存在的。尽管这一反射的过程是渐变的，信号传播路线为曲线，但这一现象仍可以简单地描述为反射过程。事实上，每一层也仅对部分的信号能量进行了反射，大部分的能量仍会穿透该层继续传播。

定量的说，电离层介质对向空中辐射信号的影响主要取决于电子密度、周边磁场、信号频率、信号极化和收发端几何关系，但就如刚刚讨论的，最重要的仍是来自太阳紫外线的辐射，而其与每日的时间、季节、高度、纬度和太阳黑子数均相关。另外，在反射方面，在自由电子密度较高时，信号能量将会被吸收。上述各

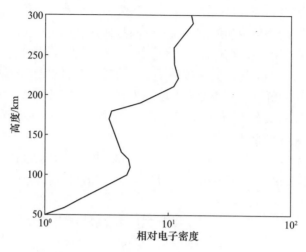

图1.2 大气相对电子密度与高度关系

类效应将使得传播现象的不确定性较大,难以进行精确描述。

从本书的立场出发,只需要关注几个基本的观点:

(1)电离层反射使得信号可以实现超过地平线距离的传播,甚至是跨大陆的远距离传播。

(2)接收端的信号场强随日期、季节和频率变化较大。

(3)发射信号可以通过不同长度的多个路径到达接收点,并将会导致严重的衰落效应,这是由于接收信号是由接收系统天线处的多个相位合成而来。

(4)这类的长距离传播将会导致一定程度的同信道干扰,并且为了保证通信链路的成功建立,必须要消除这类干扰。

上述因素将会对可靠的 HF 通信目标产生明显影响,采用信号处理的算法在一定程度上可以解决这一问题。

1.3 高频频段使用情况

由于成本相对较低,通信距离长,HF 通信尽管受到复杂传播效应的影响,但仍然得到繁荣发展。短波广播、应急通信,船-舰电报和业余无线电传输都是广为人知的应用。但是,由于短波频率的管理要求相对较低,传播介质、最大通信距离的不确定性,以及与高频长距离通信相关的国际规则等客观现状,导致整个频段中频率占用度的极大不确定性,尚没有严格定义的频率区间或标准的信道带宽。因此,发送者无法确定信道的可用性,接收者也无法确定在特定频率上是否只有一个信号。

在早期,大部分 HF 无线电业务基本上可被分为语音或莫尔斯码(也称为 CW 或连续波)。目前,大部分的 HF 使用者采用不同的调制方式,用不同的速率进行数据传输。近年来的自动链路建立(automatic link establishment,ALE)协议得到广泛的认可。这一协议采用 2.4kHz 的频移键控(frequency shift keying,FSK)信号,并具有自动选频的功能,已经成为计算机与计算机之间网络系统的基础。第 3 章中介绍的一系列常用的 HF 信号格式中指明这类信号的频率占用度。

以每日时间为颗粒度的 2~30MHz 全景语谱图中,可以很明显地看出其信号背景环境的极大不确定性。由于动态范围较大,且弱信号经常会淹没于同信道的强信号;上述特征显著的制约单信道接收系统对弱信号的接收能力,而具备自适应天线阵列处理算法的多信道接收机则在上述微弱信号处理能力上提升显著。这一能力将在本书中进行深入研究。

1.4　高频频段应用自适应天线阵列技术的意义

HF 通信的传播特性及频谱占用情况在前述章节中进行描述。尽管前述的内容比较简单,但读者应能感受到如下信息:HF 频段的变化足够剧烈且拥挤。如果接收机任意调谐到某个窄带信道(2.4kHz 带宽),很有可能在其中会找到多个信号。另外,至少其中的一些信号是来自于相同的发射机,由于在不同高度的电离层进行反射,才产生不同的时延和多普勒频移。不同信号组合的强度也将会产生很大的变化范围,经常超过 60dB。

因此,HF 接收机将面临极具挑战性的信号环境,包括同信道干扰、大量的多径传播,将使得信号接收较为困难。上述挑战是自适应天线阵列技术需要解决的问题。目前,该技术可以成功抑制甚高频(VHF)(30~300MHz)至 L 波段(上至 1500MHz)[1-3]视距无线电通信环境下的干扰,也可实现特高频(UHF)(300~600MHz)至 C 波段(5000MHz)[4]的雷达干扰抑制,在对被动声纳不进行信号格式干预的情况下也可完成检测和处理等过程[5-6]。在这里不对所有的成果进行介绍。毋庸置疑,上述事实也暗示着自适应天线技术可以显著提升 HF 通信信号的接收质量。

然而,在短波频段还有一个更为重要的问题:自适应天线阵列处理技术的前提条件是平面波的信号传播模型,而 HF 天波信号由于经过电离层反射,因此在到达接收机时有着比视距传播明显复杂的传播效应。乐观地说,短波通信这一方面的特性,应该不会对传统自适应阵列信号处理技术在 HF 环境中的应用产生影响。因此,首要步骤就是对视距平面波信号模型在 HF 频段的应用进行评估。一旦这一基本问题被解决,则潜在的性能提升是可以期待的,故有必要对采用自适应天线技术后性能的提升进行定量评估。

1.5 本书内容总览

本书在引入自适应天线理论并详细介绍其在HF通信中的应用后,后续章节的简要概述如下。

第2章将对HF传播环境进行详细介绍,同时将要给出适用于后续章节中自适应阵列算法的多径模型,并对发射信号经电离层反射后,到达接收天线阵列前端时信号的时域、频域、空域特性进行概述。

第3章将要对HF通信中的调制方式和信号协议进行描述,包括HF传播对特定调制的影响,以及这些效应对信号协议参数的影响。

在对传播环境和对应的信号进行描述后,第4章将对HF中所采用的接收系统架构的特征进行概述,主要论述对HF接收模块对通道的一致性和动态范围的需求。同时,接收机的数字化输出,即适用于短波的模/数转换器(analog to digital converter,ADC)的技术规格也将进行讨论。通过对两款市场上销售的ADC信号进行简要比较,来说明评估的过程。本章将不会推荐特定的芯片,因为在读者看到本书时,上述有关芯片的技术讨论已经过时。

第5章将要讨论两项重要的内容,即信号处理器的架构及其实现。纵览本书,讨论的重点首先放在窄带信号上。在实际应用中,可能会采用宽带系统,但这类系统的前端信号处理将通过数字化技术把信号分解到每一个天线阵元的窄带子信道中。信道化的处理可以完成这一步骤。然后,本书中的窄带信号处理算法就可以应用到独立的子信道中;讨论相应的邻近多个子信道的处理方法,包括子信道的泄露问题和信号的准确性问题。

第6章给出自适应接收天线阵列信号矢量模型的技术框架。首先对必要的数学知识进行介绍,不仅是让读者能够补充上这方面知识,也为后面特定的算法进行必要的标注。在相应坐标系下电波传播的基础内容在此处也将进行介绍,并应用于全书。本章举例说明"孔径"在多信号环境下进行信号分离的重要性,此外描述对天线阵列进行标注的方法,以表征极化造成的差异性。最后比较了与传统单脉冲天线系统的异同点。

接下来重点介绍实际信号处理技术,首先聚焦在信号检测方面。第7章讨论"是否有信号存在?"这一重要问题。在HF频段将延伸至"是否有新信号存在?"这一问题,并且进一步可以引申至"是否有前面检测到的信号消失了?"的问题,以及相关的另一个非常重要的问题"是否可以对特定特征的信号进行预警?",针对这些问题,本章同样对 HF 信道所应用的算法进行了举例说明。

第 8 章和第 9 章将要考虑测向的问题。第 8 章给出相关性能边界的计算,第 9 章会继续对多个特定测向算法进行介绍。本章对阵列校准在测向性能的提升进行讨论,从而更接近第 8 章中的性能边界,对采用高频信道仿真数据的相关例子同样进行了介绍。

第 10 章介绍另一个重要的主题,即用户所关心的测向结果的应用——定位。这一术语是指估计辐射源的位置,由辐射源发出并被接收端检测及测向的信号。相关的方法包括基于单传感器系统的示向度定位,以及基于多个传感器的合并定位。

第 11 章和第 12 章,着重介绍信号估计相关问题,也称为"估计",这一术语来自于一般通信操作者中的术语"你收到了吗"。实际上,这一术语主要指确定不同天线阵元的复数权重,与对应的不同天线阵元得到的信号相乘,得到单通道输出值以实现对发射信号的估计。第 11 章重点介绍信号特征矢量的估计方法,并用其来计算相应的权重值。作为比较,第 12 章利用特定信号类型的先验知识去计算合适的天线阵元权重。最小均方误差方法,作为最早的单通道处理方法,是其中的典型代表,但恒定幅度的信号矢量构建方法是更为重要的方法,因为短波中恒模的 PSK 信号是应用最广泛的。此外,介绍每一个算法的仿真结果示例,并讨论权重更新的相关探索,用于更有效的解决 HF 信号传播环境动态变化剧烈的问题。

参 考 文 献

1. R. A. Monzingo and T. W. Miller, *Introduction to Adaptive Arrays*, New York: John Wiley and Sons, 1980.

2. P. J. D. Gething, *Radio Direction Finding and Superresolution*, 2nd ed., London: Peter Peregrinus, 1991.

3. J. Li and P. Stoica, *Robust Adaptive Beamforming*, Hoboken, NJ: John Wiley and Sons, 2006.

4. G. A. Fabrizio, *High Frequency Over-the-Horizon Radar*, New York: McGraw Hill, 2015.

5. L. J. Ziomek, *Fundamentals of Acoustic Field Theory and Space-Time Signal Processing*, Boca Raton FL: CRC Press, 1995.

6. X. Lurton, *An Introduction to Underwater Acoustics*, 2nd ed., Berlin: Springer-Verlag, 2010.

第 2 章 高频传播物理特性及其对信号的影响

2.1 电离层介质

本节介绍电离层介质及影响电离层特性的因素。

2.1.1 概述

地球近似球体,由氮气、氧气、二氧化碳和其他气体组成的大气层所包围;这层大气在地球表面附近密度最大,随着海拔高度的增加,其密度近似指数规律下降,如图 2.1 所示。

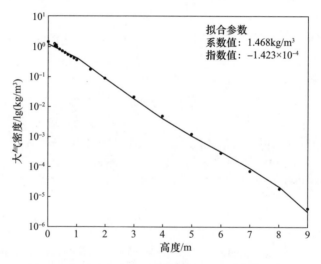

图 2.1 标准大气密度随高度变化的指数型拟合曲线

当高度增加 7.027km 时,大气密度降低 $1/e$。例如,在 50km 高度,大气密度是地表的 $e^{\left(-\frac{50}{7.027}\right)}=0.0008125$ 倍。

高层大气在太阳辐射作用下电离生成电子和正负离子。波长较短的紫外线(ultra-violet,UV)向大气注入能量,自由电子从中性原子中释放出来,产生正离子,但这些电子可以反过来碰撞中性原子。于是,电子与中性原子产生电化学反应形成负离子。因此,高层大气是电离的介质或等离子体,即电离层。通常,电磁波可在等离子体中传播,但由于各种原因,也有例外,具体将在本章后续章节进行阐述。本节主要讨论电离层特性;2.2节将介绍电磁波和电离层之间相互作用的基本原理。

当然,在电离层的任何特定位置,太阳辐射通量都不是恒定的。即使太阳辐射没有变化,地球昼夜循环的自转使得电离层与太阳相对位置关系也不固定。另外,因地轴与黄道面存在夹角,在以年为周期的地球围绕太阳公转中,形成第二个电离层与太阳随时间变化的空间关系。以上原因都将导致电离层不同位置受到的太阳辐射存在差异。由于太阳热活动的变化,太阳辐射也相应改变,具体辐射形式包括太阳耀斑和日冕物质抛射。太阳活动也具有周期性特征。太阳耀斑伴随太阳黑子数11年变化周期;日冕物质抛射具有约为28天的太阳自转周期。电离层除了受太阳上述周期性变化影响外,还与不具有明显周期性的地磁暴密切相关。

另外,地球大气层除了受到太阳辐射,还有另一种电离源,来自受地球引力作用下的流星。流星穿透大气层的过程中,释放能量,并电离周围气体分子。在冬季高纬度地区,太阳辐射减弱,流星对电离层特性的贡献尤其明显。

综上所述,电离层物理特性极为复杂,是一门晦涩的电离层地理学问。各种物理过程的综合效应产生了电离层这种特殊介质,它随高度、纬度、太阳黑子数、一天中的时间和季节而变化。幸运的是,科学家们对电离层进行了一个多世纪的观测,建立了那些对高频通信至关重要的电离层参数模型,并已通过高效、可用的计算机代码实现。在本章后面章节将简要描述最为常用的一些模型。

2.1.2 太阳风

作用于地球的太阳辐射和粒子流构成了所谓的太阳风,由太阳固有的热核活动不断地喷射出来,太阳风是表征电离气体或等离子体的一个术语。太阳风与地球及其大气的相互作用如图2.2所示。等离子体充分电离,是一种导电介质,由太阳向外运动直至遇到地球磁场时受阻而不能轻易到达地面。整个过程就像在山涧里被水淹没的巨石阻碍水流一样,地球的磁场与等离子体相互作用,形成了扭曲的近似磁偶极子结构产生的磁场。地球向阳面磁场被压缩,大小约为10个地球半径,阴影面中的磁场则延伸约百个地球半径距离,由此产生的扭曲磁场的包络线称为磁层顶。当太阳风向低渗透至磁层顶内部的高度,并与高海拔地区的地磁相互作用,产生累积辐射光谱与各种大气成分作用的产物。此外,日地空间关系也起到重要作用,因为太阳辐射通量会随着天顶角的增大而减小,如图 2.3 所示,这种辐射效应与在夏天太阳直射头顶时会产生更多的晒伤类似。以上各种物理机制最终导致了复杂的磁层地形成,磁层环绕地球的不对称区域从约 100km 高度延伸到几千千米高度。太阳风与地球及其大气的相互作用如图 2.2 所示。

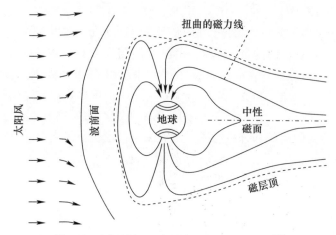

图 2.2　太阳风与地球及其大气的相互作用[1]

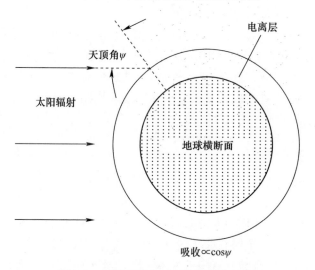

图 2.3　辐射通量与天顶角的变化关系

大气电离化程度必须超过 10^8 离子/m^3 才能对电磁波的传播产生显著影响。白天,短时间的紫外线辐强度足以在 65km 以上的高度实现上述电离水平。但是在夜晚,当太阳辐射不能提供足够能量形成新的离子时,复合过程占主导地位,在较低的海拔高度,大气会恢复至中性。然而,在更高的位置,如在海拔

100km以上,一些太阳紫外线激发的离子仍然没有复合,与流星诱导的电离效应一起提供足够的离子密度形成了电离层。

2.1.3 高度变化

太阳辐射与大气相互作用的详细过程是极其复杂的,超出本书范围,不做详细介绍。在此可简单归纳为大气原子的吸收截面取决于物质类型和辐射波长,辐射能谱随着进入大气层深度的增加而逐渐演化。因此,离子和自由电子的密度与高度强相关。图2.4提供了4个例子,分别为太阳黑子数低或高时中午或午夜对应的电子密度分布。一般来说,这些剖面显现的地球表面附近的电子密度很低,随高度逐渐增加。当太阳黑子数较高且在夏季中午时,峰值电子密度出现在约300km高度。

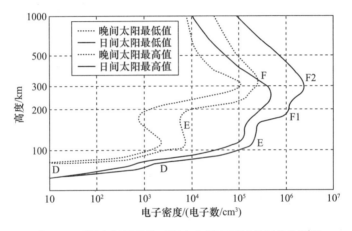

图2.4 不同太阳黑子数时昼夜电子密度随高度变化情况

除了中性风之外,还有其他类似天气动力学过程将电离层驱使至高层大气。例如,由各种中性风、磁场和等离子体间相互作用产生的电场使等离子体发生移动。随着海拔由低到高变化,辐射化学效应、等离子体和中性风运动变化控制着大气的对流层和中间层(如湍流混合)。这些相互作用产生一种与海拔高度有关的、不均匀的电子密度剖面,通常使用术语"层"进行描述,虽然这个术语用于描述电子浓度随高度变化特征不够严谨,约定俗成,我们仍然沿用。

即使层与层之间的边界并不明显,也可近似使用5层结构进行描述。其中,最低的D层从65km延伸到90km,存在于白天,会导致信号衰减。在其上面的是E层,高度为90~140km;更高的两层是F1和F2层,前者主要在白天出现,高度约170km,后者在夜间出现,高度为250km以上,可延伸至高达500km。在早晚的日-夜交替时段,F1和F2层都可出现。最后,还有偶发E层,是一种突发现象,其高度约为 105km。

太阳耀斑是由太阳外层(磁动力过程驱动的区域、光球层、色球层和日冕)不稳定等离子体产生的。如果太阳耀斑发生在朝向地球方向上,几分钟后会有短暂爆发的高能质子到达地球;如果耀斑产生高能粒子(太阳耀斑发出的粒子事件(Solar Particle Event,SPE))不正对地球,但场线与地球相连,那么这些粒子将在几十分钟后到达地球。此外,如果低能日冕物质被抛射出来,此过程称为"日冕物质抛射(Coronal Mass Ejection,CME)",它将在 1~3 天的时间到达地球。高能粒子可促使低层空气电离,尤其是在 D 层。到达地球磁层的日冕物质抛射驱动电流在电离层中引起电子密度变化的现象,主要发生在较高高度上。

由于短紫外线在大气中的作用,SPE 和 CME 都对已经发生在大气中的电离过程有贡献。尽管太阳耀斑的持续时间很短,它们也能使电离层等离子体密度急剧增加,这个效应在 D 层更为显著,对 E 层和 F 层的影响有限,这是因为 E 层和 F 层高度,离子密度低到足以使碰撞变得罕见。因此,存在不是很显著的非偏移吸收,即电磁波在不偏离直线路径的情况下产生的衰减。2.2 节将对这一现象进行更多的讨论。太阳黑子数较高时,太阳耀斑将更为常见,电离层受到影响的次数也会增加,尽管这是随机的,但是其出现频率与太阳黑子 11 年周期变化这一规律一致。

2.1.4 地理变化

另一个难以预测的电离层特征是电离层行进扰动(TID)。TID 是电离层的一种常见现象,可刻画为电子密度的波状扰动。它是由地磁扰动引起中性大气向上传播,并由重力波和电动力学效应共同驱动产生。

电离层的常规特征具有随地理纬度变化的规律。赤道、中纬度、极光和极地 4 个特定的纬度带表现出较为明显的电离层特征差异,它们之间的区别如下。

(1)赤道电离层。赤道电离层显示出比中纬度电离层具有更大的等离子体密度不规则度。出现这一特性的根本原因在于地球磁场的方向,地磁可近似认为由磁偶极子向地球自转轴倾斜约 15°时产生。在赤道附近纬度上,磁力线几乎与地球表面平行。人们常说的赤道扩展 F(ESP)层,也称为赤道杂散,包含低电子密度的球状气团,在日落后太阳辐射较弱时,由 F 层的底部向上运动至顶部。这些气泡直径从小到几厘米或大到 1000km,向远离太阳方向的东方移动。

(2)中纬度电离层。前面提到的白天/夜晚交替、扩展 F 层、太阳耀斑、磁暴、TID 和突发 E 层等多种因素可影响高频信号传播。低层大气的风剪切作用受地磁影响导致离子在约为 105km 高度上聚集为一个薄层,即为突发 E 层,能持续数小时之久。其电子密度可超过 F 层。磁暴在中纬度地区也有重要的影响,它会改变 F 层的形状和峰值密度。F 层在日出日落时的变化较为显著,量变程度随一天中的具体时刻变化。此外,中纬度扩展 F 层偶尔在夜间出现,原因不明。扩展 F 层将会导致 HF 信号的时延拓展和多普勒展宽。

(3) 极光电离层。极光带是在高纬度地区中,来源于地球的外部辐射带、磁层和行星际环境的粒子发生沉降最为显著的区域。白天,电离层的主要贡献来自于太阳辐射产生的高密度等离子体;在夏季,这种现象在夜间普遍存在。但在其他季节的晚上,太阳辐射不足以使大气电离,粒子沉降和来自高纬度大气在太阳作用下的散射效应是电离层的主要成因。极光带电子遵循地磁力线规定的路径流动,形成电离层的 E 层和 F 层。此外,在北极的午夜时分,F 层中还包含扩散等离子体"团"。太阳风和地磁都会影响极光电离层,在磁暴期间,电离层变化更为剧烈。多重过程的作用导致极光电离层在时间和空间上表现出不均匀性和不稳定性,它对高频信号的影响同样复杂甚至变幻莫测。

(4) 极地电离层。极光导致的电离层变化在极地地区更为明显。中性大气随地球旋转形成在正午一侧的极帽,表现为一个拉长的区域,或称为"槽",具有不规则的离子密度(呈"斑点"状),这种结构在 F 层高度上较为常见,在极光椭圆区的边界上具有陡峭的电子密度梯度,将引起显著的高频波前散射,具体机制将在 2.2 节进行介绍。

2.2 电离层中的波传播

在描述完电离层的特性后,讨论无线电波如何在电离层介质中传播。本节以波传播为基础,阐述"射线追踪"技术,并介绍"传波曲线"的概念,并对电离层受扰后的电波传播特性进行描述。在本节的末尾,给出了几种广泛使用的短波通信链路预测软件。

2.2.1 物理现象

本节介绍的波传播基础是在假定没有任何复杂磁场(如地磁场)条件下进行的。当然,这是一种过于简化的说法,因为考虑磁场时,会使得整个讨论过程变得复杂,不利于对波传播原理的理解。考虑磁场与否的传播机制差异将在2.2.9 节中进一步讨论。

在自由空间中,利用波印廷矢量 $\boldsymbol{P}$ 描述平面波,$\boldsymbol{P}$ 与电波传播方向相同。电场矢量 $\boldsymbol{E}$ 和磁场矢量 $\boldsymbol{H}$ 相互正交,位于一个垂直于波印廷矢量的平面上。在任何时刻,$\boldsymbol{E}$ 的幅值为 $\boldsymbol{H}$ 的 η 倍,其中 η 为特征阻抗,$\eta = \sqrt{\mu/\varepsilon}$,式中,$\mu$ 为磁导率,ε 为介电常数。因此,波印廷矢量与电场和磁场有以下对应关系:

$$\boldsymbol{P} = \boldsymbol{E} \times \boldsymbol{H} \tag{2.1}$$

式中:"×"表示矢量叉积运算。

在传播过程中,线极化波极化方向与电场保持平行;椭圆极化波可以分解为两个正交的线极化波,它们的电场矢量幅值和相位决定了椭圆极化波特性,如果这两个波的幅值相等,相位相差 π/2,叠加后变成圆极化波。

麦克斯韦方程为电磁波在电离层等离子体中的传播奠定了基础。假设电磁波以角频率 ω 垂直于地球表面向上发射。起初,波在中性大气中以光速 $c = 1/\sqrt{\varepsilon_0 \mu_0}$[①]和相位 $\beta_0 = \omega/c$ 传播。但是当波传播一定高度后,会遇到如图 2.4 所示的电子密度不断增加的大气等离子体,波常数 k($k = \varepsilon/\varepsilon_0$)将发生变化,从而波传播速度和相位也将改变。

考虑特定区域内波传播问题,正弦电磁波的电场分量 E 对自由电子施加电场力 $F = -eE$,使电子以与波相同的频率运动。电子在电场力作用下产生加速度 a,电场力与加速度的比例常数定义为物体质量 m_e。事实上,上述电子的运动过程产生等离子体中的正弦电流。单位体积(m^3)电流可通过电子密度 N 与单个电子电荷量和速度相乘 $i = -N_e v$ 得到。注意,由于有加速度 $a = \dfrac{dv}{dt}$,那么 $\dfrac{di}{dt} = -N_e \dfrac{dv}{dt}$;加速度对应的力为

$$F = -eE = m_e \frac{dv}{dt} = -\frac{m_e}{N_e} \frac{di}{dt} \tag{2.2}$$

因为电动势与电流的导数成正比,所以电流 i 是感性的。

除了这种感应电流,根据 $i = \varepsilon_0 \dfrac{dE}{dt}$ 可知,电流还具有容性特征。假设波的场强分量 $E = E_m \sin\omega t$,总电流变为

$$i = \omega \left(\varepsilon_0 - \frac{N_e^2}{m_e \omega^2} \right) E_m \cos\omega t \tag{2.3}$$

如果介质中没有自由电子,上述讨论的特定区域仅表现为电容特性;加上感性分量,有效电容与自由电子密度成比例减小,如式(2.3)。因此,括号内的表达式为电子密度为 N 的等离子体的有效介电常数,即

$$\varepsilon = \varepsilon_0 - \frac{N_e^2}{m_e \omega^2} \tag{2.4}$$

式中:N 为电荷密度,也就是单位体积电子数;m_e 为电子的质量;ω 为角频率。

---

① 这里的下标表示下标参数的空间自由度。

2.2.2 电离层折射

介质介电常数的改变会影响平面波的传播。图 2.5 说明了波在两种介质中的传播机制。

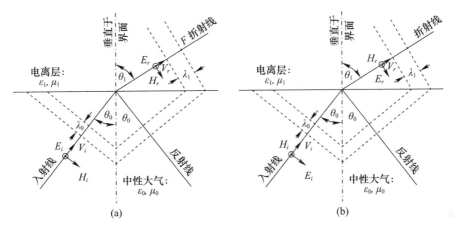

图 2.5　与极化相关的折射
(a)极化平行于介质边界；(b)极化在入射面内。

图 2.5 中，两种介质存在清晰的分界面只是一种抽象简化，事实上，电离层没有明显的边界，但这有助于阐明电离层折射基本原理。假设入射波存在两种特殊情况：图(a)电场平行于介质分界面和图(b)电场与波传播方向构成的平面垂直于分界面。根据穿过介质分界面波的传播理论(此处不赘述，详细电磁学描述见文献[7-8])，对于上述两种情形，波的反射角和折射角分别相同。然而，反射波和折射波的幅值取决于入射波的极化情况。

理解与折射波有关的几何关系非常重要，因为这与射入电离层的电磁波不断发生折射，直到向下弯曲回到地球的表面的整个过程息息相关。

可基于斯涅尔定律建立电离层中电波折射的简化模型，如图 2.6 所示，假设电波在中性大气中斜向上传播并到达折射率为 n_1 的电离层下边界时入射角为 θ_0。以 v_0 表示分界面下方电波的相速度，那么平行于边界的相速度为 $v_0/\sin\theta_0$；同样，以 v_1 表示分界面上方电波的相速度，那么平行于边界的相速度为 $v_1/\sin\theta_0$。由于边界处的切向矢量 **E** 和矢量 **H** 连续，意味着边界上下方的电波相速度必然相同，从而得出斯涅尔定律：

$$\sin\theta_1 = \frac{v_1}{v_0}\sin\theta_0 = \sqrt{\frac{\varepsilon_0\mu_0}{\varepsilon_1\mu_1}}\sin\theta_0 = \frac{n_0}{n_1}\sin\theta_0$$

式中：n_0 和 n_1 为两种介质中的折射率。

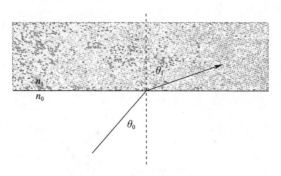

图 2.6 斯涅尔折射关系

与中性大气折射率 $n_0=1$ 相比，电离层中的折射率 n_1 较小，折射角 θ_1 大于入射角 θ_0。因此，光线向边界弯曲，出现图 2.6 所示的折射波。实际上，真实电离层比固定折射率的单层模型要复杂得多，可以用一系列具有不同厚度的薄层近似。

2.2.3 电离层相速度

此外，沿边界的连续性条件意味着恒定相位平面在边界上是连续的，不仅如此，在波传播过程中依然遵循这一规律。因此，沿速度矢量相隔一个波长的两点在边界两侧的水平距离必然相同，不会因电离层折射率的变化而改变。

在中性大气中，沿入射光线路径，波峰之间的距离记为 λ_0。根据射线和边界之间的几何关系，在边界上，该距离变为 $\lambda_0/\sin\theta_0$。如前所述，根据斯涅尔定律，电波折射后射线与边界的夹角变小，随着波的传播，波峰间的水平距离将会减小，对应的相速度变得越来越大，从而相位一直保持连续。

因为在电离层折射的区域，磁导率几乎不会有太大变化，可以假设边界上下方 $\mu_1=\mu_0$，因此介电常数成为关键因素。与自由空间中等于光速的相速度相比，电离层中的电波相速度更大，表达式如下：

$$|v|=c\left(1-\frac{N_e^2}{m_e\omega^2\varepsilon_0}\right)^{-1/2} \qquad (2.5)$$

尽管电离层中的离子也受到电波的作用，但它们的质量比电子大得多，因此电波对离子的影响可以忽略不计。

如果波频率 f 的单位为赫兹（Hz），与相速度相关的其他参数取合适的常数，那么相速度表达式为

$$|v|=c\left(1-\frac{81N}{f^2}\right)^{-1/2} \qquad (2.6)$$

式(2.6)表明,相速度随着电子密度的增加而增加,直到 $N = f^2/81$ 时,向上传播的电波被反射回地面。

式(2.7)给出了折射率的平方与频率的关系:

$$n^2 = [1 - (f_p/f)^2] \tag{2.7}$$

式中:$f_p = 9\sqrt{N}$ 为等离子体频率,也称为临界频率。一些作者习惯将电离层电子密度垂直分布表示为等离子体频率与高度的关系,本书不采用这种方法。

2.2.4 电离层群速度

如前所述,没有调制的波不能传输信息因为载波不具有独特性。相反,可以针对调制波的一些特定位置,观察它在一定时间内经过的距离,即可计算出波的速度,称为群速度。

以两个幅度相等、存在轻微频偏的波的合成来阐述群速度概念。记幅度为 E_0、频率为 $\omega_0 \pm \Delta\omega$、相位常数为 $\beta_0 \pm \Delta\beta$,那么合成波表达式为

$$2E_0 \cos(\omega_0 t - \beta_0 x)\cos(\Delta\omega t - \Delta\beta z) \tag{2.8}$$

式(2.8)可以看作是具有一个以较低信号频率 $\Delta\omega$ 进行调制的高频波(频率为 ω_0)。因为常相点的轨迹满足 $\omega_0 t - \beta_0 x = $ 常数,结合相速度 v 表达式,即

$$v = \frac{dx}{dt} = \frac{\omega_0}{\beta_0} \tag{2.9}$$

注意,调制波相位满足 $\Delta\omega_0 t - \Delta\beta_0 x = $ 常数,推导出群速度为

$$u = \frac{dx}{dt} = \frac{\Delta\omega}{\Delta\beta} \tag{2.10}$$

在电离层等离子体中,介电常数 $\varepsilon \neq \varepsilon_0$,如前所述,准确的表达式为 $\varepsilon_0 n^2 = \varepsilon_0 \left(1 - \frac{\omega_N^2}{\omega^2}\right)$,其中,$n$ 为折射率。

由波常数 $\beta = 2\pi/\lambda$ 可知,电离层变化的介电常数特性改变了波在一个周期内的传播距离,即波长不恒定。由于波长随介质变化,相应的波速为相速度,等于 c/n,加之电离层中 n 小于1,相速度大于光速,波在一个周期内传播的距离更大。因此,电离层中的波长等于真空中波长乘以 n。

但上述相速度相关的推导,不适用于调制波群速度。式(2.10)表明,群速度为角频率 ω 相对于波数 β 的导数。有

$$\beta = 2\pi/\lambda = 2\pi f/\lambda f = \omega/\lambda f = \omega/nc \tag{2.11}$$

或者

$$\omega = nc\beta \tag{2.12}$$

因此,有

$$u = \frac{\Delta\omega}{\Delta\beta} = \frac{\mathrm{d}\omega}{\mathrm{d}\beta} = nc \tag{2.13}$$

还要注意,群速度和相速度的乘积为

$$uv = (nc)(c/n) = c^2 \tag{2.14}$$

综上所述,在电离层中传播的波相速度高于光速,等于光速除以 n,群速度低于光速,等于光速乘以 n。

2.2.5 垂测

前面提到,如果电子密度增加到 $f^2/81$,波不再穿透电离介质,而是反射回地面。这种效应是绘制电离图的基础:地面发射天线垂直向上发射一系列脉冲,每一个脉冲都有相应的频率,但连续的脉冲工作在线性增加的频率上;然后使用天线接收所有可能返回地面的电波。假设在 $N = f^2/81$ 时,返回一个脉冲,利用自由空间波速和时延参数估计反射点高度和反射条件。如果垂直向上的波频率低于 f_p,不管入射角如何,它都会被反射回地面。简而言之,如果波频率高于 f_p,入射角必须足够小,使它的正弦值等于折射率,即可确保不穿出电离层。

测量、估计电离层高的过程引出"虚高"这一概念。如果电波从垂直发射经电离层反射回地面的时间记为 τ,那么反射层的高度,即虚高为 $h_v = c\tau/2$。但是,这只是对真实层高的估计,因为脉冲通过电离层时的群速度低于光速,虚高将大于实际高度。通常情况下,虚高与实高差距很小,但最大误差可达 100km。

考虑 $\sin\theta_0 = \dfrac{n_1}{n_0}$ 的情形。当 $\sin\theta_1 = 1$ 时,折射角为 $\pi/2$ 对应的频率称为经典最大可用频率[①](maximum usable frequency, MUF)。入射波沿层边界折射,与此相对应的入射角条件为

$$\sin\theta_0 = \sqrt{1 - (f_p/f_{\mathrm{MUF}})^2} \tag{2.15}$$

或

$$\cos^2\theta_0 = (f_p/f_{\mathrm{MUF}})^2 \tag{2.16}$$

导出条件为

$$f_{\mathrm{MUF}} = f_p \sec\theta_0 \tag{2.17}$$

---

① 也常称为最高工作频率;该频率与发射和接收设备有关,如天线类型和发射功率。

因此，等离子体频率是决定高频电波反射条件的基础参数。在一个波长内，折射率随空间变化很小的情况下，可以用斯涅尔定律简单描述波传播方向；如果此条件不成立，将出现多次反射和折射，使得电波方向不断变化，射线轨迹变得相当复杂。尽管如此，如前所述，在突变折射率边界，会出现反射现象。值得注意的是，当出现很薄且近似静止的偶发 E 层时，电波在突变折射率作用下，反射效应明显。

如果电波垂直射入电离层，即 $\theta_0 = 0°$，那么，经典 MUF 将等于等离子体频率；入射角越大，MUF 越大。例如，典型的 F_2 层电子密度为 10^{12} 个电子$/cm^3$，此时，等离子体频率（或垂直 MUF）为 9MHz。在这种情况下，以该频率垂直入射的电波将反射回地面；如果希望以 30°的仰角进行通信，那么入射角为 60°，正割值为 2.0，此时可反射回地面的最高频率为 18MHz。通常，短波操作者选择经典 MUF 乘以 90% 作为工作频率。

2.2.6 射线追踪

上述章节描述了电离层和波传播之间相互作用的物理机制，有关波路径求解的方法将在本节进行阐述。假设使用具有半球形方向图的天线发射信号，期望信号到达数百千米外的潜在接收位置。考虑从天线发出的射线簇中每条射线均有不同的仰角，在包含发射天线、接收天线和地球球心的平面中，其中一条射线的几何路径如图 2.7 所示。在忽略磁场影响并作简化后，不同仰角的射线传播轨迹如图 2.8 所示，该图有助于理解电离层波传播基本原理。

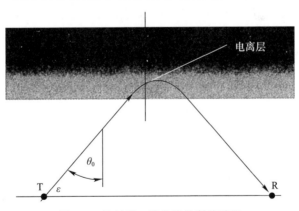

图 2.7　发射机－接收机的射线路径

首先考虑中性大气和均匀折射率为 n 的单电离层之间的界面。如果电波频率低于等离子体频率，无论入射角如何，电波将完全被反射回来，不会发生折射；然而，如果电波频率高于等离子体频率，就会发生折射，光线路径将取决于入射

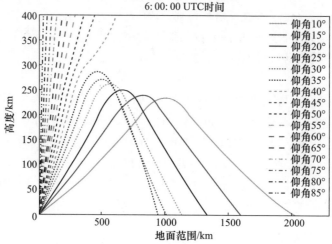

图2.8 经电离层反射的射线簇

角θ_0以及折射率n。如2.2.3节所述,在这种情况下,由于在到达峰值电子密度高度前,折射指数随高度增加而降低,导致位置越高的波前相速度越大,且均大于波在中性大气中的相速度。根据斯涅尔定律,折射角大于入射角,使得电波朝地面方向弯曲。如果折射角等于90°,$n = \sin\theta_0$,这一临界条件表示为"全折射",电波将平行于层边界传播。

现在考虑如图2.8所示的具有不同仰角的射线。对于θ_0接近90°的射线,当n仅略小于1时满足折射条件,对应的是极低的电离层电子密度;随着入射角的减小,入射波和出射波夹角越小,n必须越来越小,电子密度越来越大,才能满足总折射条件。特别地,如果某个高度处的$n = \sin\theta_0$,波就会向地面弯曲;否则,电波将穿透电离层进入太空。

事实上,电离层并不是仅是具有常数电子密度的单层结构。更准确的建模方法可将电离层分为多个薄层,相应地,电波轨迹需要由射线在各层折射效应进行叠加,最终得到电离层中射线路径。通常,电离层电子密度随高度由低到高,从零开始逐渐增加至峰值电子浓度,然后下降。

回到刚才介绍的射线,假设电离层能使电波反射,当射线的仰角从零开始增大,即电离层入射角逐渐减小时,反射回地面的电波大圆距离也逐渐减小,射线返回地球的距离较短;随着射线的仰角进一步增大,射线可能穿透电离层而不返回地面,该仰角射线所能实现的通信距离称为最小跳距。

根据前文所述,电离层不均匀,但可由多个均匀薄层叠加近似。它们整体决定了电波传播特性。例如,双层结构的电离层,电波可穿透低层由高层反射回地面,其对应的跳距比由低层反射的跳距小。因层与层电子浓度的不同,产生最小跳距的差异普遍存在于电离层特性中。

以上关于跳距的描述针对的是特定工作频率,如果频率不同,射线的几何路径存在很大区别(见2.2.9节)。

当收发位置间距离大于跳距时,它们之间有两条仰角不同的射线路径:低仰角的射线入射角大,反射点电子浓度低、反射高度小,高仰角射线与之相反。最终,天线发出的两条射线均到达接收位置。通常,高仰角的射线信号强度比低仰角的射线低,但由于地球曲率的影响,低仰角射线有可能接收不到。为了详细预测发射 – 接收射线轨迹,需要已知电离层电子密度分布。考虑地磁影响的电离层波传播有关讨论安排在2.2.9节。

在某些条件下,跳距比收发信机之间距离小很多,射线可能反射至距离发射机很近的地面,然后经过地面反射重新射入电离层,以此规律,最终到达接收位置。这种经地 – 电离层反复"弹射"的现象称为多跳传播,当发射机功率足够大时,可使电波传播至远大于一跳的距离,本书对此不做过多论述,但是该现象很常见,对于短波使用人员,需要注意多跳对通信的影响。

特别地,当射线仰角为0°时,出现最长的单跳通信距离。如果电离层E层具备反射条件,那么一跳可传播约2000km;对于F层,一跳对应距离约为4000km。若想实现更远距离的通信,则要求电离层在多个反射点处的折射率满足多跳条件,进而通过多跳实现。需要注意,当东 – 西朝向的路径跨越较大经度时,路径上可能同时存在白天和黑夜,导致电离层离化程度不同,使得收发互换后的电波路径可能存在较大差异。

在特定电离层状态下,电离图通常给出某一固定频率的单跳反射时延,意味着,电波完全由低电离层反射,能量难以传播到更高电离层。然而,当存在偶发E层时,因为该层很薄,电波可能部分被直接反射、部分射入更高的F_1或F_2层才发生反射。因此,在某些频率,在偶发E层和F层同时存在反射现象。

另外需要注意这一情况:通过更高电离层反射的电波计算出的虚高大于低电离层反射情形,这是因为电波在高电离层中传播时间较长的缘故。

如果大家希望获得更远距离的通联,需要使用能产生可靠反射的尽可能高的工作频率。该频率的电波不会立即反射回地面,而是继续在电离层中向前传播片刻。

如图2.8所示的射线轨迹,它是一天中时间和频率的函数,可用来呈现电离层中波传播的日变化规律。图2.9为3个时间、两个频率共6组电波射线轨迹,由6MHz、世界时(UTC)13时的图可知,有两条射线分别由F层和E层反射,到达了距离为500km的地面。

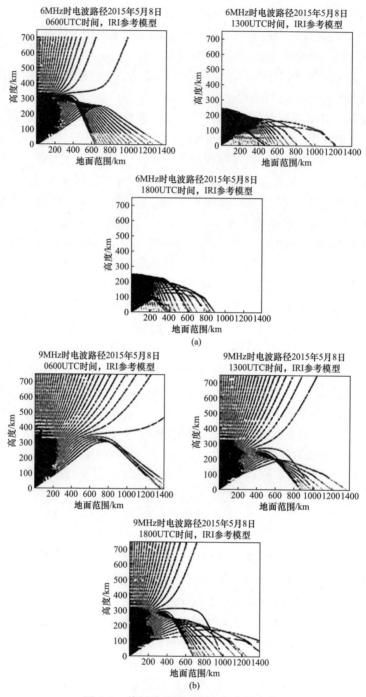

图 2.9　传播路径随时间和频率的变化

9MHz 时电离层能反射的电波仰角较小,产生的覆盖盲区范围较大,在早上 6 时,该现象更为显著,在一天中的其他任意时刻,该频率电波都未能覆盖小于 700km 的区域。6MHz 时,情况要好一些,早晨太阳升起前,电离层电子浓度较低,高仰角的射线穿出电离层;太阳升起后,电离层离化加速,电子浓度升高,高仰角射线经过折射并返回地面,实现近距离电波覆盖。射线随频率和一天中时间的变化规律在电离层通信分析及预测程序(IONCAP)和《美国之音》覆盖分析程序(VOACAP)均有描述,详见后续章节。

2.2.7 Breit 和 Tuve 定理

假设电离层平坦且平行于地球表面,分析以仰角 ε 发射电波的完整路径。射线将向上传播并进入电离层下边界,电离层电波入射角 $\theta_0 = 90° - \varepsilon$,射线进入电离层后,其轨迹将遵循斯涅尔定律。如 2.2.2 节所述,由于电离层介质特性不同于自由空间,其折射率 $n<1$,电波相速度为 c/n,比光速大,群速度为 cn,比光速小。

根据斯涅尔定律,在电离层中折射率为 n 的位置,射线与垂线的夹角变为 β,有

$$n\sin\theta = \sin\theta_0 \tag{2.18}$$

若折射率等于 $\sin\theta_0$,那么 $\sin\theta = 1, \theta = 90°$,电波传播方向变为水平并开始向地面弯曲,最终到达接收位置。图 2.10 说明了该过程,其中,T 为发射位置,R 为接收位置,B 为以仰角 ε 发射的电波方向平行地面时的点。

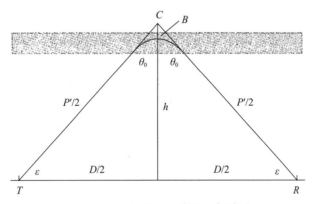

图 2.10 Breit 和 Tuve 定理几何关系

需要注意的是,这条射线到达电离层时的水平波长分量等于 $\lambda\cos\varepsilon = \lambda\sin\theta_0$。如 2.2.2 节所述,由于跨越边界的相位平面必须是连续的,因此射入电离层的波长水平分量为 $\lambda\sin\theta_0$。这个逻辑适用于射线从发射到接收的整个路径变化过程。

做个简单总结,如图 2.10 所示,从位置 T 发出的电波以仰角 ε 射入电离层下边缘,入射角 $\theta_0 = 90° - \varepsilon$,进入电离层后开始弯曲,当射线到达 B 点时,为整个路径的最高点,然后返回接收位置 R。

现在考虑波前从 T 传播到 B 的时间。在到达电离层之前,相速度等于光速 c,水平分量为 $c\cos\varepsilon$。如前所述,当射线进入电离层后,即使射线向水平方向弯曲,水平分量依然保持不变。从 T 到 B 点在地面的投影点,波前传播的地面距离为 $D/2$,那么 T 到 B 的距离为 $D/2/c\cos\varepsilon$,类似的讨论适用于射线从 B 到 R 的传播。因此,波传播的总距离为 $D/c\cos\varepsilon$。

分析图 2.10 所示的三角形路径 TCR,假设不存在电离层,C 点表示分别从 T 和 R 以仰角 ε 相向发射的电波交点。波将以光速从 T 传播到 C,经历时间 $t_d = D/(2c\cos\varepsilon)$;波从 C 到 R 也需要相同的时间。因此,波在整个 TCR 路径的传播总时间为 $t_d = D/(c\cos\varepsilon)$,波在 TBR 路径传播所需时间与 TCR 路径一致。由此得出了 Breit 和 Tuve 定理:

定理 2.1 从相对水平面以仰角 ε 发射的电波经电离层传播并到达距离为 D 的接收机时,经历的时延等于 $D/(c\cos\varepsilon)$。

该定理是将在第 10 章讨论的定位技术的重要组成部分。

2.2.8 电离层吸收损耗

电离层中的自由电子从电磁波中获取动能,与质量大的中性原子碰撞导致波能量的损失,这个过程称为非偏移吸收。通常,这个过程没有足够强的相互作用影响折射率,使得射线路径维持直线;另外,如果碰撞频率足够高,显著的损耗效应对电磁波幅度有较大影响。损耗的大小取决于几个因素,包括大气压强、由电磁波激发的电子速率和电子密度。在电离层的 D 层和 E 层较低区域,海拔低,大气压强大,电离层吸收较强。电子密度与吸收损耗有潜在对应关系,由于阳光照射的电离层中电子密度较大,电离层因此产生非偏移吸收效应。如果电磁波频率变小,那么电离层吸收损耗将变大,这是因为电子平均速度与频率成反比。

基于大气电导率可建立能量损耗模型,它的主要影响是导致 HF 信号穿过电离层时产生衰减。在自由电子和中性粒子密度较大的低海拔地区,吸收损耗较大。此外,粒子离化效率与太阳天顶角存在较强的函数对应关系,使损耗与一天中的时间、季节和地理位置密切相关。

2~3 MHz 以上频率电波作用于自由电子后,电子在撞击气体分子前将经历几个振动周期,所产生的非偏移吸收是以分贝/毫瓦级别的衰减,且与(电子密度×气压/频率的平方)成正比。

具体来说,忽略地球曲率,如果电子振动频率≫1/(平均碰撞时间),可对频率为 f_1 的电波每千米的吸收损耗进行建模: $A_{dB}(f_1) = A_{dB}(f_0)[f_0/f_1]^v \sec\psi$,其中 ψ 为太阳天顶角,f_0 为在垂直路径上测量得到的比例吸收常数对应的参考频率。v 约为 2。$\sec\psi$ 表示非垂直射线所经历的长路径。当考虑地球曲率时,$\sec\psi$ 的表达式较为复杂,但取值小于 6。

若想要利用 E 层传播,从损耗的表达式可以看出,吸收随着工作频率 f_{sig} 增加而减小。但如果要使电波从 E 层反射,f_{sig} 必须小于 E 层临界频率 f_E,为此,工作频率需要尽可能地接近最大可用频率 f_{MUF}。

进一步,每千米的衰减量(以 dB 为单位)为 $\alpha = C(f_E/f_{sig})^2$,其中 C 为确定当前电离层条件的常数。

遗憾的是,D 层吸收的测量并不容易。然而,D 层中的最大电子密度与 E 层中的最大电子密度成正比,据此,对 E 层的观测结果可作为 D 层吸收的参考,并将提供有关信息,用以确定随频率变化的常数 C,进一步可以将其代入 α 的表达式,从而达到频率管理的目的。

除了非偏移吸收外,还存在偏移吸收,这是一种谐振现象,与电离层粒子组成和波频率有关。例如,在等离子体层极薄的高海拔地区,难以产生足够的粒子碰撞机会,因此几乎没有非偏移吸收。在这些区域,有明显谐振现象,包括高频场与电子热运动谐振产生的"朗道阻尼",这些效应比非偏移吸收弱,在此不再赘述。但是在 120km 高度以下非偏移吸收很重要,直至中性大气密度变得足够低,使得基于碰撞的损耗变得微不足道,偏移吸收才变成主要因素。

2.2.9　地磁场效应

磁场效应是造成 HF 通信带宽受限的主要原因。如前所述,一组发射和接收位置对应多条电波传播路径。每一条路径有不同的时延和时延扩展。电磁波进入磁化等离子体介质后(如地磁场作用下的电离层),将至少分裂成两种电磁波或模式;分裂后的波特征取决于波相对地磁场的传播方向。考虑波矢量为 k 的电磁波,通常,该电磁波与斜地磁场矢量 $\boldsymbol{B}_E$ 有一个夹角,因此,波的 $\boldsymbol{E}$ 场位于与 $\boldsymbol{B}_E$ 倾斜的平面内,并且可以分解为与 $\boldsymbol{B}_E$ 平行和正交的两个分量。平行 $\boldsymbol{B}_E$ 的分量不会受到磁场的影响,可定义该分量为寻常模,或 O 模;与 $\boldsymbol{B}_E$ 不平行的 $\boldsymbol{E}$ 场分量,将受到磁场作用,称为非寻常模,或 X 模。

图 2.11 为波矢 k 与地磁场正交时的几何关系。

图中,$x_m - y_m$ 平面为纸面,选择坐标系使 z_m 轴与地球磁场方向一致并垂直于纸面向里。假设波是沿波矢量 k 所示的方向传播,其电场矢量位于与 k 正交

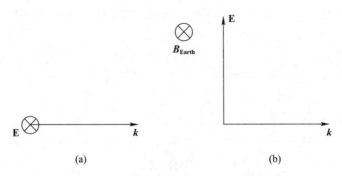

图 2.11 O 模式和 X 模式下电场矢量和地球磁场的关系
(a)O 模；(b)X 模。

的平面内。沿 z_m 方向的电场 E 分量不受磁场影响,定义为寻常波。在 $x_m - y_m$ 平面中的 E 电场的分量 E_x,定义为非寻常波。

假设在波折射的电离层区域地磁场变化不大,到达波电场分量在其整个射线束通过电离层过程中不变。如果假设到达波的极化非线性,则在地磁场中的电场分量坐标会随着时间而改变。然而,由于可以假设在折射区域内地磁场方向是固定的,平行于固定地磁场矢量的电场分量线性极化保持不变;垂直于地磁场的平面内两个电场正交分量具有任意幅度和相位,使得 X 模式波为椭圆极化。

O 模和 X 模为波在冷等离子体中传播的两种模式的常见命名。另一种描述将在讨论完到达波与电离层相互作用后详细介绍。

有了这些坐标关系预备知识,就可以讨论在传播介质中波与磁场之间的相互作用。首先,引入"磁旋频率"的概念。众所周知,带电荷 q 的粒子在磁场 B 中以速度 v 运动,所受洛伦兹力 $F = qv \times B$。在该力作用下,电子在垂直磁场 B_E 的平面内运动。以频率 $f_g = eB_E/2\pi m_e$ 旋转,其中 e 为电子电荷,m_e 为电子质量,B_E 为地球磁场的大小。

这些效应会导致折射率发生变化,从而影响频率为 f 的波在电离层中的路径。令 $X = (f_p/f)^2$、$Y = f_p/f$,Appleton – Hartree 方程[1]可写为

$$n^2 = 1 - 2X(1-X)/[2(1-X) - Y_T^2 \pm \sqrt{Y_T^2 + (2-2X)^2 Y_L^2}] \quad (2.19)$$

式中:$Y_T = Y\sin\theta$,$Y_L = Y\cos\theta$,θ 位于波矢 k 和地磁场 B_E 之间,Y_T 和 Y_L 是相对磁场方向波的横向分量和纵向分量。

Appleton – Hartree 方程可刻画以上两种传播模式[9]。式(2.19)中"±"对应公式分别表示 O 模和 X 模的折射率 n。另外两种传播模式 R 模和 L 模,它们与平行于磁场的波矢分量有关,也可用上述公式表示。当 $\theta = 0°$ 时,折射率 n 的不同取值对应的 R 模和 L 模,因为此时 $Y_T = 0$,$Y_L = Y$,于是,R 模对应 Appleton –

Hartree 公式"±"的负号,L 模式对应正号。

尤其要注意,当等离子体未磁化或忽略地球磁场时,正如在本章的大部分内容中所做的近似:$f_g = 0$,$Y_T = Y_L = Y = 0$。因此,Appleton – Hartree 方程可以简化为

$$n^2 = 1 - X = 1 - (f_p/f)^2 \qquad (2.20)$$

基于等离子体未磁化的假设,频率为 f 的波使等离子体中的自由电子发生扰动。O 模电场平行于磁场,不受其影响;也就是说,在波的电场作用下电子沿地磁场方向运动,O 模不随地磁场改变。另一方面,对应于 X 模,电子在电场作用下穿过地磁场,它们的运动迫使电波特性发生改变,其结果是,X 模随地磁场变化。

以上相关物理机制也将影响群速度和相速度。在真空中,二者一致;在冷等离子体(如电离层)中,群速度由两种传播模式组成,随着波的传播不断变化,不再与波矢保持一致。

电波进入磁化电离层后,在等离子体、地磁场和波特性相互作用下,电波的各种模式具有不同的相速度。虽然初始波的两种模式有对应的一系列相位关系,但是波与等离子体之间的相互作用一旦发生,相位关系就变了。由于接收到的信号是两种模式分量的矢量叠加,使得初始构成条件随着波在电离层中的传播而不再成立。与发射信号不同,接收到的信号带宽有限,且会出现衰落。

电波在离化等离子体中的另一个重要效应是法拉第旋转。波在电离层中传播时,不同模式的相速度会发生变化,使波的极化平面变得倾斜。因为 R 和 L 模式有不同的相速度,它们在行进相同距离时,电场矢量极化平面经历的旋转量不同。基于相速度随磁场强度变化的基本原理,可据此测量如电离层等离子体环境的磁场。

综上所述,电离层作为有耗介质,其特性取决于地磁场的强度和方向。这些特性对寻常波和非寻常波的影响也不同,因为这两种模式表现出了不同的极化状态。最后,通常在 65km 高度以下,电子密度太小,不足以引起显著的波损耗。

2.2.10 传播曲线

传播曲线是基于理论的传播参数参考工具,当需要实现特定距离的通联时,有助于解释电离图数据。在 2.2.5 节中,垂测电离图给出了电离层高度的直接估计。由于反射直接来自上方,因此入射角和折射率都为零。根据等离子体频率的定义:$f_p^2 = 81N$,入射角为 θ_0 的电波能反射的条件变为 $f = f_p \sec\theta_0$。

现在假设需要在距离为 d 的两点使用电离层反射进行通信,若该区域电离图的数据可用,即可在当前电离层状态下,分析各种频率与电离图和通信几何路

径的关系,从而得出通信所需的一些参数信息。

图 2.12 提供了参考地球半径作归一化的相对几何关系。

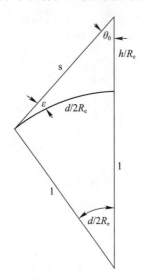

图 2.12　归一化的电离层通信计算中的几何关系

基本三角函数关系可用于确定当通信距离 d 和电离层高度 h 已知时的电波入射角,即

$$\tan\theta_0 = \frac{\sin(d/2R_e)}{1 + (h/R_e) - \cos(d/2R_e)} \tag{2.21}$$

调整等式两端,可以为给定的入射角 θ_0 找到合适的电离层高:

$$h = R_e \frac{\sin(d/2R_e) - [1 - \cos(d/2R_e)]\tan\theta_0}{\tan\theta_0} \tag{2.22}$$

因此,可以从所需的通信距离开始,首先假设一个潜在的工作频率,然后根据垂测数据中电离层高度和探测频率的对应关系,通过式(2.22)求出工作频率对应的入射角。如果有一组参考实测电离图的传播曲线,即可找到一系列合适的工作频率。因此,若某一频率可用,那么传播曲线与电离图轨迹必然相交。

图 2.13 至图 2.15 为计算的传播曲线;通信距离为 1000km 时的期望工作频率如图 2.16 所示。

在理论传播曲线和实测电离图的比较中,会发现传播曲线与电离图轨迹相切,该切点对应的发射频率为最大可用频率(maximum usable frequency,MUF)。在图 2.16 所示的例子中,距离为 1000km 时,MUF 为 6.6MHz。

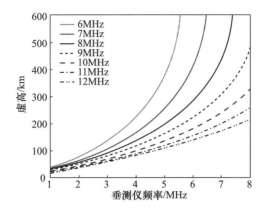

图 2.13　500km 范围内的传播曲线

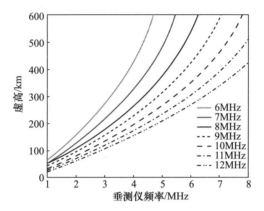

图 2.14　1000km 范围内的传播曲线

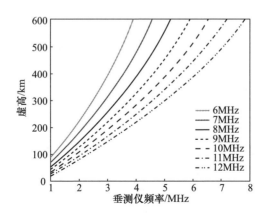

图 2.15　1500km 范围内的传播曲线

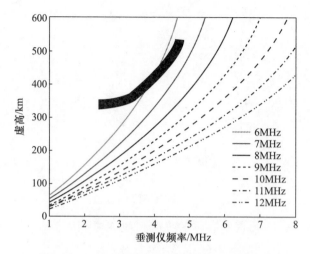

图 2.16 1000km 范围内传播曲线与电离图轨迹

另外,可以绘制系列传播曲线,其中距离作为参数,频率保持固定。传播曲线将与电离图轨迹相切,与某条曲线对应的距离为跳距。在这种情况下,在发射机和接收机之间,工作于该频率的传播路径只有一条。

传播曲线的计算忽略了地磁场影响。尽管如此,实验表明,在用于确定 MUF 和跳距时有一定的准确性。这一结论可由 2.2.9 节中讨论的事实得出,即寻常波射线路径仅受地磁场的轻微影响。

2.2.11 扰动电离层波传播特性

在本章的开头,电离层的产生归因于太阳辐射通量、太阳风携带粒子和地球引力捕获的陨石。在 65km 以上高度,大气密度非常低,以至于上述激发源释放的电子长时间积累,最终,它们被大气离子吸收。如前面章节所述,在这些高度,仍然有足够长的时间以产生大量的自由电子,即等离子体,构成电离层。电离层随太阳辐射变化很快,靠近太阳的电离层变化更为明显。这些效应导致等离子体密度的变化体现在时间和空间上。结果,HF 信号的传播模式发生了变化,影响依赖电离层折射的点到点传播路径和通信系统性能。

电离层对电波的影响主要有吸收、衰落、信号失真、频谱偏移和频率色散。在电离层发生中等扰动时,信号可能会出现多达 100ms 的时延扩展,从而导致潜在的信号失真和通信错误。几赫兹的多普勒频移在电离层传播特性中比较常见,但多普勒扩展通常在 1Hz 左右;在电离层严重扰动时,在发射到接收方向上移动的电离层不规则体作用下,引起随时间变化的散射和多径,可产生高达 1s 的时延扩展,并且多普勒扩展可高达 20Hz。这些影响都可能发生在单一路径上。此外,来自单个发射机的多条传播路径可以在单个接收天线产生多径抵消和增强效果。

随着昼夜交替,如在日出前后约 1h 内,等离子体密度快速变化,会对 HF 通信链路造成严重影响。虽然该效应也发生在日落时分,但等离子体密度的降低速率比日出时小,因此对 HF 链路性能的影响不那么严重。

考虑一个启发性的简单例子,如图 2.17 所示,多径效应会对接收信号产生显著影响。这个例子忽略了地球曲率,并假设发射机 T 到接收机 R 之间有直视路径和仰角为 ε 的经电离层反射的路径,可直接计算这两条路径上信号的相位差为

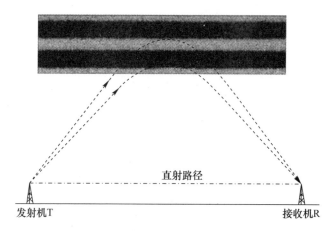

图 2.17　典型多径传播的几何结构

$$\psi = 2\pi\delta/\lambda = \frac{4\pi fh}{c}\left(\frac{1-\cos\varepsilon}{\sin\varepsilon}\right) \tag{2.23}$$

如果反射点的高度随时间变化,有

$$\frac{d\psi}{dt} = \frac{4\pi f}{c}\frac{1-\cos\varepsilon}{\sin\varepsilon}\dot{h} \tag{2.24}$$

如果 h 随时间近似线性变化,则相位变化率(频率)是恒定的,那么相位变化 2π 弧度的时间决定发射信号的幅度变化周期 T,有

$$\frac{d\psi}{dt} \cdot T = 2\pi \tag{2.25}$$

$$T = \frac{c}{2fh}\frac{\sin\varepsilon}{1-\cos\varepsilon} \tag{2.26}$$

信号幅度的这种变化称为衰落。由于它是波频率 f 的函数,因此又称为选择性

衰落。很明显,如果信号是窄带的,其带宽上的信号幅度变化较小,将之描述为平坦衰落。注意,当 fh 项较小时,幅度变化的周期较长,可以观察到缓慢的衰落。大多数读者在汽车上收听 AM 广播时会感受到慢衰落的影响。

在 HF 频段,fh 确实很小,多径效应很明显;因此,大多数 HF 信号设计的带宽仅限于几千赫兹,这对于借助高度变化较大的 F 层的远程通信尤其重要。显然,现代数字通信方法需要结合:①利用信道探测技术实现自动频率选择;②具有消息重复协议的数字信令反馈;③低数据速率实现可靠的端到端数据传输。

2.2.12 常用电离层模型

本节总结了几种用于预测发射机到接收机之间电离层路径损耗模型。

(1) IONCAP:电离层通信分析和预测模型(ionospheric communications analysis and prediction, IONCAP) 是由电信协会(institute of telecommunication services, ITS) 在 20 世纪 70 年代初期开发的,用于支撑美国政府 HF 电路业务操作。IONCAP 使用基于实测数据的半经验方法来近似 HF 两点之间的传播损耗,是使用最广泛的预测工具。路径距离大于或小于 10000km 时,使用不同模型。对于较短的路径,考虑所有传播模式,包括从 E 层和 F 层折射的单跳和多跳。叠加所有路径的总信号强度作为最终估计值;长路径模型在损耗计算方面不太详细,采用的是单位路径长度损耗系数估计方法。当然,该系数是频率和昼夜因子的函数。有关 IONCAP 模型的更多详细内容参见文献[1]。

(2) VOACAP:美国之音覆盖分析程序(VOACAP)以 IONCAP 为基础,美国新闻处下设美国之音办公室开发并发布了一个称为 VOACAP 的 PC 版本软件。该软件具有图形用户界面并提供简单易用的覆盖图,可查看信号传播损耗随频率和时间的分布情况。图 2.18 是其中的一个图表示例,呈现的是从加拿大授时台 CHU 到马萨诸塞州列克星敦的传播特性。用户可以方便地从互联网下载到这款软件,使用起来简单明了。

(3) ICEPAC:电离层通信链路分析模型(ICEPAC)是 IONCAP 的另一个升级版,主要聚焦于高纬度波传播问题。这款软件在电路可靠性计算方面做了很多改进,并更新了大气噪声模型数据。

(4) AMBCOM:斯坦福国际研究中心(stanford research international, SRI)基于几何光学方法,开发了一种求解波动方程的二维射线追踪代码程序(AMBCOM)。在高纬度地区、地磁赤道附近和昼夜过渡附近常观测到的电离层倾斜,该代码也可对其建模。因此,AMBCOM 可适用于非常规传播情形。但是,它是一个二维模型,不能预测电离层横向移动对传播的影响。

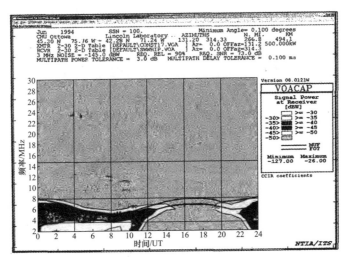

图 2.18 利用 VOACAP 模型预测马萨诸塞州列克星敦的 CHU 信号电平

（5）IONORAY：科学应用国际公司（science applications international corporation，SAIC）开发了三维射线追踪代码（IONORAY）。它基于五个主要模型：国际参考电离层模型、质谱仪和非相干散射大气模型、国际地磁参考场模型、三部分极光效应模型和可评估偶发 E 层效应的层模型。由于考虑因素众多，IONORAY 运行速度较慢，但其准确性表明，所需的计算机时间和获取相关输入数据所做的努力确有必要。

（6）SKYCOM：日地调度电离层支撑分部开发了电离层高频信号分析模型（SKYCOM）。该软件重点仿真 HF 通信受到的破坏性影响，包括特殊地磁活动、太阳耀斑、偶发 E 层和 D 层吸收。SKYCOM 是一种用于天波传播预测的高精度建模工具，但不能评估通信链路性能。尽管如此，它也可以补充 VOACAP（该软件用于高频通信系统性能测算）的不足。

2.3 高频噪声环境

在设计 HF 链路时，信号发射工程师需要确定发射机功率和天线特性。这些参数和路径损耗决定了接收信号的强度。在接收机处，一些噪声源直接影响接收信噪比和通信链路性能水平。这些高频噪声源包括：①来自天体辐射的银河噪声；②来自闪电的大气噪声；③接收机内部噪声；④接收机工作环境中的人为噪声；⑤接近链路工作频率的同信道干扰。

以上噪声水平取决于一天中的时间、季节、地理位置、当前的太阳黑子数和工作频率。做链路设计时,必须权衡所有这些影响以预测信号接收性能。

接收机设计的基本原理表明,内部噪声 N_t 可以由

$$N_t = k_0 T_0 \cdot BFL \qquad (2.27)$$

计算得到,其中 T_0 为接收机工作温度(°K),通常假设为 300°K;B 为带宽,通常为信号的带宽;F 为噪声系数;L 为接收天线系统损耗;k_0 为玻尔兹曼常数。如果 N_t 单位为 dBm,B、F 和 L 均以分贝表示,可改为

$$N_t(\text{dBm}) = -174 + B(\text{dBHz}) + F(\text{dB}) + L(\text{dB}) \qquad (2.28)$$

例如,图 2.19 所示的条形图为各种 HF 天线噪声因子 F_a 相对大小随频率的变化情况[1]。

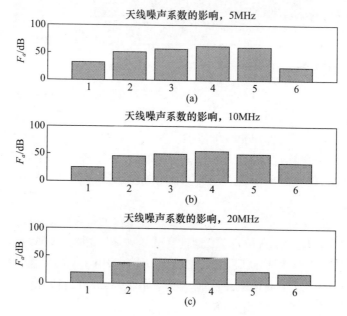

图 2.19 HF 接收机中各种噪声来源的比较
1—银河噪声;2—郊区人为噪声;3—住宅区人为噪声;
4—商业区人为噪声;5—大气噪声(夏日傍晚);6—大气噪声(冬季早晨)。

大气噪声主要是由世界各地的闪电引起的,它通常随着接收机所处位置远离赤道而减少,该噪声源在很大程度上取决于一天中的时间、季节和位置。国际无线电咨询委员会(international radio consultative committee,CCIR)发布了随地理位置变化的世界大气噪声分布图[10]。这些地图通常在晚上有很高的准确性,但是在早上和白天,尤其是在建筑物附近,噪声的主要来源为人造,并且超过了 CCIR 水平,具体的数值模型参见文献[11]。

由于银河系中存在大量噪声源,使银河噪声在整个天空中各不相同,并且分布不均匀。这种噪声也随着频率而变化——随着频率的升高而减弱。接收机银河噪声的估计必须通过对相关位置的空中噪声进行积分获得。作为起点,无线电天穹图有很大利用价值,但它们仅适用于 VHF 频段和 UHF 频段[12];银河噪声随频率的映射需使用 $N_{gal} \propto (f/f_{ref})^{-2.3}$ 关系进行换算,并在天线方向图上积分使用。对于阵列天线,积分所需的天线方向图是由一组结合具体使用场景的特定单元权重构成。因为这些权重可能随特定信号特征自适应变化。因此,无法确定用于积分的精确天线方向图。相反,可以对代表性场景进行理论分析,并将结果用于 HF 频段银河噪声估计。

来自其他 HF 无线电传播的干扰,对于接收机的设计通常是最具挑战性的。现场踏勘通常用于确定接收位置的各种特征,但结果可能不具有普适性,这是因为 HF 操作环境具有动态性和不规律性。人们还进行了一些可用于各种环境的干扰建模尝试,详见文献 [11,13-15]。

2.4 昼夜变化

作为对 HF 无线电波电离层传播的总结,本节将讨论这种传播如何随频率和一天中不同时刻的变化规律。在开始讨论之前,需要注意其他影响传播特性的重要因素,特别是年、月份、太阳黑子数和射线路径位置,然后综合这些因素得出相应结论。电离层模型 VOACAP 可用于确定电波传播的各种细节,因此,图 2.18 中的 VOACAP 示例将在本节作为有关论述的基本对象。

注意,此示例使用的太阳黑子数为 100,月份为 6 月,对应的日地电波射线路径中,发射位置为加拿大渥太华,接收位置为马萨诸塞州列克星敦。由图 2.18 可知,一天中任何时候的 MUF 都低于 8MHz,并且在 1300UT 和 2200UT 之间,任何频率的传播损耗都非常高。这个时间间隔对应于当地的 0800 - 1700EST,在一天的中午,D 层高度电离,导致显著的电波衰减。随着太阳逐渐落山,D 层电离减弱,接近 6MHz 的频率开始满足上述两地之间的通联。

随着夜幕降临,越来越低的频率变得可用,直到 0300EST,最佳工作频率降至 4MHz。这时,有一条 2~5MHz 可行的传播路径。随着太阳的升起,电波传播逐渐恶化,到 0800EST 时,由于 D 层吸收产生较大传播遮蔽。

我们还可以对一年中不同月份、太阳黑子数或射线路径开展类似分析,但这几个关键参数对结果影响较大,对有关规律的总结可能不够准确。如果读者想要深入研究 HF 信道特性和使用方法,可参考专门的著作,或者对于感兴趣的特定通联场景,可以利用 VOACAP 工具做针对性的仿真。

参 考 文 献

1. E. E. Johnson, R. I. Desourdis Jr., G. D. Earle, S. C. Cook, and J. C. Ostergaard, *Advanced High-Frequency Radio Communications*, Boston: Artech House, 1997.
2. K. G. Budden, *Radio Waves in the Ionosphere*, Cambridge, UK: Cambridge University Press, 1961.
3. K. Davies, *Ionospheric Radio*, London: Peter Peregrinus, 1989.
4. P. J. D. Gething, *Radio Direction Finding and Superresolution*, London: Peter-Peregrinus, 1991.
5. P. J. D. Gething, J. G. Morris, E. G. Shepherd, and D. V. Tibble, "Measurement of Elevation Angles of H.F. Waves," *Proc. IEE*, vol. 116, no. 2, February 1969, 185.
6. F. E. Terman, *Electronic and Radio Engineering*, New York: McGraw-Hill, 1955.
7. R. M. Fano, L. J. Chu, and R. B. Adler, *Electromagnetic Energy Transmission and Radiation*, New York: John Wiley & Sons, 1960.
8. J. D. Kraus, *Electromagnetics*, 4th ed., New York: McGraw-Hill, 1988.
9. T. H. Stix, *Waves in Plasmas*, Heidelberg: Springer-Verlag, 1992.
10. CCIR, "Characteristics and Applications of Atmospheric Radio Noise Data," *Reports to the CCIR*, Report 322-2, 1983.
11. CCIR, "Atmospheric Radio Noise Data," *Reports to the CCIR*, Report 322-3, 1983, greg-hand.com.
12. T. F. Mackrell, "A Survey of Galactic Radio Noise at 144 Mc/s between Declinations of 10° and 50° South," *New Zealand. Journal of Geology and Geophysics*, vol. 6, no. 5, 728–734, 1963.
13. A. D. Spaulding and F. G. Steward, *Updated Noise Model for IONCAP*, Boulder: NTIA, 1987.
14. P. J. Laycott, M. Morrell, G. F. Gott, and A. R. Ray, "A Model for HF Spectral Occupancy," *Proc. 4th Int. Conf. HF Radio Systems and Techniques, London*, IEE Conference Publication 284, 1988.
15. B. D. Perry and L. G. Abraham, "A Wideband HF Interference and Noise Model Based on Measured Data," *Proc. 4th Int. Conf. HF Radio Systems and Techniques, London*, IEE Conference Publication 284, 1988.

第 3 章 常用高频调制协议

3.1 概　　述

如第 2 章所述,如果根据一天中不同的时间和工作地点选择适当的链路参数(天线、工作频率等),电离层将支持在相距较远的发射机 - 接收机之间建立链路。但是,要传输的信号不能仅仅是一个连续的正弦波(载波),它必须以某种方式变化才能传递信息。对载波进行变换以传递信息的方法被称为调制。自高频通信出现以来,已经尝试了许多信号调制格式和传输协议,那些能够满足所需可靠性和数据速率的传输协议至今仍得到广泛应用。本章总结了目前最常用的调制协议。

值得注意的是,在引入与信息论概念相关的分析模型之前,调制技术就已经得到了广泛研究。香农[1]修正了现行的通信系统模型,确定了两阶段编码和解码过程,如图 3.1 所示。源数据根据用户指定的保真度标准转换为二进制数据流,该标准规定源状态的可分辨数量以及信源进行有意义变化的频率。信源编码过程确定了表征信源的二进制数据速率 R,并为第二阶段信道编码提供基础,信道编码将二进制数据流转换为适用于所使用调制方案的信道符号。

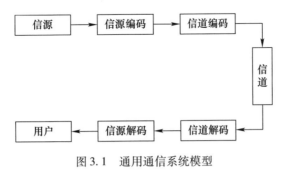

图 3.1　通用通信系统模型

在接收端,这两个阶段的过程是相反的。首先,信道译码确定每个数据周期中传输哪个信道符号,并将其判决为二进制数据流;然后,信源译码器将数据流转换为适合于用户的信号。

信道特性(接收机噪声电平,衰落率等)和符号参数(符号集大小和符号持续时间)决定了信道处理数据的能力。香农理论指出,只要信源数据速率小于信道容量,就可以设计出适当的信道编码使总体误码率趋于零。实现这一点的技术超出本书的范围,但这种减少误差的方法通常基于长码字,每个码字都由多个信道符号组成。这种编码方式给数据流增加了冗余,它能够以牺牲计算复杂度为代价来检测和纠正原始信道符号错误[2]。

本章描述了适用于高频通信系统的调制方案。如 2.2 节末尾所述,电离层介质支持可靠的反射/折射传播以实现高频地对地通信,这种传输方式传统上使用窄带信号。考虑图 3.2 所示的高频调制技术分类是很有用的。该图的分支表示通信系统设计人员可用的选择;每一项都必须根据要传输的信息类型、可用的信号带宽、预期的信道利用率和所需的通信性能在电离层传播环境中进行检验和评估。图 3.2 分类的第一级是基于要传递信息的形式:模拟或数字。第二级是基于传递该信息的信号特性:振幅、频率或相位。第三级仅与数字信号相关,是基于符号集是二进制还是更高阶。

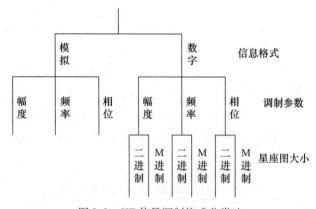

图 3.2　HF 信号调制格式分类法

历史上,最早的 HF 传输格式摩尔斯码是由一种非常简单的传输设备(一个射频振荡器和一个简单的键控设备)驱动。这项技术是直接从有线电报中借鉴而来。但是,调幅广播因迫切的语音通信需求而快速兴起,调幅广播类似于目前在国际广播频段中 HF 频率上听到的广播。随后,数字传输得到发展以实现数据传递,数字传输首先采用开关键控,然后采用二进制频移和相移键控方法。直到 50 多年前,多进制调制才发展起来。如今,高频通信只需在 HF 频率上调谐一个窄带 HF 广播接收机就可以观察到所有这些调制类型。

HF 信号调制的最新发展涉及宽带传输、扩频传输。从用于 VHF 和 UHF 频段抗干扰通信的码分多址(CDMA)技术中得到启发,在 20 世纪 80 年代中期开始探索性地将这些方法应用于 HF 频段[3]。应当认识到,电离层在任何给定时间可以支持数兆赫兹以上的 HF 传输能力。尽管这些传输具有频率选择性的传播特性,具有适当调制的相干宽带信号仍然可以在发射机和接收机之间提供稳健的低数据速率①信道。

之所以能产生这种稳健的信道,是因为大多数 HF 干扰源实际上都是窄带的,并且彼此相互独立。使用发射机和接收机均已知的宽带伪随机噪声(PRN)扩频格式,携带窄带数据的信号将表现出很大的冗余性。即使传输的很大一部分受到干扰或信道衰落的影响,这种格式也允许在接收机中恢复窄带数据。在 HF 环境中,这样的信号相对不受干扰,并且能够以足够低的功率广播,以避免干扰其他并发用户。尽管在宽带信号所占用的带宽上存在同信道干扰和变化的传播特性,但使用已知的扩频码在接收机处进行的解扩处理将提供足够的处理增益,以支持较低的信道误码率。在 1MHz 带宽信号上的实验表明,这种方法是可行的[3]。尽管如此,与天线带宽和对发射机附近用户的干扰有关的挑战仍然存在。

本章总结了用于模拟和数字 HF 通信的最常见的调制方法。值得注意的是,虽然 HF 通信方式已变得"过时",但在无法使用更现代通信媒体的情况下,HF 通信仍然是国家紧急情况的备用方法。为了确保这些备用设备制造商之间的兼容性,美国政府在 20 世纪 90 年代制定了各种调制技术的标准。这些标准在 3.6 节中作了简要描述。

3.2 模拟信号调制的可选方案

承载模拟信息的信号调制早先是为了实现远距离语音传输,语音传输最初是通过有线方式进行的,后来无线方式应用到语音传输。可选的调制参数包括幅度、频率和相位,正如第 2 章详细讨论的,HF 信道的性质使幅度调制最为有用。本节介绍用于 HF 传输的几种幅度调制方法。从历史上看,一旦对数据传输的需求出现,可以对这些技术进行修改以用于数字信息传输。本节回顾了在 HF 系统中实现模拟信号通信的几种常用调幅方式。

模拟调幅方法很简单:使用调制波形来指定要传输的射频载波信号的瞬时振幅。但是这种调制波形应用于射频波形的方式以及在调制后、传输前如何处理结果存在差异。首先,详细介绍了一种基本的调制过程——常规调幅;在此讨论之后,将对几种流行的替代方案进行更简短的描述。

---

① 术语"低"数据速率是相对于用此类传输的大带宽而言的。

3.2.1 常规幅度调制

一般来说，调制波形可以是带宽远小于载波射频的任意信号。大多数调制波形都有正值和负值，调制方案必须以某种方式考虑到这一特性。常规调幅使用电压偏置来确保调制波形始终为正。然后，将偏移的调制波形作为幅度的比例因子应用于射频载波。

特别地，考虑一个正弦载波信号 $c(t)$：

$$c(t) = A_0 \cos 2\pi f_c t \tag{3.1}$$

和一个调制信号 $a(t)$：

$$a(t) = 1 + m\cos 2\pi f_m t \tag{3.2}$$

假设该调制信号呈现出的变化比正弦载波的变化要慢得多。只要调制指数 $m \leq 1$，调制信号就是正的，就可以用它对载波施加振幅变化（如果 $m=0$，则没有调制，载波振幅在 A_0 处保持不变）。此时，对于幅值为 A_0 的载波，激励发射天线的信号变为

$$s(t) = a(t) A_0 \cos 2\pi f_c t \tag{3.3}$$

$$= A_0 (1 + m\cos 2\pi f_m t) \cos 2\pi f_c t \tag{3.4}$$

式(3.3)可以用三角恒等式展开如下：

$$s(t) = A_0 \cos 2\pi f_c t + \frac{A_0 m}{2} \cos 2\pi (f_c + f_m) t + \frac{A_0 m}{2} \cos 2\pi (f_c - f_m) t \tag{3.5}$$

从式(3.5)可以看出几个信号特征：首先，存在三个叠加信号，第一个信号在载波频率 f_c 处，第二个信号在比载波频率大 f_m（f_m 表示调制频率）的频率处，第三个信号在比载波小 f_m 的频率处。后面两个信号的频率称为边带频率，取决于调制音的频率；它们携带调制信号要传输的信息。其次，载波振幅不受调制指数 m 的影响；即使调制指数为零，也就是说，没有调制时载波依旧存在。最后，两个边带信号的振幅是相等的，并取决于施加在载波上的调制程度。

更复杂的调制，比如两个或更多的调制频率，将在这种最简单的情况上叠加更多的边带频率。每个调制频率将产生两个边带频率，一个在载波之上，一个在载波之下，由载波频率分开；更复杂的调制会产生一个接近载波频率的信号簇，如图 3.3 所示。由于增加调制频率载波保持不变，因此载波频率不携带信息；复合信号中的信息成分集中在边带频率中。

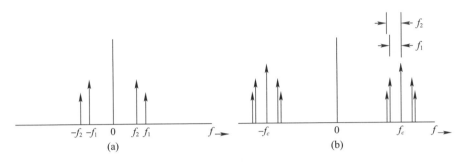

图 3.3 调幅信号频谱
(a)调制信号谱;(b)射频信号谱。

注意,中心载波的两个边带簇所占的总带宽等于最高调制频率的两倍。如果要传输的信息具有相当大的带宽,则调制频率必须较高,因此被调制信号占用的带宽会更宽。每分钟 100 字的简单电报信号所需的最高调制频率约为 120Hz,因此其带宽为 240Hz。具有电话电路质量的语音信号可能需要 5kHz 的带宽。

值得注意的是,调制指数反映载波被调制的程度。在仅有一个调制音的简单情况下,如果 $m=1$,则载波被完全调制。在这种情况下,每个边带频率的幅度是载波振幅的 1/2,因此功率为载波功率的 1/4。边带的总功率是载波功率的 1/2(两个边带),或信号总功率的 1/3。对于较弱的调制,边带功率电平会降低。通常,为了最大化用于传输信息的功率,发射机应该以接近于 1 的调制指数进行调制。还要注意,调制载波的电路在这个过程中不能产生失真。如果施加到载波上的调制程度是调制频率的函数,或者由于放大器幅度失真而导致调制包络呈现出调制波形中不存在的频率,则可能会出现失真。

当调幅信号的调制包含多音或连续频谱时,必须选择使复合调制波形 $a(t)$ 不超过载波振幅的 m;即 $\max[m \cdot a(t)] < 1$。该条件会限制调制波形的最大功率,但也会避免失真,使简单的接收机就能够准确地恢复调制波形。

正如后面将要讨论的,常规调幅信号在带宽使用方面效率低下,需要调制信号带宽的 2 倍。其能量使用方面效率也很低,因为不携带任何信息的载波占据了总传输能量的 2/3 或更多。由于这些低效率的问题,已经研制出模拟信息传输的替代信号格式,并用于实际应用中。然而,由于常规调幅信号在传输中包含一个载波,它们可以与相对便宜的接收机硬件一起使用。

尽管对于高频调幅信号带宽的理论限制是载波频率的 1%,但电离层引起的失真和拥挤的频谱将可用的信道带宽限制在几千赫兹。在这个带宽范围内,人类的语音可以相当清晰易懂,但有限的信道带宽对音乐产生有害影响。

然而,自20世纪20年代以来,高频广播已经成功地利用高频信道,调制信号$a(t)$包括从零开始的偏移量,以确保调制波形始终为正。由于载波包络不能为负,因此产生这种"过调制"状态的调制波形将产生不可接收的信号失真。

因为本书重点不是通信方法学,所以在其余的模拟数据调制形式的描述中将没有数学细节的呈现,它们的目的仅在于描述高频频段中常用的信号形式。对于更详细的调制描述和提供定量性能比较的相关性能分析,读者可以参见文献[6,9-10]。

总之,本节所述的调幅形式称为常规幅度调制;调制过程仅仅是将正弦载波波形与调制信号相乘。由此产生的频谱是窄带的,在强载波的两侧都有承载信息的边带;根据基带调制波形的形状,两个边带的形状互为镜像。因此,边带频率是冗余的,可以考虑去掉其中一个。此外,虽然包含大部分信号功率的强载波有助于简单接收机的操作,但强载波不携带任何信息。本着提高广播效率的目的,可以降低甚至消除强载波功率,但要以更复杂的接收设备为代价。这些节省功率和频谱的方法是下面将要介绍的调制设计的动机。

3.2.2 双边带抑制载波调制

双边带抑制载波调制(DSB-SC)是频谱中不存在载波分量的常规幅度调制。它很容易通过模拟调制和载波波形的乘积产生,但调制波形中没有固定的恒定振幅分量;而恒定振幅分量在式(3.2)的常规振幅调制格式的调制规范中有明确表示。

显然,DSB-SC形式的调幅比常规调幅更有效率,因为它不浪费功率来提供载波。然而,接收机解调成为一个挑战:接收机必须自行重建适当的载波信号。该要求使得接收机架构更复杂、成本更高,这可能会阻碍这种传输信号格式在许多应用中的使用。此外,注入接收机的载波频率的误差会导致原始模拟信号的失真;不过,双边带结构提供的信号冗余使得该问题得以缓解。此外,DSB-SC调制的带宽效率并不比常规调幅高。

发射机使用DSB方法的一种变体,即连同边带传输一个弱载波。对于接收机来说这是有益的,因为接收机可以锁定这个弱载波,并用它生成本地振荡器以处理承载信息的边带。这项技术的应用非常广泛,因此有了一个特殊的名称,即残留载波双边带调制[5-6]。

图3.4(b)显示了DSB-SC信号格式的频谱特性;为清晰起见,仅显示了正频率,可以将此频谱与图3.4(a)所示的常规幅度调制信号的频谱进行对比。

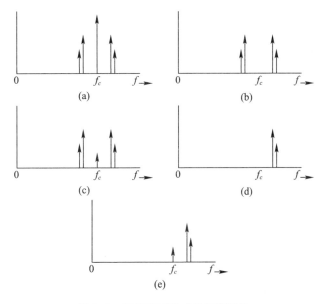

图 3.4 调幅信号格式的频谱特性
(a)常规幅度调制；(b)双边带抑制载波调制；(c)双边带残留载波调制；
(d)单边带调制；(e)单边带残留载波调制。

3.2.3 单边带幅度调制

在 3.2.2 节中，介绍了 DSB-SC 调制，并证明了它比常规幅度调制有更高的功率效率。然而，由于 DSB 在高于载波频率和低于载波频率两个部分传输了冗余信号，因此它的带宽效率仍然很低。利用单边带抑制载波（SSB-SC）调制可以解决低带宽效率问题，该调制在格式上与 DSB-SC 调制相同，只是两个边带中的一个被滤除而不进行传输。由于可以去除任意一个边带，因此使用术语上边带（USB）和下边带（LSB）来识别留下的边带。单边带调制格式不会在冗余的第二边带或载波上浪费带宽或功率。

SSB 传输面临滤波方面的挑战，因为上、下边带之间的间隔仅为调制波形中最低频率的两倍。对于高频运营商感兴趣的大多数信号来说，这个间隔会非常小，使得边带消除滤波器的设计非常困难。接收方在本地振荡器再生方面也面临挑战，这个问题和 DSB-SC 中的一样。然而，由于没有双边带结构的冗余，SSB-SC 接收机无法识别载波频率误差。

因此，解调后的信号失真在 SSB-SC 中很常见，通常在解调后的语音信号中观察到不正确的音高。然而，SSB 信号的带宽和功率效率致使其在高频通信中大受欢迎。

3.2.4 残留边带幅度调制

高频载波信号模拟调制的最终替代方案类似于 3.2.3 节所述的单边带幅度调制。除了发射能够将信息传递到接收机的单边带信号外，还传输一个低电平载波分量。这种格式提供较低的发射电平和适当的载波相位，使相对简单的接收机就可以锁定该信号格式，从而降低无辅助情况下重建载波所带来的复杂性；本地生成的经过放大后的载波可用于边带信号的解调。如前所述，调制信号的载波和最低频率分量在频率上相对接近。因此，支持完整残留边带调幅信号所需的额外带宽并不大。

3.2.5 模拟信号性能比较

在本节中，对上述各种模拟信号格式进行性能比较。此处不含这些性能度量的推导，因为类似推导在许多通信系统的书籍都很容易看到[6,9-10]。然而，这样的比较还是有用的，因为它们影响各种信号格式的普及程度。

模拟调制格式的比较如表 3.1 所列。很明显，这四种格式提供了相似的信噪比。只有在未保持调制指数 m 接近 1 时，常规调幅才会在这方面较弱。影响调制选择的其他因素包括占用带宽和接收机载波再生。

表 3.1 模拟调制格式的比较

调制格式	信噪比	带宽	其中的载波
常规幅度调制	$m^2 A_c^2 / 2N, m < 1$	$2B$	强
双边带抑制载波调制	$A_c^2 / 2N$	$2B$	无
单边带幅度调制	$A_c^2 / 2N$	B	无
残留边带幅度调制	$A_c^2 / 2N$	B	弱

3.3 数字调制方法

下面讨论数字数据的传输，首先讨论二进制方法，振幅、频率和相位调制方案将依序讨论。

3.3.1 二进制数据开关传输

最简单的数字调幅方法称为开关键控（OOK）；它基于单个载波，该载波可以使用约定的定时协议打开或关闭以传送信息。简而言之，有脉冲表示二进制 1，没有脉冲表示 0。接收机必须有一个可靠的时钟或时间基准以便分离符号,并确定何时一个较长的脉冲表示连续两个 1。这种方法可能是二进制数据常用的几种脉冲编码调制方案中最简单的一种。但开或关的信号方式也被用于与摩尔斯码相关的更大的符号集。摩尔斯码的传输在附录中有描述。

在 OOK 协议中,二进制数据在指定的间隔 T 内使用所谓的"标记"和"空格"信号进行通信。"标记"由具有指定振幅 A、相位 ϕ 和持续时间 T 的载波来表示,而"空格"则通过在间隔 T 内关闭载波来表示。因此有

$$s(t) = \begin{cases} A\cos(2\pi f_c t - \phi), & \text{"标记"} \\ 0, & \text{"空格"} \end{cases} \quad (3.6)$$

在接收端,解调器必须首先与到达的符号时间同步;然后对每个发送间隔评估载波是否存在。许多文献都对这种情况进行了分析[2,5,6,9-10],这些文献涉及的重要主题包括相位跟踪环路、信道动态性和精确跟踪的信噪比要求。如果接收机能够使用精密振荡器保持对信号相位的准确认知,则可以使用相干接收技术。相干接收机将到达的信号与本地载波副本进行互相关操作,可以有效地执行匹配滤波接收。假设接收机时钟与发射机完全同步,则对同相相关滤波器的输出进行采样,并将结果用于"标记"-"空格"判决。如果无法准确跟踪信号相位,就必须使用非相干接收方法。

文献表明,发射等概率"标记"和"空格"时的误码率是接收机信噪比的函数,如果可以测量,则可以利用最佳阈值来获得误码率,即

$$P_e = \frac{1}{2}\text{erfc}\left(\frac{\sqrt{\gamma}}{2}\right) \quad (3.7)$$

式中:γ 为信噪比,erfc 为互补误差函数。

这种误码率关系如图 3.5 所示。将相干接收机性能与非相干接收机性能进行比较非常有意义。在后一种情况下,载波副本在接收机上不可用,并且必须使用包络检测的方法来比较预期为一个"标记"的接收信号与预期为一个"空格"的接收信号。在这种情况下,误码率变为

$$P_e = \frac{1}{2}\exp\left(-\frac{\gamma}{4}\right) \quad (3.8)$$

这种关系如图 3.5 所示。图中关系可以近似表示为相关分布的拖尾。从这个图可以明显地看出,当信噪比增加时,相干和非相干接收机的性能在最佳阈值下渐近相同。这一点在高频数字通信接收机的情况下尤其重要,因为在第 2 章中详细描述过,电离层的信道效应会在相干接收机中引入载波估计误差。因此,相干和非相干接收机在高信噪比下的类似性能在高频中尤其重要。

然而,这些误码率预测是基于一个假设,即可以为"标记"-"空格"判决设置适当的阈值。对于 OOK,阈值设置取决于"标记"信号的强度。然而,高频信号强度很大程度上受到信道衰落的影响,信道衰落可能是快速且不可预测。即使使用复杂的自动增益控制(AGC),接收机也无法可靠地保持对真实"标记"信号电平的及时估计。因此,误码率将大于数学预测结果,后者只能视为下限。由于无法为"标记"-"空格"判决维持适当的阈值,使得人们开始考虑替代的调制方法,特别是那些与角度而非幅度相关的调制方法。接下来将描述和评估角度调制方案。

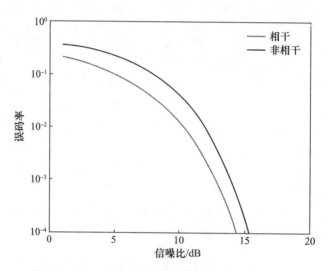

图 3.5 相干和非相干二进制 OOK 接收机的误码率

3.3.2 二进制频移键控

二进制频移键控(FSK)调制是为了避免与高频信道衰落相关的解调问题而发展起来的。FSK 使用两个不同载波频率的能量脉冲分别表示 0 和 1。由于特定频率可视为相位随时间的线性变化,因此频率调制是相位或角度调制的一种特例。FSK 调制器的实现十分容易。如果发射功率放大器的频率可以通过调谐电压来调整,那么调制波形就可以通过适当的缩放和/或调节来控制发射功率放大器,从而实现简单的频移键控。解调器可以直接使用一个对所使用的两个频率有不同频率响应的鉴频器电路。

接收机也可以引入双滤波器接收机。接收机使用两个滤波器,每个滤波器被调谐到相应的载波频率。比较两个滤波器的输出,并根据输出较大的滤波器进行符号判决。假设用于符号调制的两个载波频率很近,在平坦衰落下,可以假设它们的信道非常相似。因此,双滤波器接收机相对来说不受信道衰落的影响。此外,实现起来也非常简单。由于实现的简单性以及相对不受信道衰落的影响,FSK 已成为高频数字数据传输中常用的调制方式。

当然,除了这些简单的调制/解调方法之外,可以采用更复杂的替代方案以实现性能增强。一种相干形式的 FSK 接收机已成功应用。这种接收机有效地实现了一对匹配滤波器,这对滤波器不仅对接收信号的频率有响应,而且对其相位也有响应。这种滤波器将接收信号与两个可能的接收波形进行相关运算,并估计每个可能情况下的信号能量。由于信道的不确定性,相干接收机必须使用复杂的信道估计处理来修正滤波器,接收机成本大大高于简单的非相干接收机。因此,FSK 解调通常使用非相干双滤波器接收机,本节其余部分将重点介绍其性能。

假设每个符号都由相同振幅的矩形脉冲表示,则传输信号变为

$$s(t) = \begin{cases} A\cos(2\pi f_1 t), & \text{标记} \\ A\cos(2\pi f_2 t), & \text{空格} \end{cases} \quad (3.9)$$

式中:f_1 和 f_2 在具有持续时间 T 的脉冲持续时间内恒定。更复杂的发射机系统可能会使用脉冲整形来最大限度地减少频谱占用,但是在此忽略如此详细的描述。

对于非相干接收机,假设每个滤波器在另一个备选频率下不响应接收信号(无重叠),并且假设空闲信道中的噪声独立于另一信道中的噪声(无串扰),通过比较调谐到 f_1 和 f_2 的两个滤波器在包络检测中的响应,可以分析得到非相干 FSK 的符号误码率为[6]

$$P_e = \frac{1}{2} e^{-\frac{\gamma}{2}} \quad (3.10)$$

式中:γ 为信噪比。误码率表达式绘制如图 3.6 所示。

尽管在高频传播环境中很难保证相干性,但是将相干 FSK 的误码率表达式与刚刚导出的非相干接收机误码率表达式(式(3.10))进行比较是很有意义的。假设相干接收机有两个可能的传输信号副本,其中包括精确的相位调整,只有振幅未知。相干接收机的性能也可以分析[10],误码率结果如图 3.6 所示。相干 FSK 和非相干 FSK 性能的比较可以使用这个图,或者使用误差函数在两种情况下的渐近表达式。

在高信噪比下,相干接收机的误码率渐近于

$$P_e = \frac{1}{\sqrt{2\pi\gamma}} e^{-\frac{\gamma}{2}} \quad (3.11)$$

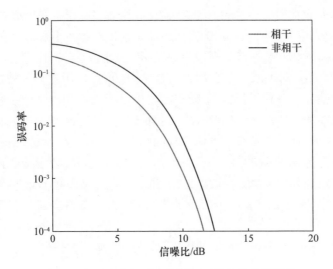

图3.6 相干和非相干二进制 FSK 接收机的误码率

对于非相干接收器,相同的量见于式(3.11)。两者具有相同的指数因子。

通过比较可以看出,当信噪比较高时,相干 FSK 和非相干 FSK 的性能由相同的指数项控制。虽然系数有差异,但如果目标是达到极低的误码率,那么这种差异就不重要了。幸运的是,HF 传播信道并不适合相干 FSK 接收,这一分析表明,在极低的误码率下,非相干 FSK 性能可以成功适用。

3.4 二进制相移键控

如 3.3 节所述,相移键控(PSK)是角度调制的另一种形式。本节描述相干 PSK 和差分 PSK 并比较两者的误码率。

3.4.1 相干 PSK

二进制 PSK 非常简单。在发送机处,调制数据流中的 0 和 1 数据被 −1 和 1 替换,替换结果乘以一个正弦载波。读者可以将此过程视为具有双极性调制波形的 DSB − SC 方法。在接收机处使用互相关处理,它包括将接收到的波形与载波副本相乘,然后在与传输符号持续时间等长的时间间隔上进行积分。此过程与 3.3 节中针对相干 FSK 所述的过程相同。

对相干 BPSK 的分析表明[10],其误码率为

$$P_e = \frac{1}{2}\mathrm{erfc}(\sqrt{\gamma}) \qquad (3.12)$$

因此,理想 PSK 比相干 FSK 具有 3dB 的优势。但是这些结果忽略了一个重要要求,即相干接收机要产生一个完美的同相参考。如果参考不是同相的而是带有相位角度误差 $\delta\phi$,则同相通道的信号电平将下降为 $\cos\delta\phi$,此时误码率将相应的修正为

$$P_e = \frac{1}{2}\mathrm{erfc}(\sqrt{\gamma}\cos\delta\phi) \tag{3.13}$$

如果相位误差小,那么信噪比损失较小,错误概率不会受到太大的影响。然而,在高频信道中,除非使用适当的载波跟踪电路,相位误差往往不可接受。这种电路的设计和性能分析超出了本书的范围。

3.4.2 差分相移键控

相干接收电路方案的替代方案是采用一种改进的 PSK 信令格式,称为差分 PSK(DPSK)。DPSK 对传输的符号进行差分编码:如果给定符号等于它的前一个符号,则传输的载波相位不变;如果两个符号不同,则传输的载波相位偏移 180°。接收机中使用相干检测器,但参考的是前一个接收到的脉冲延迟一个符号持续时间后的结果。这种检测器的设计是 DPSK 与相干 PSK 方法的主要区别。使用该检测器时,参考信号与接收信号具有相同水平的加性噪声;然而,由于接收信号和延迟参考信号在时间上相隔一个符号持续时间,所以加性噪声波形是不相关的。

DPSK 的误码率为

$$P_e = \frac{1}{2}\mathrm{e}^{-\gamma} \tag{3.14}$$

将 DPSK 与相干 BPSK 的误码率(式(3.12))进行比较是有意义的。正如相干 FSK 和非相干 FSK 的比较,DPSK 的性能主要由指数因子决定,这对于相干 PSK 和 DPSK 相同。然而,对前面表达式的详细分析表明,与相干 PSK 一样,在相同的指数因子下,随着信噪比的提高,DPSK 的误码性能将有所改善,但是在低信噪比时,前一个符号提供的相位参考不足以实现可靠的解调;因此,在这种情况下,相对于相干 PSK,DPSK 有更大的性能损失。详细情况见参考文献[2,10]。

3.4.3 二进制调制误码率比较

在前面几节中,已经描述了几种重要的二进制调制方案。比较它们之间如何使用误码率计算作为性能度量是很有用的。图 3.7 中将误码率作为信噪比的函数,用多曲线图的形式提供比较信息。表 3.2 总结各种方案,包括在低信噪比下的误码率,在高信噪比下的渐近误码率性能,以及它们在高频传播环境下实现的点评,这有助于更好地理解它们间的比较。

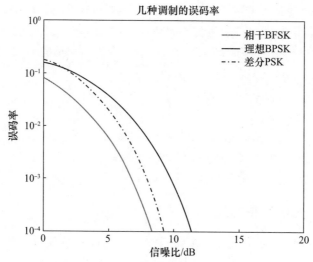

图 3.7　几种二进制调制接收机的误码率

表 3.2　二进制调制方式的性能总结

调制方式	信噪比/dB $P_e = 10^{-2}$	信噪比/dB $P_e = 10^{-6}$	备注
非相干 OOK	11.94	17.20	需要精确载波
相干 OOK	10.34	16.55	
非相干 FSK	8.93	14.19	需要精确载波
相干 FSK	7.32	13.53	
DPSK	5.92	11.18	需要精确载波
相干 PSK	4.32	10.53	

3.4.4　多进制调制

前面已经描述了两种二进制调制方法。每种方法均假设数据源以 R bit/s 的速率生成一组二进制数据并送给发射机,以便与远程接收机通信。本节去掉对二进制调制的限制,但保留二进制数据源的假设。对数据源二进制限制似乎过于严格,但是众所周知,大多数(如果不是全部)数据源能够以任何期望的精度编码到具有相应二进制符号速率的二进制流中。因此,这里的讨论限制在二进制数据源上是很方便的。

在二进制调制方法中,通信信道使用两个符号传输数据,一个符号表示来自数据源的一个二进制数据比特。考虑将 k 个连续的二进制数据比特分组为"超级符号",每个"超级符号"在信道上用唯一调制符号表示。由于 k 个二进制数

据比特可以包含 $M=2^k$ 个不同的可能性,因此调制方案必须允许 M 个符号。多进制调制的主题就是讨论这样的调制方案。

多进制调制的主题是相当复杂的,因为有许多调制选项和多种多样的方法来评估它们。关于特定调制方案的基本问题包括:

(1) 每个符号需要多少能量才能实现可靠传输?

(2) 需要多少通道带宽?

(3) M 最恰当的值是多少?

(4) 发射机和接收机的复杂度是多少?

(5) 是否可以实现相干处理? 相干处理可行吗? 有用吗?

系统设计权衡比比皆是。作为对这一复杂主题的介绍,本节将重点介绍目前在高频通信系统中发现的两种最常见的多进制调制方法,M 进制相移键控(MPSK) 和 M 进制频移键控(MFSK)。重点关注性能与信噪比的函数、带宽要求以及增加符号集大小 M 产生的影响。

3.4.4.1 M 进制相移键控

二进制 PSK 定义为传输两个相位差为 180°的符号。如果第一个符号基于余弦波,则第二个符号也是余弦波,但带有负号。这两个符号都使用同相分量,不使用正交分量。因此,可以利用同相和正交信号设计四进制星座图,并且从正的余弦波和负的余弦波以及正的正弦波和负的正弦波获得两个符号。这样可以设计相对简单的接收机并且具有吸引人的性能特性。这种方法可以推广到 $M>4$。

定义一组振幅恒定、相位相差 $\delta\phi = 360°/M$ 的符号。简单起见,假设第一个符号是正余弦波脉冲。在相平面中,该符号可用一个幅值等于波包络的正同相矢量来表示。第二个符号可用一个幅值相同但角度为 $\delta\phi$ 的矢量来表示。通常,第 i 个符号可由一个幅值相同、相位角为 $\phi_i = (i-1)\delta\phi$ 的矢量来表示。例如,8 进制系统的符号相位为 0°、45°、90°、135°、180°、225°、270°和 315°。这些矢量在相平面中的位置关系如图 3.8 所示。

对多进制 PSK 信号的性能预测涉及概率分布的数值积分。性能预测是基于加性高斯白噪声干扰下接收信号的同相和正交分量的一般模型。一般来说,只考虑零相位余弦波符号的传播错误对于性能分析是没有影响的。对于相干接收机,零相位符号将与同相信道参考相位对准。假设 M 进制 PSK 调制以零相位为中心,解调信号相位位于宽度为 $2\pi/M$ 的相位扇区内时,则得到正确符号,即接收到的信号相位估计为 $\pm\pi/M$ 之内。

根据参考文献[6]:首先可以得到输出相位的概率密度函数 $p(\theta)$ 的表达式;然后在适当的扇区对其进行数值积分,得到正确接收的概率 P_c;通常,误差概率为 $P_e = 1 - P_c$。当 $M=4,8,16$ 时,积分结果如图 3.9 所示。

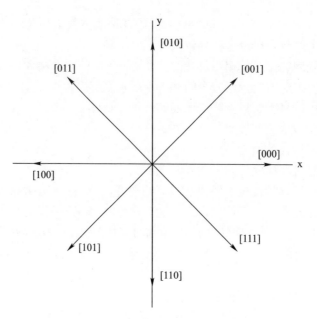

图 3.8 八进制 PSK 矢量的相平面图

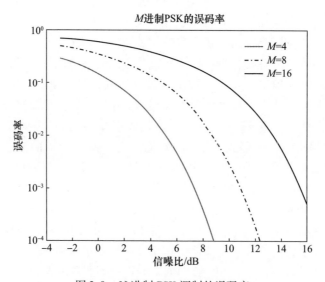

图 3.9 M 进制 PSK 调制的误码率

值得指出的是,一个符号错误并不一定会导致所有 k 比特的错误。这个问题将在另一种 M 进制信号形式——M 进制 FSK 描述后进一步讨论。

3.4.4.2 M 进制频移键控

在 3.3.2 节中介绍二进制 FSK 调制。对于 BFSK,使用两个信号音,其中一个表示 0,另一个表示 1。M 进制频移键控(MFSK)是该思想的一个扩展:用 M 个信号音发 M 个不同符号的信号,每个符号携带 $k = \log_2 M$ 个比特。重点是信号音之间要有足够的间隔。如果符号持续时间为 T 且信号音在频率上相隔至少 $1/T$,则信号音是正交的,这样就可以在接收机中用简单的滤波器来解调接收信号。如果信号音很接近,导致在一个滤波器中引起峰值响应的信号音会在相邻的滤波器中也引起响应,这种串扰会增加误码率。

此处的讨论将仅限于简单地实现,即接收到的信号被馈送到 M 个滤波器,每个滤波器被调谐到一个信号音;在每个滤波器的输出端使用包络检波器。根据检波器的输出,判决传输的是哪个符号。这是一个非相干接收机。

可以使用 M 个滤波器构建等效的相干接收机,每个滤波器都匹配不同的信号音。但是,相干接收机需要实现 M 个相干参考信号,并且每个参考信号必须追踪一个可能传输的信号音的频率和相位。由于这种复杂性,相干的 MFSK 接收机相对不适合在高频频率中使用,这里不做进一步讨论。

分析 MFSK 信号的非相干接收机是很简单的。其中 $M-1$ 个滤波器仅对噪声输入做出响应;只有一个滤波器接收到信号音,其余的 $M-1$ 个滤波器分别接收噪声且输出彼此独立,并且与接收当前信号音的滤波器的输出相互独立。通过考虑其中一个错误符号滤波器处的包络超过有信号音输入的滤波器输出的概率,就可以得到误码率[6]。

对于几个不同的 M 值,相应的表达式如图 3.10 所示。

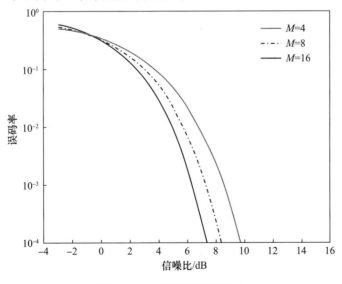

图 3.10 M 进制 FSK 误码率

3.4.4.3　M 进制调制系统比较

前面已经描述和表征这两种形式的 M 进制调制,现在可以在固定传输速率为 R 的条件下,比较权衡常见情况下的每种调制形式。对于 MFSK,符号的持续时间可以按 $k = \log_2 M$ 成比例增加。当然,这意味着,符号信噪比 γ 也与 k 成正比地增加,不过由于每比特的信噪比 $\gamma_b = \gamma/k$,因此每比特的信噪比保持不变。

可以证明误码率的上界为

$$P_e \leqslant \frac{1}{2} 2^k e^{-\log_2 M \gamma_b / 2} = \frac{1}{2} e^{-\log_2 M (\gamma_b/2 - \ln 2)} \tag{3.15}$$

因此,只要 $\gamma > 2\ln 2$,就可以通过增加 M,将误差概率降低到任何水平。这是香农得出的一个众所周知的结论。代价是增加带宽,因为 MFSK 信号音必须保持其间隔为持续时间的倒数,而该间隔与 k 成反比。由于有 $M = 2^k$ 个信号音,因此相对于通信速率来说,占用的带宽变为 $2^k/k$,这是一个以符号所承载比特数为变量的函数,该函数呈指数增长。除带宽外,还有与接收机相关的成本,接收机需要 $M = 2^k$ 个滤波器,因此滤波器的数量必须成倍增加。现代数字接收机可以使用快速傅里叶变换(FFT)来降低这一成本,但是需要进行详细的实现和频谱可用性研究,以确定误码率的降低是否值得付出这些成本。

比较替代方案 MPSK 调制是有意义的。对于 MPSK 调制,增加每个符号承载的比特数 k,从而增加符号的持续时间,允许总信号带宽减少 $k = \log_2 M$ 倍。但是,每比特信噪比 γ_b 以 $M^2/\log_2 M$ 的形式增加。接收机复杂度不会随 M 的增加而迅速增加。因此,MFSK 和 MPSK 的成本权衡是不同的。

在结束 M 进制调制的主题之前,我们应该回到前面关于符号错误与比特错误的讨论。如果 $M > 2$,则每个符号承载多个比特。如果通信的目标是传输二进制数据流,符号错误不会导致该符号所承载的所有比特都出现错误。通常假设当 M 进制符号出错时,解码器随机选择与该符号相关的 k 个比特,并考虑其中一个比特位置。因为有 $M = 2^k$ 个可能的二进制比特序列,其中一个是正确的,另外 $2^k - 1$ 个是错误的,所以在所有可能的二进制比特序列中,有一半的错误序列在比特位置上是错误的。

因此,比特平均误码率 P_{eb} 与符号误码率 P_e 有以下关系,即

$$P_{eb} = \frac{2^k/2}{2^k - 1} = \frac{1}{2} \cdot \frac{P_e}{1 - (1/2^k)} \approx \frac{1}{2} P_e \tag{3.16}$$

这一近似结果在 k 很大时会非常接近。

在结束调制讨论前,必须强调已经多次提到的一点。在为特定应用选择调制方法时,需要考虑许多关键的权衡条件和各种约束条件。信息速率、可用带宽、可接受的误码率、工作范围、信道特性、接收机复杂度和发射机功率的实际水

平等都是需要考虑的重要因素,当然还有其他的因素。因此,调制系统的设计涉及多方面考虑因素,不能简单地用几句话概括。每种情况都必须作为一个特定的设计问题来解决,并形成适用于该情况的解决方案。

3.5 高频调制解调器设计

设计一种适合于 HF 信道的接收机必须考虑两个问题:第一要关注接收信号格式的解调;第二要确保解决同步问题,接收机的时间、频率参考必须同步且与对应发射机的参数相兼容。HF 链路的传播特性(尤其是任何多普勒频移或信道引起的扩展)以及与特定信号相关的调制特性,对这两个问题都有很大影响。发射机和/或接收机的相对运动也非常重要。本节简要讨论其中一些问题,不包含同步问题的讨论,因为 Proakis 很好地解决了这一复杂的问题[10]。

3.5.1 关键信道因素

本章的前几节详细介绍用于短波通信的几种调制方法,并指出信噪比如何影响高斯噪声信道中的误码性能。但是,调制只是构成可靠 HF 调制解调器的几个组成部分中的一个,而且在高频信道中,简单的加性高斯噪声并不能很好地模拟信道。信号衰落、信道色散和同信道干扰是调制解调器设计者面临的一系列问题。潜在的设计要素包括有限的符号带宽、数据交织、检错/纠错编码和信道协议。本节仅试图让读者了解这些调制解调器的设计特性是如何影响 HF 通信性能。对其中任何一个主题的详尽论述都远远超出本书的范围。

HF 信道的状况已有广泛的研究。为了便于在标准化条件下进行评估,CCIR 通过定义三组状况来表示 HF 信道的可变性,分别表示"良好""中等"和"较差",这三组状况是基于信道时延扩展和衰减速率来设置的。表 3.3 对这些进行了总结。即使在"良好"的状况下,该信道也会引入高达 0.5ms 的时延扩展,如果该信道特性不限制可用的信道带宽,则需要进行信道补偿。历史上,正是因为时延扩展,HF 信道带宽被限制在 2500Hz 左右。最近,现代调制解调器设计方法允许使用训练序列进行信道均衡,这些特性使得增加数据传输速率的同时占用的带宽保持不变。

表 3.3 CCIR 标准化通道特性

特性	良好	中等	较差
时延扩展/ms	0.5	1	2
衰减速率/Hz	0.1	0.5	2

3.5.2 信道纠错编码

可以将前向纠错(FEC)编码[10]应用于输入的二进制数据流,前向纠错编码方案反映了 HF 信道施加于接收数据上的相对较长的相关时间。添加冗余比特到数据流中,冗余比特允许检测到信道错误并可以在有限的范围内进行纠正。在这个编码过程之后,因为信道延迟和慢衰落都会将符号相关性引入到接收数据流中,调制解调器设计者在调制结构中加入了交织;交织的目的是使连续的信道符号独立,这是有效执行检错/纠错编码的要求。

由于这种环境的衰落特性,交织对于在高频信道传输的信号很有意义。在使用交织时,数字数据在编码传输之前被打乱。因此,通过解交织过程可以去除由传播特性引入的信道符号间的短期相关性。然后,纠错译码可以对具有时域均匀统计量的数据进行操作,而差错控制编码技术也正是用来处理这种数据的。

交织是通过将连续的二进制数据比特加载到矩阵中的行来实现的,选择的列数可以反映期望的信道解相关时间,行数等于与信道符号关联的比特数;然后,将这些比特逐列地从存矩阵中读出,每列产生一个信道符号。这个过程会产生独立的信道符号统计特性,并且(我们希望)达到预期的编码性能。

在接收端,使用一个类似的矩阵缓冲区来重构原始数据流。交织将短突发的同信道干扰的影响分散到几个离散的信道码字上,而不是影响同一码字中的几个连续比特。因此,FEC(可能被设计为纠正一位)可以纠正错误比特,使得数据流到达用户时没有误码。引入 FEC 和交织的代价是用户延迟,如果时延太长的话可能会难以接受。尤其对于人机直接交互的应用程序,如交互式互联网接入。如果击键相对较长的时间(约 0.2s)之后才有反应,用户会很难接受。

信道协议是调制解调器设计的一个重要组成部分,因为它可以提供一个无差错的通信链路,尽管在某些情况下信道延迟难以被接受。这类协议通常涉及分割成块的数据流的处理,并且每个块单独处理。每个块用一个序列号进行传输,接收机使用合并到块中的奇偶校验位进行误码检测;然后验证到达的块是否符合顺序。如果确定一个块包含误码,或者该块丢失,则接收机利用反向信道来请求重传该块。为了确保正确的同步,每个块的正确接收都会被确认。当信道状况较好而不产生误码时,链路工作没有延迟。但是,因误码而重传时,每个重复发送有一个往返时间的额外延迟;如果信道状况特别差,则可能需要多次重复发送多个块,从而显著降低信道吞吐量。这是高频通信实现无差错传输的代价。

3.6 政府标准

现代政府的许多政策行动都依赖于可靠的通信。国际和国土防御、应对自然灾害和可靠的交通运输都是最明显的领域,而且还有许多其他领域。目前,有线和卫星通信是提供必要的可靠链路的主要途径。但如果这些媒介出现故障,则需要备份通信手段。政府在这种备份通信需求中的核心作用是鼓励制定 HF 通信的国家标准,以确保不同制造商设计和制造的设备的兼容性。本节简要概述其中的两个标准,并讨论为不同标准所付出的努力。

这些标准中最著名的是 MIL-STD-188-110(A,B)[19],它详细规定了 4 种适用于高频工作的调制解调器。此外,还有第二个重要标准 MIL-STD-188-141(A,B,C)[20],它详细说明了在高频频段使用的信令协议,包括自动链路建立协议。本节简要概述这些标准。

3.6.1 调制解调器信号标准化

虽然 HF 通信的历史基础是基于数据键控和链接建立协议的手动操作,但缺乏经验丰富和熟练的操作员却推动了这两个领域向机械化方法的发展。香农[1,6,9,2,7]等人在工作中体现当时的最新理论方法,为技术设计决策提供支持。这项工作将奈奎斯特速率确定为性能的上界,并衍生出许多新的调制方法来接近此上界。它还说明了分集和前向检错/纠错编码方案如何应对突发噪声和快衰落。技术上的发展使标准制定集中在特定的调制解调器设计上,这些设计已被证明能有效地提供可靠的通信链路。

3.6.1.1 8 进制相移键控调制解调器信号

标准中涵盖一种采用相干 8 进制相移键控(8PSK)进行调制的单音格式。它工作在 2400 波特①下,每个恒定相位符号持续 1/2400 = 0.4167ms。除了数据外,调制解调器还传输占全部信道符号 1/3 的训练序列。这些训练序列用于均衡信道,从而减少信道色散变化的影响。采用速率 1/2,约束长度为 7 的差错控制码。使用 8PSK 调制,在信道上每秒传输 7200 个二进制比特(b/s),但如前所述,其中 1/3 是训练比特;因此,4800b/s 可用于提供数据和差错控制。因此,当使用速率为 1/2 的码时,净信道速率变为 2400b/s,与许多其他高频调制解调器完全一致。

这种设计的一个问题是,当训练比特不能精确均衡当前信道状况时,会发生

---

① 此处定义为每秒符号数。

故障。在这种情况下,信道失真在接收中占主导地位,尽管使用 FEC 码,仍然会发生突发的数据误码。虽然设计中包含训练序列和高性能卷积码,但基本波形是调相后的恒定频率信号。因此,用于阵列处理的恒定包络方法适合配备有阵列传感器的接收系统。

3.6.1.2 8 进制频移键控调制解调器信号

第二个 MIL-STD 设计是一个简单的 8 进制 FSK 信号,它可以用一组 8 个模拟滤波器实现。这种方法要慢得多:125 波特的设计,符号持续时间为 8.0ms。8 进制调制的数据速率为 375b/s,虽然不足以进行大量的消息传输,但它适合链路建立控制的突发传输。由于 8 个信号音的频率间隔足够大,在波特率为 2 倍的情况下(250Hz 间距),频率之间的串扰最小。更重要的是,从多通道传感器的角度来看,这个间距足以确保信号是恒定包络的,当使用自适应天线阵列处理 FSK 调制解调器信号时可以利用这个信号特征。

3.6.1.3 并行 16 音调制解调器信号

其余的两种 MIL-STD 设计均属于同一类并行多音调制解调器,其目标是在 2700Hz 带宽的高频信道中达到至少 2400b/s 的数据速率。由于电离层中的多径效应,这样的信道表现出相当大的时延扩展。如第 2 章所述,时延扩展很容易超过 0.42ms,0.42ms 对应每秒 2400 个符号(BPSK 或 BFSK)时的波特率。并行多音的原始设计中使用了多个低速率子信道,降低子信道波特率使得符号持续时间超过时延扩展。尽管所有的子信道信号可以同时传输,但在接收端经过窄带匹配滤波后,每个子信道都可以单独处理。更现代的调制解调器设计利用了可以使得信号音正交的频率间隔,该间隔是符号周期的倒数。然后,可以在接收端使用快速傅里叶变换方法来实现简单的解调器。注意,应该在每个符号周期的开始处添加保护时间,以避免前一个符号尾部的干扰。

标准中包括 16 音和 39 音信号设计。在 16 音设计中,每个音采用 75 波特的差分 4 进制 PSK,子信道原始数据速率为 150b/s。每个信号音具有 150Hz 的零点到零点带宽,只要所有 16 个信号音都使用 150Hz 的信号音间隔,就允许它们适配到 2700Hz 的信道带宽(16×150 = 2400Hz)内。在接收机处理中使用 4.2ms 的保护时间。由于不使用差错控制编码,因此误码率相当高。在 150Hz 间隔下,信号音是正交的,这简化了解码过程,但是复合信号的包络不再具有恒定的包络特性。

3.6.1.4 并行 39 音调制解调器信号

最近,39 音信号已被开发并纳入标准。它在子信道上同样采用差分正交相移键控(DQPSK)实现了每秒 44.44 符号的低波特率传输。子信道间隔为 88.88Hz,因此 39 个子信道占用约 3500Hz。采用 3.5ms 的保护时间和 FEC 来实现2400b/s的净数据速率。这种调制解调器的性能优于16音调制解调器,但对16音和39音调制解调器的比较评估表明,相对性能取决于工作点,即期望的误码性能和相关的信噪比,以及信道状况。

3.6.2 调制解调器性能比较

文献[14]详细总结了几篇关于比较这些调制解调器的论文,包括在模拟CCIR条件下和在1993年横跨澳大利亚的实际高频信道上的测量工作。Pennington[15]在CCIR"良好"信道状况下,对调制解调器进行比较。结果表明,当信噪比小于25dB时,三种调制解调器之间的性能差别不大;当信噪比大于30dB时,单音调制解调器的误码率最低,降低了一个数量级。在CCIR"较差"的信道状况和低信噪比条件下,16音调制解调器具有较低的误码率,但16音调制解调器在20dB及以上时有了很大的改善。该结果可以解释为16音调制解调器缺少差错控制编码;在低信噪比时,其他两个调制解调器的FEC编码失败,导致过大的误码数。误码性能被表征为干扰环境的函数,并通过干扰突发率来量化;在这种情况下,交织成为决定性因素。在所有这些情况下,工作点以及调制解调器工作的环境决定了哪种调制解调器设计是最优的。

经过这些评估之后,对高性能的追求引发了一些试图了解基本调制、交织和差错控制码的研究。Cook[16]在解码处理器之前评估单音和16音调制解调器的信道符号误码率。这些结果表明,多音调制解调器的性能更好,但是由于该调制解调器不包含FEC,其总体性能低于简单的单音设计。这些结论推动了网格编码调制方法的应用,该方法旨在最大化编码符号之间的欧氏距离,并推动TCM-16调制解调器的发展,该调制解调器结合特定的纠错码①和卷积交织器[17]。据报道,该调制解调器可以在CCIR信道中提供很好的效果。

TCM-16在仿真方面的成功引发了更先进的设计,从而更充分地利用可用的信道带宽。澳大利亚国防科技组织(DSTO)开发了一种52音调制解调器,其端到端数据速率为4800b/s。Gill[18]介绍其在CCIR"良好"信道上的性能结果,与数据速率为一半的单音调制解调器相比;在没有交织的情况下,对于相同的误码率,尽管数据速率增加,但所需的信噪比却降低了2dB。当交织时间深度为10s时,信噪比的要求似乎是相等的,尽管仍存在数据速率的差异。将性能与等效数据速率进行比较的测试结果表明,当使用大约10s的交织时,52音调制解调器具有5dB的优势。

---

① 256状态的Schlegal-Costello码。

3.6.3 自动链路建立

第二个政府标准 MIL-STD-188-141(A,B,C)[20]侧重于用于高频通信的信道协议。该协议涵盖许多信道使用的细节,包括自动链路建立(ALE)协议,该协议在当今的数字通信时代变得非常重要。本节简要介绍 ALE,指出使用 ALE 时可能出现的通信特性,并对使用 ALE 时的这些通信特性给出一些提示。

ALE 协议是从严格的手动方式发展到高频通信,手动方式自长途无线电诞生以来就一直在使用。发射机/接收机之间的电离层变化以及任何特定频率上都存在同信道干扰这两个问题使得链路质量无法确定,因此始终有必要避免严格的频率分配。取而代之的是,用户有一个可能的传输频率列表;控制软件操作无线电设备,以便维护路由表,指示出当前条件下令人满意的链路的工作频率。这一过程可使用探测传输来实现,稍后将详细介绍。

ALE 包含标准的字格式和一组 8 种基本的消息格式。ALE 字由 24bit 组成,分为 4 个部分,一个 3bit 前导码和 3 个 7bit 字符字段。首先,这个字分成两个 12bit 的半字,每半字用众所周知的(12,3)Golay 码编码成两个 24bit Golay 字;然后,两个 Golay 字按位交织。最后,添加了一个填充比特,从原始的 24bit 增加到 49bit。作为最后一个差错控制机制,49bit 编码的 ALE 字在调制之前要重复 3 次。值得注意的是,由于 ALE 比特率为 375b/s,ALE 字传输的持续时间为 $3 \times 49/375 = 392 ms$,全部用于 24bit。

综上所述,有 3 个前导比特用于指定 8 条消息中的一条:

(1) TO,用于标识目标站地址的前 3 个字符。可以使用下面的 DATA 和 REP 消息附加其他地址字符。

(2) TIS,用于识别发送站地址的前 3 个字符。与 TO 消息一样,该地址也可以扩展。在对话过程中用于结束传输。

(3) TWAS,与 TIS 用法相同,但 TWAS 表示对话的结束。

(4) DATA,用于扩展先前消息的数据字段或在消息中传递信息,与下面的 REP 结合使用。

(5) REP,用于在传输不同消息内容时,通过复制前一条消息的功能来生成扩展消息。

(6) CMD,用作命令以便于协调和控制。

(7) THRU,用于扫描组呼的呼叫周期。

(8) FROM,用于在长 ALE 帧的早期标识发送站的地址。注意,如果长 ALE 帧早期未标记发送站地址,主叫站 ID 将仅包含在 TIS 和 TWAS 消息中,它们可能在消息开始之后很长时间才出现。

作为附带说明,应该提到填充比特的动机。许多用于实现 ALE 的调制解调器都使用 8 进制或 16 进制调制。如果没有填充比特,三个数据冗余重复将使用相同的调制符号(在 MFSK 情况下表现相同的音频)来传输给定的比特。插入填充比特会使符号边界在消息中滚动,从而给调制方案增加一些分集。

这 8 种 ALE 消息类型可用于构造多种 ALE 帧,从而实现多种操作协议。实际上,已经开发了此类协议以实现许多联网协议,如政府标准 MIL – STD – 187 – 721 中包含的协议,该协议涵盖整个通信协议的网络层。尽管对该主题的详尽讨论远远超出本书的范围,但是描述两个基本协议组件(信道评估和呼叫发起)是合适的。

信道评估对于所有 ALE 协议的实现都是至关重要的,因为信道评估能够为一个站提供高成功概率通信的框架。所有 ALE 控制器都需要维护一个数据库,使控制器能够从其中选具有良好信道条件的频率来与潜在的消息接收者进行通信。该数据库以两种方式构建,扫描和探测。扫描由未活跃参与通信对话的电台执行。每个站都内置 ALE 传输的分配频率列表。如果正确选择此集合,则至少有一个频率适合与任一其他站进行通信传输。非活动站应根据自身的频率表扫描接收机,并停留足够长的时间以捕获候选通信者的传输。这些消息可能发送给非活动站,也可能不是。如果是,该站可以响应并变为活动状态;如果不是,该站可以仅更新自身数据库,当该站要与所听到的站进行信息传输时,可以利用数据库信息辅助进行频率选择。

探测是指用 ALE 结构的简短信号进行传输,以提供潜在信道和传播路径的经验测试。这些消息是有效的自识别信标,所有站点需要定期发送。其他接收到这些探测信息的站点可以用它们来代替通过扫描获得的数据库条目。在所有情况下,接收站可以监测信道状况、干扰、失真等,并使用标准 ALE 信号提供链路质量分析(LQA),这将有助于之后的频率选择。通常,用于这种探测的消息是 TWAS,该消息明确当前消息无需应答。

呼叫发起相对简单。主叫方在刚刚描述的数据库中选择适当的频率并开始呼叫过程。在检查信道上的干扰后,主叫方将发送单信道呼叫。首先,如果已知接收方正在侦听选定的信道(可能是安排的),则主叫方可以发送一个非常简短的 TO 消息,其中包含被叫站的地址,其后是 TIS 消息,表示期望得到响应。否则,在 TIS 消息之前会有大量的 TO 消息,希望被叫站在扫描过程中捕获其中一个。然后,主叫站等待响应。等待时间必须足够长,以便被叫站接收到发起消息后,将其发射机调整到接收到消息的频率并进行应答。如果原始主叫站在等待之后未收到应答,则认为呼叫失败,并重复该过程,重复过程中可能使用不同的呼叫频率再次呼叫。但是,如果被叫站做出应答,则两个站现在正在通信,并且可以开始进行所需的消息传输。

3.7 小　　结

本章描述用于短波通信的重要调制方法,包括适用于数据和模拟信号的调制方法。这些以及第 2 章中介绍的高频传播现象学,就可以讨论本书的主要内容:与自适应阵列处理相关的体系结构和处理技术,这些技术可以在拥挤的高频环境中有效接收信号。

3.8　附录:摩尔斯电码

在结束调幅话题之前,应该先讨论一下摩尔斯电码,这也许是最著名的最有历史意义的 OOK 协议[12]。这种编码方法用于文本消息而非二进制编码数据的通信,并且使用比 OOK 更大的符号集。但是,它确实采用了开关键控发射机。摩尔斯电码可以看作是一个大约 50 个字符的符号集,使用 5 个信道符号:空格、点、破折号、字母间距和单词间距。这个代码利用一系列短音和长音(称为点和破折号)来表示符号集中的字母;较长的串联字母序列产生单词。相对计时是标准化的,长音的破折号比短音的点长 3 倍;一个与短音时间间隔相等的空格,用来分隔字母中的音;一个与长音时间间隔相等的字母间距,用来分隔字母。一个较长的、与 7 个短音时间相等的间隔是单词间距,用来分隔单词。

国际摩尔斯电码使用的字符集如图 3.11 所示。注意,该集合包括英文字母表、10 个数字和各种标点字符。除英语外,也设计其他语言的变体。

因此,计时的基本单位是一个点(短音)的持续时间。传输速度通过使用标准化的、需要 50 个点单位的单词 PARIS 来调整点的持续时间来控制;标准化的传输速度为每分钟 20 个单词(wpm),或每分钟 1000 个点,或每秒 1000/60 个点,即该点的持续时间是 60ms。确保清晰可辨的摩尔斯电码的合适带宽约为 100Hz。

这些定时特性与机器摩尔斯传输最为相关。然而,大多数情况下,摩尔斯电码消息是由电信操作员键入的"手动摩尔斯电码";在这种情况下,尽管必须保持相对定时以便于理解,但绝对键控速率有很大的变化。键控可能相对较慢。美国无线电中继联盟(american radio relay league,ARRL)负责美国无线电操作人员的执照管理,目前该联盟认可地最低熟练程度的键控速度为 5wpm。然而,业余无线电操作员执照不再要求摩尔斯电码键入能力。业余无线电操作员已进入数字时代,并使用具有多种信号格式的计算机数字传输[13]。值得注意的是,

字母	编码	字母	编码
A	·−	N	−·
B	−···	O	−−−
C	−·−·	P	·−−·
D	−··	Q	−−·−
E	·	R	·−·
F	··−·	S	···
G	−−·	T	−
H	····	U	··−
I	··	V	···−
J	·−−−	W	·−−
K	−·−	X	−··−
L	·−··	Y	−·−−
M	−−	Z	−−··

图 3.11　国际摩尔斯电码的字符集

在摩尔斯电码是主要无线电传输手段的时代，键控比赛定期举行，而手动键控的官方记录是75wpm。因此，信令速度以及摩尔斯电码信号带宽发生很大地变化。

摩尔斯电码的误码率预测很复杂，这源于其字符集的大小和与电码设计相关的语法结构。然而，训练有素的操作员即使在信号水平很差的情况下也能高速"读出摩尔斯电码"。随着数字调制解调器技术的引入，人们对摩尔斯电码的兴趣逐渐减退，有关收集链路性能数据的文献似乎也很少。

参 考 文 献

1. C. E. Shannon, "A Mathematical Theory of Communication," *Bell System Technical Journal*, vol. 27, 1948.
2. M. K. Simon and M-S. Alouini, *Digital Communication over Fading Channels*, New York: John Wiley and Sons, 2000.
3. B. D. Perry and R. Rifkin, "Interference and Wideband HF Communication," *Proc. 5th Ionospherics Effects Symposium*, Springfield, VA, 1987.
4. B. D. Perry and L. G. Abraham, "A Wideband HF Interference and Noise Model Based on Measured Data," *Proc. 4th International Conference on HF Radio Systems and Techniques, London*, IEE Conference Publication 284, 1988.
5. F. E. Terman, *Electronic and Radio Engineering*, New York: McGraw-Hill, 1955.
6. S. Stein and J. J. Jones, *Modern Communication Principles*, New York: McGraw-Hill, 1967.

7. R. Fano, *Transmission of Information*, Cambridge, MA: MIT Press, 1961.
8. H. L. VanTrees, *Detection, Estimation, and Modulation Theory*, New York: John Wiley and Sons, 1968.
9. J. M. Wozencraft and I. M. Jacobs, *Principles of Communication Engineering*, New York: John Wiley and Sons, 1965.
10. J. G. Proakis and M. Salehi, *Fundamentals of Communication Systems*, Upper Saddle River, NJ: Pearson Prentice Hall, 2005.
11. W. Feller, *An Introduction to Probability Theory and Its Applications*, New York: John Wiley and Sons, 1950.
12. *The ARRL Handbook for Radio Communications, 2013 Edition*, The American Radio Relay League, October 2012.
13. S. Ford, *ARRL's HF Digital Handbook*, The American Radio Relay League, 2004.
14. E. E. Johnson, R. I. Desourdis Jr., G. D. Earle, S. C. Cook, and J. C. Ostergaard, *Advanced High-Frequency Communications*, Boston: Artech House, 1997.
15. J. Pennington, "Interference Tests on HF Modem," *HF Communications Systems and Techniques*, IEE Conference Publication, 1987.
16. S. C. Cook et al., "Error Control Options for Parallel-Tone HF Modems," *MILCOM 93 Conf. Proc.*, Boston, IEEE, 1993.
17. S. C. Cook, M. C. Gill, and T. C. Giles, "A High-Speed HF Parallel-Tone Modem," *Proc. 6th Int. Conf. HF Radio Systems and Techniques*, York, UK, 1994.
18. M. C. Gill, S. C. Cook, T. C. Giles, and J. T. Ball, "A 300 to 3600 bps Multi-Rate HF Parallel-Tone Modem," *MILCOM 95 Conf. Proc.*, San Diego, IEEE, 1995.
19. Department of the Army, Information Systems Engineering Command, *MIL-STD-188-110A: Interoperability and Performance Standards for Data Modems*, Naval Publications and Forms Center, NPODS, 1991.
20. Department of the Army, Information Systems Engineering Command, *MIL-STD-188-141A: Interoperability and Performance Standards for Medium and High Frequency Radio Equipment*, Naval Publications and Forms Center, NPODS, 1993.

第4章 高频接收机架构

4.1 概 述

高频信号的自适应阵列处理技术主要集中于基带信号处理上,基带信号来自高频天线阵列单元捕获的信号数据,本章将描述提供基带数据的接收机射频(radio frequency,RF)部分。本章将简短地介绍接收机架构。考虑到近年来的技术进步,本章主要目的是描述基本的架构类型,以使所有读者有相同的基础。本章特别关注与多阵元阵列处理应用相关的接收机特性,以及将模拟射频信号转换到数字域的现代模/数转换器(analog to digital converter,ADC)特性。

本章首先简要介绍四种可选的接收机架构,从天线端口的接收机输入ADC,在 ADC 中,数字域将取代模拟域。本章会涉及接收机相关的各种问题,如镜像抑制、动态范围和灵敏度等。本章努力突出多个接收机与多阵元天线阵列共同工作时,与多接收信号相干性密切相关的接收机设计问题;当多通道接收机需要向自适应阵列处理器提供经过适当调整的基带信号时,基带信号之间的相干性是必需的,从而使阵列处理器能够提供自适应阵列技术所承诺的干扰抑制性能。

本章重点将放在多载波高频接收机的应用上。多载波这一术语是从移动通信领域引入的,移动通信中单个基站可接收来自不同载波频率上的多个手持设备同时发射的信号。一些蜂窝基站设计甚至允许基站使用几种不同的信令协议。此外,对基站的大量投资和对移动通信信令协议的频繁修改推动了灵活的、基于软件的处理系统的发展,基于软件的系统无需更换硬件即可轻松修改。在高频领域中,传统接收机设计旨在处理从远端高频发射机到达单个接收机天线的单个信号,而本书的许多应用涉及多个信号的同时接收,每个信号使用不同的信令协议。由于这些多信号需求,现代高频接收机的 RF 前端必须能够处理更宽的带宽,并解决与不同功率级别和不同载波频率条件下多个信号的高动态接收机设计问题。

4.2 架构选项

4.2.1 引言

本节主要介绍从高频接收机输入端到 ADC 输入端的一般架构,此处假设高频接收机输入端直接连接到天线输出端。高频接收机输入端到 ADC 输入端这部分本质上是模拟的,通常会带来严峻的设计挑战。它必须接收射频信号,并对其进行适当的调节,以便由 ADC 进行数字化。这通常意味着,进入 ADC 的模拟信号幅度必须是适当的——既不能太高,以免造成限幅或过量程,也不能太低,避免只覆盖 ADC 数字化范围的一部分,从而造成接收机动态范围的损失。这一要求意味着到达信号必须被适当地放大或衰减,并调整相关的模拟增益来为 ADC 提供最有利的信号范围。后一种要求通常作为自动增益控制(automatic gain control, AGC)设计的一部分,本章也将讨论这一主题。

在接下来的讨论中,重要的是要认识到,许多应用都需要保存相位信息以便后续处理。在这种情况下,接收机实际上是一个具有相干正交本地振荡器的双通道接收机,从而能够产生相干的同相和正交输出。在讨论每种接收机方法时,将介绍产生这两个正交信道所带来的额外复杂度。

下面将介绍 4 种接收机架构[4],首先,针对单个窄带信号的传统超外差接收机。窄带超外差接收机的介绍作为一个背景,用来与适合多载波应用的更复杂的接收机设计进行比较。然后,将描述基于数字中频(intermediate frequency, IF)的单信道接收机,并在此基础上引出第三种方法——多载波超外差接收机。最后,将描述现代直接采样接收机。随着近年来 ADC 技术的发展,ADC 技术已经能够支持感兴趣的性能规范,因此直接采样架构在最近几年具备了实用化条件。直接采样接收机可以提供两个正交数据流或单个复数据流用于随后的数字处理。

高频接收机的每个架构都将作简要描述,包括总体频率规划及其对镜像抑制的影响。由于高频接收机工作在信号密集的频段,所以处于镜像频率上的其他信号可能成为主要干扰源。镜像干扰可以通过适当的自适应波束形成器来减小,但代价是降低带内其他干扰源的自由度。最好通过精心选择的频率规划来抑制镜像频率。每个要描述的体系结构中都涵盖了与频率规划相关的问题。

4.2.2 窄带超外差接收机

本节首先介绍基本的窄带超外差接收体系架构,它为后续的接收机设计提供历史和技术基础。然而,在许多应用中,窄带超外差接收机的成本和性能不如那些更现代的高频接收机设计方法有吸引力。尽管如此,对窄带超外差接收机的介绍还是有助于突出一些必须用更复杂的接收机设计来解决的问题,特别是那些与镜像控制、AGC 实现和相干接收相关的问题。此外,对于某些应用,超外差接收机仍然是最具吸引力的选择。

基本的单通道超外差接收机的简化设计如图 4.1 所示。这种设计是窄带的,最初的目的是在一个近似已知的频率上接收单个信号,因电离层相互作用或平台运动而产生的潜在多普勒频移是载波不确定性的唯一来源。接收机方案中的第一步是限制进入第一级放大器的频率范围。尽管天线本身可能表现出带限滤波作用,但是天线的滤波特性对于大多数应用而言还是很差或不足。因此,接收机将包括专门设计的带限滤波器,插在第一级放大器之前并由低噪声放大器实现。该滤波器消除了可能冲击天线的带外强信号;如果不过滤掉,这些信号可能会淹没低噪声放大器的动态范围。

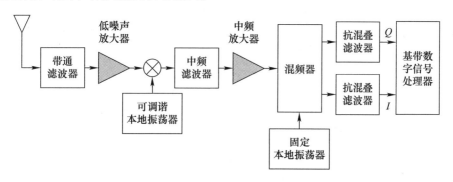

图 4.1　基本单通道超外差接收机框图

带限滤波器后是调谐混频器,选择合适的参考频率可以将目标信号直接放置在中频带宽的中心;对于单信号接收机,中频带宽应该匹配信号带宽并具有足够的余量以适应载波的不确定性。正如在多载波接收机的介绍中讨论的,如果接收机被设计成可以在连续的频率信道中捕获多个信号,则中频带宽必须足够宽以覆盖全部期望信号带宽。混频器之后是中频滤波器,该滤波器去除掉非目标信号。这些信号包括 2 倍于载波频率的信号,也包括未被前端的带限滤波器充分衰减的接近目标信号频率的信号。中频滤波器之后是中频放大器,可与基带级隔离,而且实现自动增益控制。

该基本接收机的最后一个主要模拟部分将中频信号转换为其正交基带分量。这是通过一对正交混频器来实现的,固定的本地振荡器产生两个中频频率的正交参考信号,并馈入到正交混频器。同时,中频信号也馈入正交混频器,每个混频器处理相同的中频信号。两个正交混频器的输出是同相和正交基带信道;每个基带信道都要通过一个低通抗混叠滤波器来抑制中频倍频分量。

最后,同相和正交信道被传递到解调部分。尽管传统上是使用模拟电路执行此处理,但更现代的接收机使用单独的基带 ADC 对这些信号数字化,产生的数字基带信号用作数字信号处理(digital signal processing,DSP)部分的输入。基带解调的具体处理方式取决于目标信号所采用的调制方式;解调的具体细节将在第 5 章中进一步讨论。然而,按照当前的接收机能力,即使是成本相对较低的接收机也能够直接对中频信号进行数字化,避免了在模块域中区分单独的同相和正交信道,这将在下面讨论。

这里有必要讨论与自适应天线阵列接收相关的两个方面。如前所述,阵列中的每个天线都需要一个单独的接收机。首先,这些接收信道必须彼此完全相干。这意味着所有本地振荡器都来自同一个源,并且所有 ADC 均同时进行时钟控制。这种相干性需要非常注意本振信号的产生和分配,本振信号应该分配到已知或最好是等长的路径上。其次,基带处理器可以对各个天线通道中的信号进行自适应相位和幅度权重调整,并对各通道信号进行相干合并,从而获得将在本书后面详细描述的波束形成能力。波束形成只能在完全相干和同时数字化的条件下进行。由于波束形成是自适应阵列处理的主要动机之一,相干的重要性不言而喻。

总之,这里描述的基本接收机在正交采样之前使用单一频率转换级。通常,额外的上、下转换可以改善滤波和镜像抑制。如 4.2.5 节所述,最简单的接收机架构采用前端滤波,然后直接采用正交滤波。

4.2.3 数字中频接收机

将要描述的第二种接收机架构也用于单个信号,但是它利用了 20 世纪 80 年代以来最新的 ADC 技术和数字信号处理技术,用单个 ADC 以合适的速率对中频信号进行数字采样,并对单个数字流进行处理,以产生解调所需的同相和正交信号。这种方法的主要优点是使用了数字信号处理方法,利用可在数字域中实现的高选择性滤波器来提高正交混频器的精度。虽然高频自适应阵列处理技术首次得到证实就是采用这种这种接收机结构,但一次只能处理一个信号的多信道接收机的成本并不合理。不过,这种设计方法是 4.2.4 节中描述的多载波接收机的基础。

图 4.2 展示了数字中频接收机。首先,频带选择滤波器、中频混频器和中频通带滤波器的使用方式与它们在超外差设计中的使用方式类似,但是中频的选择考虑了期望的采样率和信号带宽,从而能够以高效数字信号处理(DSP)的形

式实现带通信号采样。然后,可控增益放大器实现了 AGC 功能,为单个 ADC 提供幅度适当的信号,ADC 采样率应如刚刚指出的进行仔细选择。具体来说,如果将中频频率选择为采样率的奇数个 1/4(如 1/4、3/4 或 5/4),则一对正交混频器可以由简单的 0 和 +1(或 −1)乘法来实现,简化了所需的下变频至基带的信号处理环节[4]。正交混频器的输出称为数字同相和正交信道或数字 I/Q 信道。通过 DSP 实现的同相和正交混频可以有效匹配,所以这种方法可以提供优于超外差设计的性能。

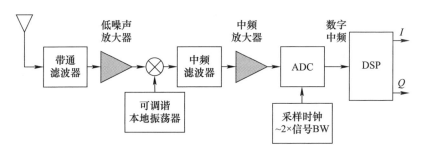

图 4.2 单通道数字中频接收机框图

虽然本节的重点是针对单个信号的接收机,但这种接收机设计方法是现代高频接收机设计的基础。因此,有必要对这种接收机方法进行详细研究。考虑下面的信号,即

$$x(t) = a(t)\cos[2\pi f_c t + \varphi(t)] \tag{4.1}$$

式中:假设 $a(t)$ 和 $\varphi(t)$ 均为低通且单边带宽等于 $B/2$。利用基本的三角关系,可进一步写为

$$x(t) = x_d(t)\cos(2\pi f_c t) - x_q(t)\sin(2\pi f_c t) \tag{4.2}$$

其中

$$x_d(t) = a(t)\cos[\varphi(t)] \tag{4.3}$$

为所谓的同相分量,而

$$x_q(t) = a(t)\sin[\varphi(t)] \tag{4.4}$$

为所谓的正交分量。这些组成部分定义一个复数包络,即

$$\tilde{x}(t) = x_d(t) + ix_q(t) \tag{4.5}$$

使得

$$x(t) = Re[\tilde{x}(t) e^{j2\pi f_c t}] \tag{4.6}$$

式中:$i = \sqrt{-1}$。

由于同相信号和正交信号都是带宽为 $B/2$ 的实信号和低通信号,所以每个信号都可以由一组采样率至少等于 B 的采样来表示。由于有两个信号需要采样,所以总采样率必须至少为 $2B$,这符合著名的抽样定理。

本节所述的数字中频接收机使用下变频将带通频谱完全置于正频率轴上尽可能靠近频率原点的位置。由于已假设 RF 信号的单边带宽等于 $B/2$,因此将采用混频器和频率为 $f_c - B/2$ 的本机振荡器来进行下变频。图 4.3(a) 为原始信号频谱,图 4.3(b) 为下变频后的信号频谱。该过程的实现方式与超外差接收机中实现中频转换的方式相同,使用单个混频器和一个低通滤波器。使用单个 ADC 对所得到的下变频信号进行正交采样,采样率为 $f_s = 4(B/2) = 2B$。接下来讨论为何使用该采样率。

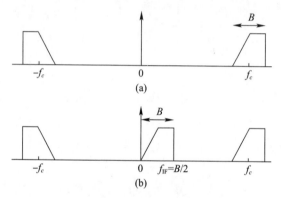

图 4.3 数字中频接收机的频谱图
(a)射频频谱;(b)数字中频频谱。

当式(4.1)中定义的带通信号 $x(t)$ 与本地振荡器信号混频时,可得

$$\tilde{x}(t) = a(t)\cos[2\pi f_c t + \varphi(t)]\cos[2\pi(f_c - B/2)t]$$
$$= [a(t)/2]\{\cos[4\pi f_c t - 2\pi(B/2)t + \varphi(t)] + \cos[2\pi(B/2)t + \varphi(t)]\}$$
(4.7)

当这个数字中频信号经过低通滤波后,第一项被抑制,式(4.7)变为

$$\tilde{x}(t) = [a(t)/2]\{\cos[2\pi(B/2)t + \varphi(t)]\} \tag{4.8}$$

该信号的采样率为中频信号频率的 4 倍,即 $f_s = 4(B/2) = 2B$,采样样本流为

$$s_x(n) = [a(t)/2]\{\cos[2\pi(B/2)n/f_s + \varphi(t)]\}$$
$$= [a(t)/2]\{\cos[2\pi(B/2)n/f_s]\cos[\varphi(t)] - \sin[2\pi(B/2)n/f_s]\sin[\varphi(t)]\}$$
$$= [a(t)/2]\{\cos[n\pi/2]\cos[\varphi(t)] - \sin[n\pi/2]\sin[\varphi(t)]\} \tag{4.9}$$

观察到偶数 n 对应的样本捕获信号的同相分量,奇数 n 对应的样本捕获正交分量。因此有

$$s_x(n) = \begin{cases} [a(t)/2]\{\cos[n\pi/2]\cos[\varphi(t)]\} = \frac{1}{2}x_d(t), & \text{奇数 } n \\ -[a(2)/2]\{\cos[(n+1)\pi/2]\sin[\varphi(t)]\} = \frac{1}{2}x_q(t), & \text{偶数 } n \end{cases}$$
(4.10)

注意,第一个三角函数项的参数为 $n/2$ 的偶数倍或奇数倍,可以进一步变为

$$s_x(n) = \begin{cases} [a(t)/2]\{(-1)^{n/2}\cos[\varphi(t)]\} = \frac{1}{2}x_d(t), & \text{奇数 } n \\ -[a(t)/2]\{(-1)^{(n+1)/2}\sin[\varphi(t)]\} = \frac{1}{2}x_q(t), & \text{偶数 } n \end{cases}$$
(4.11)

参考式(4.3),显而易见,表示 $x(t)$ 的复信号的同相分量由偶数样本提供,正交分量由奇数样本提供,在两种情况下都恰当使用了 ±1 作为符号位。

窄带单信号接收机的描述为以下两个重要的宽带接收机的讨论提供基础。

4.2.4 多载波超外差接收机

用于接收多个信号的超外差接收机基本上类似于单信号接收机;主要区别在于接收机带宽。为了覆盖多个信号,必须将接收机带宽从几千赫扩展到几百千赫甚至更多。

多载波超外差接收机架构如图4.4所示。对比图4.2可以看出,主要区别在于采样时钟速率和中频频率是由信号总带宽决定的,而不是由单个信号带宽决定的。由于多信号接收机的目标是通过一个调谐器覆盖大量高频信号,这意味着数字中频要达到 0.5MHz 的量级甚至更高(而不是 2~3kHz),并且采样频率为该频率的 4 倍。DSP 部分可以为每个窄带子信道提供同相和正交采样流。

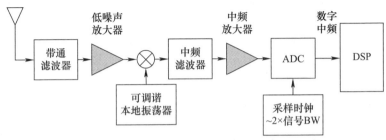

图 4.4 多信号数字中频接收机框图

工作带宽的扩展带来重大的设计挑战,主要是在滤波方面。滤波器必须很宽,并且要有陡峭的上升沿和下降沿,以便充分限制附近不需要的频道上的干扰。此外,也许最重要的是,来自所有天线通道的滤波器必须紧密匹配和均匀。通常,这种匹配由专门为每个通道设计的数字滤波器提供,用于校正通道间的差异。因为天线通道是面向空域处理的,任何天线通道间的差异如果不均衡,都将损害自适应波束形成技术的干扰抑制水平。

由于设计上存在这些挑战,模拟高频系统设计者面临以下冲突:①选择一个单一的设计用于高频频段的任意位置,该设计可以接受刚刚概述的带宽限制,但是需要许多这样的接收机来覆盖整个短波频段;②利用几种不同的设计,每一种设计都具有挑战性,并且需要昂贵的高质量模拟滤波器。需要注意的是,必须为天线阵列中的每个天线配备一套能够覆盖所有带宽的接收机组,以满足自适应天线处理的需求;这个因素进一步增加了滤波器设计压力。实际上,当带宽增加到几百千赫以上时,模拟滤波需求变得非常困难,因此更大程度地利用数字处理的架构将更为有利。

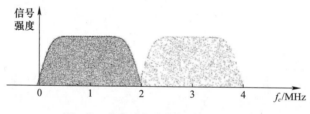

图4.5 数字中频接收机的带宽限制

总之,高质量模拟滤波器的高成本、匹配其频率响应(幅度和相位)的难度以及高频多通道接收机射频接收部分的小型化需求都要求射频设计最大限度地进行数字处理。这种方法是将要描述的第4种接收机架构,即直接采样数字接收机。

4.2.5 直接采样接收机

自适应阵列天线技术开始应用于高频通信信号接收时,高动态范围模数转换器技术采样率为5~10Ms/s,动态范围被限制在85dB(14bit)左右。现在ADC性能得到改善,在采样率超过100Msps时动态范围接近100dB(16bit)。这种能力引起高频应用中直接采样接收机的发展。4.4.6节进一步详述ADC技术的进展。

多信号直接转换数字接收机框图如图4.6所示。这种接收机架构由一个带限滤波器组成,用于将信号输入限制在高频频段或通常限制在该频段的一部分。如果希望接收机不受到个别强信号影响而产生过载(该强信号位于感兴趣的频带之外,且入射到系统天线),那么预选滤波就变得至关重要。滤波器之后,一个高动态范围放大器会增加信号电平,将其调节到适合 ADC 的电平;该放大器应提供可调增益能力,以实现自动增益控制子系统。通常,在数字化阶段之前使用平衡模拟电路来抑制偶次谐波和失真。ADC 的时钟频率必须足够高,以满足射频信号的奈奎斯特准则;至少是最高高频信号载波频率 30MHz 的 2 倍,以给滤波器留出充足的滚降区间;通常使用 80～100MHz 的 ADC 的时钟。将 ADC 样本传送到数字信号处理部分,对其进行适当处理,以得到所需的基带信号。

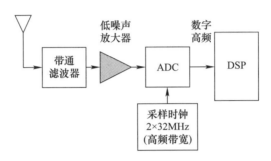

图 4.6　多信号直接转换数字接收机框图

这种架构的简单性及其对数字信号处理的依赖带来几个重要的优势。与 4.2.3 节中介绍的数字中频架构一样,不需要匹配良好的正交模拟混频器;实际上,不需要任何类型的模拟混频器。此外,不存在中频以及与中频相关的滤波组件,从而消除天线间通道失配和镜像干扰的主要来源,镜像会损害自适应天线接收机的性能。尽管存在很多优点,仍然要仔细设计带限滤波器,避免带内谐波引起的不良影响。对于高频接收机来说,带内谐波往往是一个更为严重的问题,因为期望的接收机处理带宽与载波频率处于同一个数量级。

带通滤波在频率控制范畴内可以共同解决以下 4 个主要问题:
(1) 无用强信号和谐波干扰的控制;
(2) ADC 性能;
(3) 系统数据传输和存储容量;
(4) 数字信号处理能力。

为了理解这些问题之间的相互关系,考虑一种基于 ADC 的设计,它能以 80Ms/s 的采样速率将模拟信号数字化。该 ADC 可以直接提供从 2～30MHz 的整个高频频带的样本流。如果唯一的带通滤波操作是针对整个高频频带设计的,那么高频环境中任何强信号都可以控制 ADC 输入范围,从而限制整个高频频带的系统灵敏度。自动增益控制方法必须解决这个问题。另外,如果使用一组相邻的滤波器(每个滤波器的宽度为几兆赫)将高频频带划分为若干子频带,则某个子频带中的强信号并不会影响其他子频带中的接收性能。在这种设计中,每个子频带滤波器输出都要使用一个单独的 ADC。

一般来说,子频带数量需要折中考虑:一方面大量子频带会带来更高的成本(每个子频带都需要子频带放大器、ADC 和 DSP);另一方面如果子频带很少损失会更大(由于强信号干扰可能会丢失掉整个子频带)。由于子频带实际上定义了一个独立的数据采集系统,该系统覆盖由子频带带宽确定的频率范围,因此该设计也要考虑系统 DSP 容量。在每个子频带中,必须使用数字滤波器抽取技术对全速率 ADC 输出进行数字处理,将覆盖子频带带宽的信号数据传输到数据存储和/或数字信号处理的第二阶段进行进一步的处理。子频带 DSP 必须能够处理这种计算负载,该计算负载随子频带带宽呈线性增长。

4.3 镜像控制

在结束接收机架构的讨论之前,我们还要定义和讨论镜像频率,这是超外差接收机设计中的一个重要考虑因素。首先,介绍镜像频率的含义。混频器产生两个输出:一个是两个输入频率的和;另一个是这两个频率的差。一个典型的接收机将使用滤波器选出其中一个作为中频,无论是模拟中频还是数字中频。如果混频器以频率为 f_{lo} 的本地振荡器为参考信号,并将中心频率为 f_{IF} 的带通滤波器作为滤波输出,选择(调谐)f_{lo} 将所需的信号 f_d 放置在中频带宽内。如果采用这种方法,那么 $f_d - f_{lo} = f_{IF}$。如果环境中存在另一个不希望出现的信号,即 $f_u + f_{lo} = f_{IF}$,那么 f_u 和 f_d 都会出现在中频通频带内,导致不需要的信号对期望信号造成干扰。这个问题必须通过确保不期望的信号到达混频器时强度不足以造成不利的干扰来进行控制。

本节从镜像频率干扰的角度简要回顾了 4 种接收机架构。

4.3.1 窄带超外差接收机镜像

为了澄清与镜像抑制相关的问题,考虑最常见的窄带超外差接收机——无处不在的调幅无线电的细节。这个接收机被设计用来接收载波频率在 540～1650kHz 范围内的调制信号。这种接收机利用了具有音频信号带宽并调谐到 455kHz 中心频率的标准化中频滤波器。为了将载波转换到中频,收音机使用了一个本地振荡器,可以在 995～2105kHz 的范围内调谐。考虑当期望信号在 540kHz 时的情况,并假设在 1450kHz 的环境中也有信号。本地振荡器设置为 995kHz,将所需信号转换为 455kHz 的中频。因为 1450 - 995 = 455,混频器将产生两个 455kHz 的信号,一个是由于载波为 540kHz 的期望信号,另一个是由于

1450kHz 的干扰信号。这个 1450kHz 的信号称为镜像;如果要求无线电接收机具有可接受的性能,必须通过适当的滤波来抑制镜像信号。进一步,人们可以遵循这个推理来确定与本地振荡器调谐频率范围相对应的镜像频率范围;这个镜像频率范围为 1450~2560kHz。

当然,一些高频频率不在调幅广播频带内,因此可能没有信号产生镜像干扰。即使如此,我们也无法保证总是没有镜像干扰;更谨慎的做法是在设计中包含镜像抑制,以便在出现镜像信号时,该信号不会到达混频器。在调幅广播带宽中控制镜像信号的方法是在射频放大器的输入级使用调谐带通滤波器,并将其调谐到期望信号频率。因为中频频率的合理选择使得窄带超外差接收机中的镜像频率与期望信号频率较好地分离,所以调谐带通滤波器的技术要求在实践中相对容易实现。

这种方法可以修改,以处理窄带超外差接收机中高频信号的频率范围为例。因为高频信号一般是窄带的,假设带宽约为 3kHz;也就是说,相对于高频载波频率范围相当窄,频率规划有两种选择:一种是将本地振荡器频率置于载波频率之下;另一种是将其置于载波频率之上。假设采用 455kHz 中频以利用调幅广播接收机广泛使用的廉价中频滤波器。当低于载波频率的本地振荡器为 1.545~29.545MHz 时,对应的镜像频率的范围为 1.090~29.090MHz。这意味着射频信道选择滤波器离所需信号至少 0.91MHz,这种信道选择滤波不存在设计问题。

另一种选择是本地振荡器高于所需载波,中频为 455kHz,这意味着本地振荡器从 2.455MHz 调谐到 30.455MHz;镜像频率范围为 2.910~30.910MHz。同样,射频通道选择滤波器应该不是问题。两种窄带超外差接收机频率方案如图 4.7 所示。

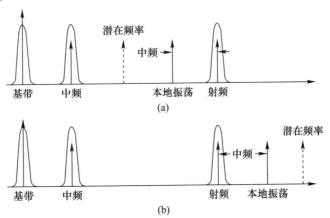

图 4.7　窄带超外差接收机结构的镜像频率
(a)本振低于射频;(b)本振高于射频。

一种更现代的高频通信接收机设计方法是将第一中频置于整个高频频段之上。在输入端,这种接收机使用截止频率为30MHz的低通滤波器(通常称为"屋顶"滤波器)来抑制镜像,从而避免了对调谐带通滤波器的需求,因为调谐带通滤波器很难对准。这种方法在业余高频接收机中非常常用,如图4.8所示。

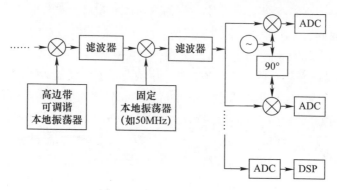

图 4.8 高中频接收机结构

4.3.2 数字中频接收机镜像

在具有一中频混频下变频和数字中频的窄带单信号接收机中,射频通道选择滤波器成为挑战;这是因为信号的窄带宽使得本地振荡器和所需的信号频率非常接近。具体来说,数字中频为信号带宽的$1/2(B/2)$,或者为2.5kHz。这意味着本地振荡器将处于期望的载波频率±2.5kHz;对于5.000MHz的期望接收频率,本地振荡器将是5.0025MHz或4.9975MHz。但是镜像频率会落在5.0050MHz或4.9950MHz。中心频率为5.000MHz、过零点为5kHz的通道选择滤波器几乎不可能实现。因此,直接转换到数字中频频率的数字中频接收机将遭受镜像干扰的严重影响。

这些问题可以通过采用两个中频级来避免,第一个中频级符合4.3.1节所述的窄带超外差接收机的频率规划。在这种情况下,第一中频级可以使用与窄频超外差接收机相同的中频频率,但第二中频级将采用数字中频方法。接收机将使用第二本振荡把信号从第一中频转移到第二级中频。例如,如果第一中频在455kHz,第二本机振荡器将在452.5kHz(或457.5kHz)。因为中频信号路径完全包含在接收机中,所以较强的镜像信号(450kHz或460kHz)到达第二混频器的危险很小。通过这种方式,数字中频接收机架构可以保留,而无需考虑镜像频率干扰。

4.3.3 多载波超外差接收机镜像

当系统要求单个超外差接收机捕获连续多个载波时,目标带宽的增加会改变频率规划。具体来说,在高频频段低端的2MHz和适合中频采样的中心频率之间没有足够的频率空间。这迫使频率规划使用高于高频频带的中频频率,可能在100MHz或更高。如此高的中频降低滤波器设计的挑战,并大幅改善了镜像频率干扰的抑制效果。

特别是,假设选择50MHz的中频。本地振荡器将在52和80MHz之间调谐以覆盖高频频段;相应的镜像频率在102~130MHz范围内,该频率范围与高频频段有很好的隔离。或者,本地振荡器可以置于中频之上,调谐范围为102~130MHz,镜像频率为202~230MHz。这两种选择都远离高频频段,允许使用截止频率略高于30MHz的低通滤波器进行镜像频率抑制。

4.3.4 直接采样接收机镜像

因为镜像频率问题是由不需要的混频产物引起的,所以没有混频器的直接采样接收机相对来说不易受到镜像频率的影响。然而,ADC输入端的带外射频信号会导致不必要的干扰。因此,即使不考虑镜像频率问题,高频频段滤波必须要做好。接收机数字信号处理中的数字滤波对抑制这种干扰没有什么价值,干扰可能被ADC从高频频带之外混叠到数字化信号中。

4.4 模/数转换器:问题与性能

ADC提供了传统模拟接收机和当今数字高频接收机设计方法之间的接口。处理器能力的增强和ADC的同步改进彻底改变了高频接收技术。此外,ADC和处理器能力的增强对于多通道系统的实用性和经济性也是十分必要的。

ADC的两个特性主导了高频接收机的选择:采样速率和动态范围。30年前,当首次演示短波信号自适应阵列处理时,ADC技术还很难提供采样速率为2Ms/s的14bit采样。如今,一些16bit ADC器件的采样速率已经超过100Ms/s。此外,原始模拟和数字动态范围约为100dB。如果一个较强的带内信号和一个弱得多的信号要同时到达ADC,并要求使用频谱、空间和时间数字处理的组合来进行分离,那么高动态范围特性就十分必要。本书后半部分讨论实现强信号和弱信号分离的数字信号处理方法,这些方法可以使接收机频率覆盖范围内具有较大差异的每个信号都可以被分别处理,并将确定信号分离的定量要求。

随着满足高频接收机应用需求的ADC技术的出现,有必要开发合适的测试方法并对其进行标准化,从而能够用统一的方法对候选器件的动态范围进行测试。不管是过去还是现在,在相同的情况下对候选器件进行比较都是十分必要的。为了便于测试,林肯实验室在20世纪80年代中期开发了一个正式的测试平台[1-3]并用于标准化测试;这种测试一直持续到今天。幸运的是,许多ADC供应商认识到这种标准化测试的必要性,并自行开发能够进行标准化测试的测试设施。此外,这些供应商开始以标准形式公布测试结果,使潜在用户可以在多种器件之间进行有意义的比较。这个过程改变了针对特定应用进行评估和选择ADC的方式。目前标准的无杂散动态范围(spurious free dynamic range,SFDR)测试结果示例如图4.9所示。

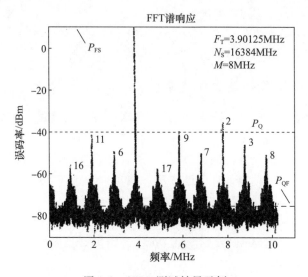

图4.9　SFDR测试结果示例

虽然本书并不打算提供ADC评估的详细情况,但回顾一些推荐测试程序并以适合高频接收机应用的ADC测试结果来说明这些程序是很有意思的。应该强调的是,任何比较都不是对任何特定器件的认可或批评。事实上,当读者看到这些例子时,更新、性能更好的器件即将上市。这里要强调的测试程序考虑ADC的两个重要特性,即残余误差和无杂散动态范围。这些特性侧重于精度和线性度,两者都与动态范围有关。另外,采样速率则是隐含的。只要器件以预期的采样速率进行测试并且该速率满足对于代表性信号的动态范围要求,用户应该对该器件感到满意。

4.4.1　噪声

ADC中有几个失真来源:量化误差、幅度增益压缩和采样时间抖动。下面对各个失真源做简要讨论。对于量化误差,输入信号量化使得ADC无法产生输入信号的无误差副本。ADC量化过程产生的误差如图4.10所示。可以假设该误差在量化步长上均匀分布,在这个假设下,误差的均值为0,方差为

$$\sigma^2 = V_q^2/12 \tag{4.12}$$

式中：V_q 为 ADC 的最低有效位相关联的量化间隔，即量化步长。

这种理想化的量化提供参考，可以用来评估 ADC 的实际误差。对于作为输入的满量程正弦波，峰峰值幅度为 V_r，输入信号功率为

$$P_{FS} = (V_r/2)^2/2Z \tag{4.13}$$

式中：Z 为输入阻抗。ADC 量化噪声功率 P_q 为式(4.12)中的方差，因此 $P_q = \sigma^2$。

实际误差可通过输入正弦波来进行测量。ADC 输出样本与输入正弦波之间的差异可用于确定实际误差方差 σ_{eff}^2 与式(4.12)中确定的理想方差的接近程度。这种比较为"比特丢失"特性提供基础，有

$$b_L \cong \log_2\left(\frac{V_{qeff}}{V_q}\right) = \log_2\left(\frac{\sqrt{12}\sigma_{eff}}{V_q}\right) \tag{4.14}$$

从式(4.14)可以看出，有效量化间隔加倍会导致 1bit 丢失。

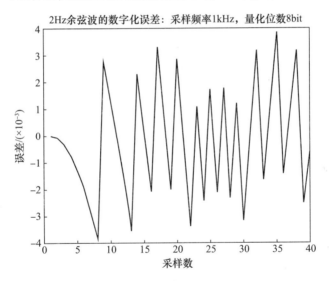

图 4.10 ADC 量化过程产生的误差

式(4.12)和式(4.13)中的功率关系导出 ADC 信噪比表达式。如果假设性能仅受量化噪声（而非失真）的限制，并且使用一个 Nbit ADC，则信噪比加失真 SINAD 为

$$\text{SINAD} = 10\lg(P_{FS}/P_q) = 10\lg\left[\frac{[V_q \cdot 2^N/2]^2/2R}{V_q^2/12Z}\right] = 6.02N + 1.76 \tag{4.15}$$

式(4.15)通常用于确定实现所需动态范围所需的 ADC 比特数。

4.4.2 失真

当模数转换器预处理电路出现非线性时,将会带来失真,从而损害整体接收机性能。图 4.11 说明了预处理电路的传递函数如何在提供给采样开关的信号中引入失真,从而在数字化信号中产生失真。理想传递函数是线性的;也就是说,输出与输入成正比,输出与输入呈直线关系。但是前述的线性可以修改这种关系,使实际上的输入输出关系偏离直线。如图 4.11 所示,输出结果中出现不希望有的失真。接下来将简要讨论减轻这种失真的方法。

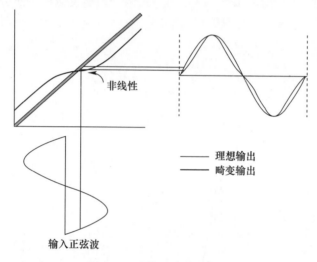

图 4.11 非线性与畸变结果

失真可能是幅度增益非线性或采样时间抖动的结果。为了更好地理解这些失真分量,考虑图 4.12 所示的 ADC 的简化框图。模拟输入由运算放大器调节,然后提供给采样开关。该开关在适当的采样时间短暂闭合,允许保持电容充电。经过适当的充电时间后,开关打开,量化器将保持电容上的电压转换成数字信号。该过程以期望的采样率周期性地重复。虽然对该电路的详细讨论超出本书的范围,但值得注意的是,采样开关是一个晶体管,其中信号本身可以调制开关转换电压,导致采样数据流失真。

输入端低噪声放大器或与保持电容串联的开关也会引入幅度非线性。如果容性阻抗高;也就是说,保持电容很小($Z_c = 1/\omega C$ 很大),开关两端的电压分量将由电容两端的电压决定,量化器将跟随宽带信号的快速变化而变化。这种设计方法与量化器工作状态下保持电容上恒定电压的需求相冲突,并给 ADC 开发带来真正的挑战。

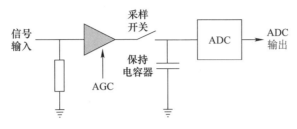

图 4.12 ADC 的简化框图

另一个重要的失真问题涉及 ADC 传递函数中的负向正转换。这种失真与接近零输入电平的编码转换相关,称为交叉失真。在量化阶段中,输出编码从 011…111 转换到下一个更高的编码 100…000 时,所有编码位必须同时切换。如果不能很好地实现同时切换,输出采样数据流中会出现明显的失真,导致无杂散动态范围性能受到影响。

4.4.3 采样时间准时制

采样时间抖动是 ADC 设计和应用中的另一个限制因素。考虑一个正弦波输入到一个 ADC,第 k 个样本在 $k\tau$ 时间出现。如果 $k\tau$ 误差为 δ,则该样本可表示为

$$S_k = A\cos[w(k\tau+\delta)+\varphi] + n(k\tau) \tag{4.16}$$

可以扩展为

$$S_k \approx [A\cos[w(k\tau+\delta)] + n(k\tau)] - w\delta A\sin(wk\tau+\varphi) \tag{4.17}$$

式中:方括号中的项是期望的采样值,而与 $k\tau$ 成比例的项表示采样时间抖动引起的误差。注意,误差分量与所需样本正交。选择定时时钟源的目标应该是使时钟抖动误差小于量化电平的 1/2,或者

$$(2\pi f\delta A)_{max} \leqslant 0.5Q \tag{4.18}$$

如果信号的幅度被调节,使其峰峰值等于 ADC 的范围,则 $A_{max} = 0.5V_r$,且 $V_r = Q2^n$,其中 n 为 ADC 的位数。在这种情况下,为使其峰峰值等于模数转换器的范围。在这种情况下,有

$$2\pi f\delta \leqslant 2^{-n} \tag{4.19}$$

式(4.19)确定了避免采样时间抖动产生的正交效应所需的比特数。它可用于根据制造中使用的技术水平来表征 ADC 的性能。

4.4.4 无杂散动态范围

ADC 的主要缺点之一是动态范围有限。如果提供给 ADC 的信号很强,器件中的削波或其他非线性会导致产生杂散响应。当输入为正弦波时,杂散响应在输入频率的谐波处表现为正弦波。虽然杂散谐波的电平通常较低,但仍可能会高到足以干扰接收机工作带宽内其他信号的接收。在进行 ADC 测试时,必须以满幅度正弦波作为输入并对 ADC 的输出作频谱处理,才可以观察到低电平杂散响应。ADC 的无杂散动态范围(SFDR)是输入正弦波功率与在远离输入频率的最高频谱响应处的功率之比。如前所述,制造商进行此类无杂散动态范围测量,并将结果作为动态性能规范的一部分。通常 ADC 的无杂散动态范围水平可以超过 100dB。4.4.6 节回顾近年来在改善无杂散动态范围方面取得的进展。

在实现具有数字输出的高频接收机时,必须格外小心地调节输入到模数转换器中的射频信号。两个因素最重要:首先,因为 ADC 是单端的,所以射频信号必须是 DC 偏置的,以便在 ADC 范围的中点放置零射频输入;其次,不要将输入信号电平调整到使 ADC 的正信号进入满量程的状态,也不要出现大的负输入导致超量程条件。较大的输入电平使接收机在面临意外的强信号、噪声尖峰或多种强信号的不幸组合入射到天线时没有足够的余量。如前所述,大于量化器满量程值的输入电压将产生一个特别不幸的采样值:当正输入电压向该值增加时,输出采样的第一位是 0,表示这是一个正样本,剩余的位将作为二进制计数向全 1 方向增加。当输出样本为 011…11 时,量化器输出最大正值,如果输入信号进一步增加,量化器将输出采样增加到 100…00,表示最小负输出。类似的情况也会出现在当 ADC 的负输入较大时。显然,这些都是不希望出现的情况,ADC 设计人员对此相当重视。

过量程编码转换不是 ADC 过驱动时的唯一问题。同样重要的是,要避免 ADC 传递特性中由采样保持电路非线性引入的杂散响应。当然,这种非线性不应成为 ADC 选择的主要因素。相反,接收机设计者必须考虑非线性在传输特性中的位置。考虑上面这些因素时,输入信号电平应该调节到远低于满量程的水平。尽管这意味着 ADC 动态范围中很大部分得不到利用,但这种方式给强信号输入或不良信号组合留有足够的余量①。注意,ADC 的非线性会因信号动态而异。因此,动态 ADC 性能规格、SINAD 和 SFDR 比相应的静态规格更能有效地捕捉这些影响,ADC 选择和预处理设计中应该考虑动态性能。这种动态效应促

---

① 高斯噪声是 ADC 输入的一个重要因素,没有统计最大值,但在实践中,为统计噪声变化保留 13dB 余量是足够的。

进代表性应用频率上的正弦信号测试活动。

作为接收机增益规划的示例,假设 ADC 的 SFDR 为 90dB,满量程输入电平为 12dB(2.5V 峰峰值注入 50Ω 负载)。在 ADC 输入端,这种满量程输入电平对应杂散水平为 −78(12 − 90)dBm。但是,如果接收机增益规划基于将最强预期信号保持在满量程以下 13dB,则杂散水平将降至 −91dBm。杂散响应可能会被误认为是实际的天线接收信号。如果接收机信号调节包括 20dB 的信号增益,这将对应于 −111dBm 的天线接收信号。这种杂散水平已经与天线处的接收机内部热噪声处于同一水平,对于 1kHz 的带宽,热噪声电平约为 −124dBm[①]。在强信号等于设计最大值的环境中,如果接收机内部热噪声是唯一与信号接收相竞争的噪声,这种杂散响应将成为接收器灵敏度的限制因素。然而,在高频下,外部噪声可能比热噪声大得多。在本例中,由于外部噪声而导致的噪声水平增加 10dB,将导致杂散水平的信号的信噪比仅为 3dB,从而减少将杂散响应误认为真实信号的担忧。因此,示例设计似乎有一个合理的增益规划,该增益规划中,外部噪声环境和 ADC 的杂散响应特性均得到平衡。

图 4.13 以接收机增益为参数,绘制了 ADC 输入端的信号电平与天线信号电平的函数关系。图中还显示了 SFDR 分别为 80dB、90dB 和 100dB 时的杂散信号电平。星号表示前面例子中讨论的情况。图 4.14 显示了高于 kTBF 噪声的 3 种外部噪声水平时天线接收信号的信噪比。根据图 4.14 和图 4.13,可以确定

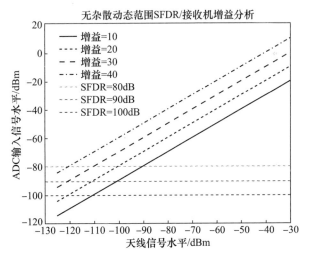

图 4.13　ADC 输入 − 接收机增益变量下的信号电平

---

①　kTBF = −228.6(k) + 24.6(T = 290°) + 30(B) + 20(F)

接收机的灵敏度。在本例中,图 4.14 显示,外部噪声为 10dB 时,信噪比为 −104dB。参考图 4.13,信号调理增益为 20dB,ADC 的 SFDR 为 90dB,在此水平下工作没有问题。如果模数转换器 SFDR 为 80dB,则可能出现信噪比高于 10dB 的杂散信号。

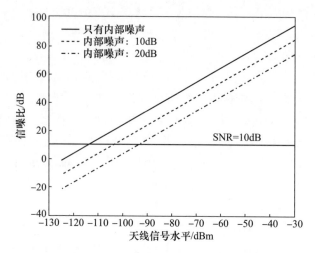

图 4.14　信噪比与输入信号水平 − 外部噪声变量关系

该示例说明为什么在使用特定 ADC 制定适当的增益规划时,仔细研究 ADC 制造商的规格非常重要。在设计用于高频频段的现代数字接收机时,读者应该利用这些组织发布的大量应用笔记。

4.4.5　抖动

对数字化过程的简单分析已经清楚地表明,不准确的量化步长会成为 ADC 性能缺陷的主要来源。考虑一个跨越多个量化电平的输入信号,其中一些量化电平不是量化步长 q 的精确倍数。如果输入的是一个正弦波,输入正弦波的每个周期都会重复出现这些不准确的步长,导致输出波形失真,使输出中包含输入信号频率的许多谐波。这些谐波成为前面讨论的寄生响应。由于数字化误差的重复性,寄生响应在频谱中呈现离散特性,并且十分显著。抖动是减轻这种重复错误的常用方法;它包括向输入信号中添加随机噪声分量,从而随机化重复误差,扩展频率能量,并降低离散频率杂散响应的强度。

当然,附加抖动信号会给输出增加噪声,因此需要对信噪比进行妥协。可以使用两种技术来避免这个问题:第一种方法相当简单,利用类似噪声但频谱与信号频谱不重叠的抖动信号;第二种方法,可以对输出信号进行处理,以滤除不需要的抖动相关噪声。通常,即使没有抖动信号,量化输出也会被频谱处理;在这种情况下,抖动信号可以被滤波,并且没有显著的整体处理成本。选择抖动信号时应小心,如果它的频谱主要由比期望信号频率低得多的频率组成,那么预期的重复性降低就会受到影响;如果过高,ADC 的采样速率可能不足以提供所需的频谱分辨率。因此,当期望的输入信号在频谱中有间隙时,这种频谱分离的抖动信号是最佳的,并且抖动信号被设计成落在这些间隙中。

减轻抖动造成信噪比损失的第二种方法是要求抖动信号具有已知但类似噪声的结构;也就是说,它不是真正随机的,而是可计算的,即使它具有类似噪声的振幅和频率变化。这种抖动信号能够达到减少重复特性的预期效果,并且具有一阶可预测误差,因此这些误差是可以消除的。消除抖动误差的处理类似于许多现代系统中使用的自适应噪声消除方案。在这种情况下,只需匹配被减去的类噪声信号。

表 4.1 历史上应用于短波接收机的 ADC

品牌	型号	年份/年	位数/bit	采样速率/Ms/s	SINAD/dB	SFDR/dB
AD	1205	1986	12	5	61.4	63
BB	ADC600	1986	12	10	65.6	68
AD	CAV1220	1986	12	20	55.3	54
WE	WEC1405	1986	14	5	67.8	70
EI	AD1512	1986	14	5	66.2	74
AD	AD9014	1990	14	10	75.0	72-84
AD	AD9042	1996	12	41	67.5	80
CO	CLC949	1996	12	20	68.0	73
CO	CLC935	1996	12	15	65.4	81
MX	MAX1427	1998	15	80	73-76	91-93
AD	AD6645	2003	14	80	75.0	93
TI	ADS5422	2005	14	65	71.0	85
LT	LT2009	2007	16	160	77.1	105
AD	AD9467	2013	16	160	74	100
LT	LTC2107	2014	16	210	80	98

抖动已经成为数字化过程中非常常见的一个组成部分,如今 ADC 制造商都提供了带抖动和不带抖动的器件规格。有些甚至将抖动生成和添加作为引脚可选的模数转换器特性。通常,对于实现了抖动或能够开启内置抖动功能的器件,SFDR 效应会有显著改善。当现代高频接收机用于处理数百千赫以上的带宽时,高频频段的类噪声特性会引入自身的抖动。接收机输入端接收的功率通常

85

不是由单个或少量高频信号决定的。因此,输入实际上是高斯性质的,高频接收机也可以被描述为"自抖动"。

4.4.6 ADC 的最新进展

自 20 世纪 80 年代中期开始对高频数字接收机感兴趣以来,ADC 技术取得了长足的进步。能够以 10Ms/s 速率提供精确的 12bit 采样或以 5Ms/s 速率提供 14bit 采样的器件代表了那个时代高频频段的技术水平,而能够采样整个高频频谱的 14bit 器件在 2003 年上市。这些器件激发了高频接收机的新设计,这些新设计利用了本章前面介绍的数字接收机架构。表 4.1 按推出日期的顺序列出了适用于短波接收机设计的一些重要 ADC。显然,ADC 的发展已经取得很大的进步,今天,覆盖整个频带的高频数字接收机已经能够以可接受的成本制造。

参 考 文 献

1. F. H. Irons, "Dynamic Characterization and Compensation of Analog to Digital Converters," *Proc. IEEE Int. Symp. Circuits and Systems*, May 1986, 1273.
2. T. A. Rebold and F. H. Irons, "A Phase Plane Approach to the Compensation of High Speed Analog to Digital Converters," *Proc. IEEE Int. Symp. Circuits and Systems*, May 1987, 455.
3. D. Asta and F. H. Irons, "Dynamic Error Compensation of Analog to Digital Converters," *Lincoln Laboratory Journal*, vol. 2, 1989.
4. P. B. Kenington, *RF and Baseband Techniques for Software Designed Radio*, Boston: Artech House, 2005.

第5章 高频阵列处理架构

前面已经提供了高频传播、常用高频调制技术和射频接收机架构的背景材料。现在，开始介绍利用多阵元天线阵列获得性能提升的数字信号处理技术。如第1章所述，数字信号处理技术具有显著的优势：①提高了增益以改善接收机灵敏度；②增强了同信道干扰抑制能力；③对电离层传播的多种模式进行相干合并以抑制多模式混乱并获得更高的信噪比。这些技术将在后面的章节中详细介绍。本章概述了整体信号处理架构，并指出了多元阵列如何获得性能提升。随后的章节将深入研究信号处理算法以获得期望的性能增强，并定量评估信号处理算法所带来的好处。

整个高频传感系统框图中关键功能之间的逻辑关系如图5.1所示。

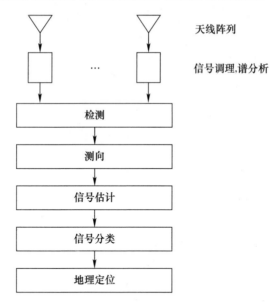

图5.1 高频传感系统总体框图

5.1 检 测

给定系统输入，检测可以定义为二进制决策的第一个分支：①是否存在信号；②当前系统输入是否完全归因于背景噪声？该问题已经从基本概率理论的角度进行了许多详细的分析。从概率论的角度，检测问题可以重申为：接收机的输入是特定水平的信号，还是只是（高斯分布的）噪声导致了观察模糊？此外，判决可以更加复杂。如果信号和干扰可能同时存在并且环境统计数据并不为人所知，这在高频信号系统中很常见，明确定义的判决过程将会变得非常有问题。

在高频信号环境中，电离层传播效应使到达接收机的接收信号特性具有很大的不确定性。信道噪声和同信道干扰使得信号存在与否的判决准则难以定量建模。当接收系统配备有多阵元阵列并且具有足够大的孔径时，它可以测量到达能量的空间分布，并确定当前分布是否正常。如果信号和干扰之间的空间差异对于天线阵列来说十分显著，那么信号存在与信号不存在的判决统计特性将表现出很大的差异，从而为准确检测提供更清楚的依据。检测过程可能需要进行周期性的能量分布估计，随后是比较信号存在和信号不存在时的能量分布。当能量分布充分不同时，可能会宣布新的信号到达。

信号检测判决一般采用贝叶斯准则，这导致了似然比方法。计算在信号存在的假设下观察到所采集数据的概率和在信号不存在的备择假设下观察到所采集数据的概率。然后，将它们的比率与一个阈值进行比较。信号存在和信号不存在事件的不同先验概率，以及各种误差的代价，可以用来调整阈值。如果忽略成本差异，通常按如下方式进行比较：

$$\frac{\text{Prob}(z_1,z_2,\cdots|\text{信号存在})}{\text{Prob}(z_1,z_2,\cdots|\text{信号不存在})} \gtreqless^{①} \frac{\text{Prob}(\text{信号存在})}{\text{Prob}(\text{信号不存在})} \quad (5.1)$$

当式（5.1）左侧超过比率的预期先验值时，可以做出有利于信号存在的判决。

正如大多数涵盖判决检测的教材中所讨论的那样，除了贝叶斯似然比测试技术之外，还有其他几种方法。贝叶斯技术可以扩展为极小极大检测方法，该方法选择先验概率以使决策过程尽可能有利。或者，也可以使用奈曼皮尔逊准则，该准则可以在固定虚警概率条件下使检测概率最大化。这一准则也导致了似然比检验。

第7章专门讨论检测。从逻辑上来说，本章是整个检测过程中的第一步，检测过程不但可以判决感兴趣的信号是否存在，还能够提供关于信号的更多信息，如信号到达方向。本章还提供一种用于初步讨论天线阵列信号处理方法和优势的有用工具。

---

① ≷表示大于或小于。

5.2 测　　向

测向是估计输入信号到达方向的过程。在高频信号处理环境中,测向方法利用了电磁波的基本特征:每当观测者离信号源很远时,电磁信号将会以平面波的形式传播。这一特性甚至适用于经过电离层折射而向下弯曲回到地球的高频信号,这些折射的高频信号回到地面并被天线阵列接收。在20世纪80年代,这一观点没有被普遍接受;然而,在这中间几年里,天线阵列的广泛经验提供了充分的证据,证明这种模型是准确的。第6章将详细说明阵列处理算法如何利用这个平面波模型来抑制干扰信号的影响,并提供主要受阵列孔径大小限制的精确方位估计。

第8章将定量讨论传感器阵列孔径、观测时间、信号频率和信号强度对测向估计精度的影响。这里简要讨论所谓的瑞利准则。该准则描述了波长归一化后的天线阵列孔径对两个目标的方向差异进行分辨的能力。在射频接收阵列的情况下,这个过程相当于为每个目标信号产生波达方向或示向线估计。考虑一个从传感器相位中心到信号源的矢量,以及一个通过传感器相位中心且垂直于该矢量的平面,如图5.2所示。估计示向线的有效孔径是物理孔径在这个平面上的投影。如果阵列孔径是线性的,投影是一条线;如果是二维的,投影是一个平面。瑞利准则提供了与给定直径的孔径相关联的波束宽度的估计,从而可以确定矢量和平面之间的角度估计的精度。瑞利准则可以表述为

$$\sigma_\theta \cong^{①} 1.22\lambda/D \tag{5.2}$$

式中:λ 为信号载波的波长;D 为有效孔径的直径;σ_θ 以 rad 为单位。因此,如果有效孔径直径为90m,信号频率20MHz也就是波长为15m,那么 $\sigma_\theta=0.2\mathrm{rad}$,或者约为12°。如果目标是实现3°以内的示向误差,必须将波束宽度分裂为原来的1/4。如果信噪比足够高,这种方法是可行的。这种分裂波束的过程将在第9章中进一步讨论。

参数 D 需要一些解释。如图5.2(a)所示,如果孔径是线性阵列,那么 D 为阵列的长度。如果孔径是平面的,图5.2(b)建议,D 应该在与期望的角度估计相关的方向上测量。在信号源垂直于阵列且孔径为圆形的简单情况下,如预期的那样,D 为孔径直径。在不太简单的情况下,在应用瑞利极限时,阵列的几何形状、信号的方向和角度测量坐标系的方向都必须考虑在内。

---

① ≅表示约等于。

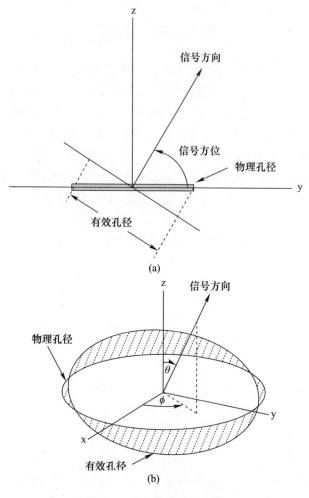

图 5.2 示向线估计示意图

在解释波达方向估计极限时必须考虑高频传播环境。典型地,高频信号在被电离层折射后到达接收天线阵列,到达时的仰角通常为 5°~45°。例如,一个精度在 5°以内的阵列需要 11 个波长的孔径;如果要在 10MHz 信号上实现这一点,所需的投影孔径为 330m。从实用的角度来看,阵列必须是水平的。但是,如果目标是估计信号俯仰角,那么阵列孔径在所描述平面上的投影就按仰角的正弦减少,这是对测量孔径的严重损害,从而降低了精度。与这种仰角估计过程相关的损失被称为精度的几何损失,因为它是由信号矢量和阵列孔径之间的几何关系产生的。幸运的是,水平孔径测量方位角的能力没有几何损失。

5.3 估　　计

"复制"一词是从早期无线电广播中延续下来的,那时操作员会询问"你复制了吗?"在现代数字世界中,复制过程仅仅是在接收机上估计传输了什么。因此,当提到"复制"时,可以替换地使用术语"信号估计"。对于多个天线单元的宽带阵列,天线增益和干扰抑制可以通过以下方式实现:①阵列单元信号的加权组合;②抽头延迟线均衡;③这些技术的组合。阵列单元权重和/或抽头延迟权重可以根据环境自适应调整。第 11 章和第 12 章集中讨论了这 3 种信号处理方法的自适应形式。

尽管估计的定义十分简单,但是当人们希望在高频中使用自适应阵列接收机来评估估计算法的有效性时,仍存在一些重要的问题。

第一,信道不确定性。可以针对定义明确的信道评估特定技术,如加性高斯白噪声信道;已经针对该信道评估了许多解调技术的性能[2-4]。然而,高频下信道模型必须考虑电离层的可变性,这取决于太阳光照、地球磁场、行进电离层扰动等,如第 2 章所述。在这种时变条件下,解调器性能不容易建模或分析。一些解调技术已经被建模用于瑞利衰落信道[6],而其他解调技术被建模用于除了瑞利衰落之外还表现出显著直射径分量的莱斯信道[7]。当信道统计特性被很好地定义时,这些模型可以被用来表征符号错误率,但是在高频环境中,任何模型参数会随着一天中的时间缓慢变化,因此有必要在一定参数范围内对估计的性能进行评估。

第二,旨在提高信噪比和/或抑制干扰的自适应阵列处理算法或者与解调处理器串联执行,或者在联合阵列间处理/信号解调算法中与其耦合。时变信道中耦合算法性能的详细模型通常是无法得到的。

第三,运营场景很重要。当通信信道是合作信道时,已经在发射信号已知的条件下进行了解调性能的经验评估。这些实验结果已经发表[5,8],并说明在某些信道条件下各种调制技术的相对可靠性。对信号未知的非合作信道进行等效经验评估是困难的,因为接收机没有"真实信号"的详细定义。估计性能也可以通过以下方式来估计:①表征到达天线阵列孔径的信号的信号干扰噪声比;②估计由阵列处理提供的干扰抑制水平;③使用协作信道的参考性经验结果推断发射机所用调制方法的误码率。通过测量传输中固定信道符号上的差错率可以支持任何形式的性能估计;固定信道符号通常包括用于均衡的呼号和训练序列。

5.4 重 构

重构是估计过程的延伸,该方法可以应用于干扰环境在感兴趣信号的带宽范围内变化的情况。在这种情况下,信号占用的带宽分成子带,允许在每个子带中使用不同的复制处理。每个子带的复制过程将提供每个发射信号子带的干净副本,并且这些子带将进行相干组合来获得发射信号的完整估计。重构是给予这种重组的术语;它在第 11 章有更详细的介绍。

重构的动机源于充满干扰信号的环境。如在第 6 章中详细描述的,具有 N 个天线单元的阵列具有 $N-1$ 个自由度,也就是说,具有可以在 $N-1$ 个干扰源上方向设置零陷抑制的能力。如果干扰信号太多,以至于感兴趣的信号变得模糊不清,那么在期望信号所占用的带宽中可能会有 $N-1$ 个以上的干扰信号。如果每个天线处的复合信号被处理成子带,并且每个子带覆盖感兴趣信号的一部分,那么每个子带中干扰源的数量可以少于总带宽中的数量。可以通过增加子带的数量,使得没有子带包含多于 $N-1$ 个干扰,从而使阵列有足够的自由度来处理这种密集的干扰环境。因此,重构扩展了 N 元阵列的能力,可以处理 $N-1$ 个以上的干扰源。在这种情况下,阵列能够处理的干扰源数量将取决于单个干扰源的带宽以及干扰源在目标信号带宽上的分布情况。

阵列能力的提升带来了五大挑战。

(1) 频谱分析。阵列信号必须被分成子带,这需要一个频谱分析处理步骤。频谱分析处理的形式必须适应干扰信号的密度,这就需要进行环境评估。

(2) 多子带阵列处理。基于阵列的干扰抑制处理必须在每个子带中分别进行,这意味着必须为每个子信道确定一组天线单元权重。这一处理阶段及之前的频谱分析可能会带来大量额外的处理成本。

(3) 子带合并。每个子带中干扰抑制处理的结果只是感兴趣信号的一部分。对于大多数信号,需要将子带处理结果进行组合,以提供最终的无干扰、全带宽期望信号。用于这种重组处理的技术,在此表示为重构,该技术在第 11 章中更详细介绍。

(4) 子带天线权重确定。从第 7 章~第 12 章可以看出,一些最有效的干扰抑制技术利用目标信号的特定特征。恒定包络处理和循环平稳处理是这些技术的两个例子。一旦引入频谱分析处理,将感兴趣的信号分解为子带,信号特征就不再可用。必须使用更通用的干扰抑制阵列处理技术。由于通用技术可能不如利用信号特性的方法有效,因此存在一个难题:通过子带减少干扰源的数量会使抑制多源干扰的有效阵列处理技术不可用;当子带数量更多时,每个子带中的干扰源更少，因此需要更多处理。然而，当干扰密度非常高时，期望信号带宽中的干扰源数量可能会超过阵列自由度，这就需要使用子带以及不利用信号特征的、不是很有效的阵列处理技术。

（5）子带划分策略。一个有效的子带划分策略需要一个干扰环境评估过程，该过程评估感兴趣的信号和干扰的参数以便提供一个低成本阵列处理策略。即使环境不拥挤，某种形式的评估仍然是必要的，不过它不会像在拥挤环境下开展评估那么困难。当前的阵列处理技术尚没有完全确定如何进行环境评估过程；这一领域的发展也是当前的研究课题。

5.5 信号分选

高频频带中信号的丰富性导致了对信号分选的要求。一旦检测到信号，传感器应该能够以各种方式表征检测到的信号。但是在不感兴趣的信号上花费大量的信号处理资源显然是不合适的。表征、分类和认知是与对环境中所有信号进行分级理解相关联的术语，建立对环境中所有信号的分级理解需要最大程度地探测每个信号。分级分选是指信号分选的多级过程，类似于在图书馆中搜索特定的书籍。第一层次排序是基本的图书：小说、诗歌、历史等；第二层可能是作者；最后一级可能是标题。在信号分选领域，首先，进行粗略的信号表征，基于频谱和时间域的简单测量：信号持续时间和带宽是否在指定范围内，盒子检测这个术语已经被用于这个过程。然后，使用阵列传感器可以在第一级分选准则中包含粗略的波达方向估计。其次，分类是下一级分选，仍然依赖于信号的外部特征，如最常见的调制类型是单边带、频移键控等。最后，认知是分选中最详细的一级，通常涉及信号段的解调，以便读出呼号、同步模式和特定的内部信号特征。

关于信号分选的关键概念是，这是一个多阶段的过程，在这个多阶段过程中，一系列特征被依次测量，每个测量完成时都涉及一个问题，"到目前为止可用的测量结果表明信号是感兴趣的，还是不感兴趣的？"如果问题的答案是"不感兴趣"，就不再进行测量，信号也不再考虑。

与任何多阶段分选一样，存在处理负载和识别概率之间的权衡：更多的处理应该会带来更好的性能。但是信号环境非常拥挤时，如果对每个信号都进行处理，那么就无法支持整个频率范围。使用分级分选过程，可以通过适度的资源消耗消除许多不感兴趣的信号。在多阶段过程的一个阶段错过期望信号，有可能导致一个重要信号完全错过。为了应对这种风险，在早期阶段使用的准则应该比在分选后期过程使用的准则更宽松。

为了量化这个讨论，定义 P_{ch} 为正确表征的概率，P_{cl} 为正确分类的概率，P_{cr}

为正确认知的概率。由于所有3个事件必须全部正确才能实现正确识别,那么正确识别的概率 P_{cid} 为

$$P_{cid} = P_{ch}P_{cl}P_{cr} \tag{5.3}$$

一个等价的表达式可以用错误概率来表示。识别错误的概率为

$$P_{eid} = 1 - (1 - P_{eh})(1 - P_{el})(1 - P_{er}) \tag{5.4}$$

式中:P_{eh} 为表征的错误概率;P_{el} 为分类的错误概率;P_{er} 为认知的错误概率。

即使假设从解调数据中可以获得详细的识别信息以允许完美的认知,$P_{cr}=1$,前两个阶段中的缺陷仍然对最终结果有显著的影响。如图5.3所示,识别错误概率10%的要求意味着每个表征和分类排序阶段的错误概率约为5%。

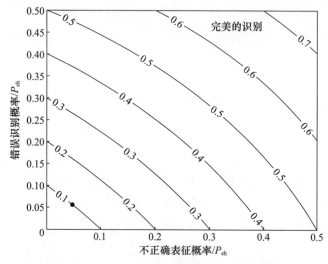

图5.3　两级信号分选误差概率(假设完全识别)

5.6　地理定位

通常,波达方向或示向线估计是确定发射机地理位置所需估计的中间变量。但是,来自单个传感器的单个方位对于定位发射机位置是不够的;它只是通过信号最末端所在的传感器确定了一个通过传感器的平面。地理定位解决如何确定额外测量选项的问题。

第一种方法是利用传感器网络,每个传感器都能够进行独立的示向线估计。从这些传感器获得的示向线估计值可以在数据融合过程中进行组合,从而得到发射机位置估计值。典型的高频发射机目标是地基的,也就是在地球表面。因

此,这种组合多个示向线估计以产生单个发射机位置估计的过程被称为地理定位。地理定位处理是第 10 章的主题。

第二种方法称为单站定位处理,或 SSL。这种处理不仅利用方位示向线来识别发射机所在的平面;如果天线阵列可以获得俯仰角信息的话,单站定位还要利用到达信号路径的仰角估计。正如 5.2 节所讨论的,由于测向精度的几何损失和多模干涉,俯仰角估计通常很差。也许采用具有适当处理方法的现代天线阵列将允许解析多模射线结构,从而大大提高仰角估计准确性。无论如何,对于 SSL,当进行二维示向线估计时,将俯仰角估计与一天中发生的电离层分层的估计相结合,并使用射线追踪方法将到达的射线回溯到适当的电离层反射点,从那里向下到达估计的地基发射机位置。由于二维示向线测量通常不可用,所以单站定位这种技术在过去很少使用。一旦二维示向线测量技术成熟,SSL 无疑将得到更多的关注和更彻底的评估。

第三种地理定位方法过去很少受到关注,它涉及到达时间差地处理。多个高频接收机可以将接收到的信号中继到一个公共处理站,并将接收信号进行成对互相关运算,以便估计每对传感器的到达时间差。每对到达时间差可以确定空间中的双曲面,两个双曲面与地球表面的交点就是期望的发射机位置估计。电离层对高频射线的折射会在多大程度上损害这种估计仍然是未来研究的一个课题。三种地理位置估计方法如图 5.4 所示。

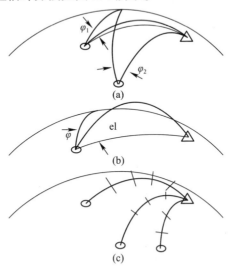

图 5.4　三种地理位置估计方法

(a)多角度;(b)单点位置(方位角、仰角、层高);
(c)两个不同的到达时间→两个不同的范围。

参 考 文 献

1. P. J. D. Gething, *Radio Direction Finding and Superresolution*, 2nd ed., London: Peter Peregrinus, 1991.
2. S. Stein and J. J. Jones, *Modern Communication Principles*, New York: McGraw-Hill, 1967.
3. H. L. VanTrees, *Detection, Estimation, and Modulation Theory*, New York: John Wiley and Sons, 1968.
4. R. M. Fano, *Transmission of Information*, MIT Press, 1961.
5. R. Gallager, *Information Theory and Reliable Communication*, New York: John Wiley and Sons, 1968.
6. R. A. Silverman and M. Balser, "Statistics of Electromagnetic Radiation Scattered by a Turbulent Medium," *Phys. Rev.*, vol. 96, 1954, 560–563.
7. R. W. E. McNicol, "The Fading of Radio Waves on Medium and High Frequency Frequencies," *Proc. Inst. Elec. Engrs.*, vol. 96, no. 3, 517–524, 1949.
8. S. Tatikonda and S. Mitter, "The Capacity of Channels with Feedback," *IEEE Trans. Inf. Theory*, vol. 55, no. 1, January 2009.

第6章 自适应阵列信号的矢量模型

6.1 概　　述

前几章已经讨论了与高频通信相关的信号的一般性质,分析表明高频信号通常是窄带的,但数量众多。因此,期望信号经常与干扰期望信号接收的其他不感兴趣的信号同时接收。除了来自其他信号的干扰之外,期望信号通过电离层折射从发射机传播到接收机,可能存在几种不同的路径或模式上,每种模式都有自己的延迟、频移和传播引起的极化变化。当同一信号的多个延迟和频移副本在接收天线处合并时,接收信号会变得十分混乱并难以理解。这种自干扰是高频接收的第二个主要问题,这一问题可以通过自适应阵列处理来解决。

自适应阵列处理的目标集中在两种形式的干扰上。首先,阵列处理系统应该减少非期望信号的影响,尽可能地抑制非期望信号从而允许接收系统表现得好像这些干扰不存在一样。然后,在存在多径自干扰信号的情况下,一个更有挑战的目标可能是组合期望信号的几个副本,从而获得比不存在多径自干扰时更精确的发射信号估计。虽然这两个目标都将在本书中讨论,但初衷都是为了抑制不需要的信号。

正如前几章所指出的,这本书的重点是通信信号。通信信号包括很多参数,其中有一些参数在接收机是未知的,特别是要传送的数据;如果接收机完全知道这些信号,那么即使接收机能够捕获传输信号的完美副本,也不需要传递任何信息。然而,尽管数据是未知的,但发送波形的一般结构通常是接收机已知的,这种结构可以在信号接收过程中起辅助作用。

通信信号模型和雷达信号模型的一个重要区别是:雷达信号参数在接收机处完全已知,从而允许它实现所谓的匹配滤波,匹配滤波器可以补偿发射信号被目标反射后到达接收机之前所经历的延迟和频移。在雷达信号中,通常只有几个未知的信号参数(如延迟、频移和相位),雷达接收系统允许对未知参数的所有可能值进行匹配滤波。在通信信号中,接收数据表示与通信信号相关联的数千个未知量,接收机无法对所有可能的数据矢量进行匹配滤波。因此,通信接收机必须从与雷达接收机完全不同的角度来设计。

随着其余章节的展开,将对通信接收机干扰抑制结构进行详细研究。首先,描述到达阵列天线的信号数学模型;这一模型将在后面的章节中加以阐述,以便为干扰抑制处理提供一个框架。

6.2 阵列信号模型

阵列处理最常用的信号模型中,假设信号以平面波的形式到达接收天线阵列。这种平面波可以用任意时刻信号的坡印亭矢量来描述。该模型还假设阵列的每个阵元观察到相同的标量信号,并且对特定信号的阵元响应由该信号的来波方向所对应的方向矢量 u_i[①] 确定。平面波模型足以表征阵列几何形状对各阵元接收信号的影响。

这里考虑的阵列由 N 个天线阵元组成,每个天线阵元都有自己的信号调节和数字化电路,这样每个天线单元信号都可以单独识别;因此,如果有 N 个天线阵元,那么就会有 N 个信号可用于处理。这 N 个信号中的每一个都用它自己的接收机通道[②]来表示。因此,这种自适应阵列系统使用一个 N 通道接收机。特别地,通过下标符号 $z_n(t)$ 来表示在时间 t 观察到的复信号,该复信号对应于第 N 个阵元的基带解调器输出,并且 N 个阵元上收到的信号可以通过矢量形式表示为

$$z(t) = \begin{bmatrix} z_1(t) \\ z_2(t) \\ \vdots \\ z_N(t) \end{bmatrix}, 0 \leq t \leq T \tag{6.1}$$

式中:每个 $\{z_N\}$ 信号都是复数形式以表示给定通道中接收信号的同相和正交分量。

这种复矢量符号表示已经成为自适应处理文献中的标准,并将在全书中使用。粗体小写字母表示复矢量形式的阵元接收信号瞬时快照,粗体大写字母表示复数矩阵,该矩阵的每一列对应一组瞬时快照。根据文献,矩阵的列可以具有不同的含义。常见用法包括:①不同时间的瞬时快照,通常按时间顺序排列;②来自极化感阵列单元的正交极化分量;③时间对齐的瞬时快照,每一列对应不同的信号源。

[①] 方向矢量的坐标原点位于阵列坐标系中,通常与信号传播矢量也就是坡印亭矢量相反,不同坐标系定义会有不同的方向矢量形式。

[②] 术语通道可以指信号的传播介质,也可以指从天线到射频前端的信号路径,这里是第二种含义。

正如在第 4 章中所讨论的,入射到天线的信号并不能被完美接收,而是会存在非理想因素。一部分非理想因素可以用加性噪声来表示;其他非理想因素则可能与各个阵元不同的方向响应相关。在本书中,假设附加的非理想因素可以被建模为每个接收机通道中都存在的复加性噪声分量[①]。此外,加性噪声在每个通道中是不同的,并且实际上假设不同通道之间的加性噪声是不相关的。这种噪声可由噪声矢量 $\boldsymbol{n}(t)$ 表示为

$$\boldsymbol{n}(t) = \begin{bmatrix} n_1(t) \\ n_2(t) \\ \vdots \\ n_N(t) \end{bmatrix}, 0 \leqslant t \leqslant T \tag{6.2}$$

对于第 i 个信号来说,由来波方向决定的阵列响应包含在所谓的阵列响应矢量 $\boldsymbol{v}(\boldsymbol{u}_i)$ 中,也称为导向矢量。因此,当信号源个数为 S 时,N 通道接收信号 $\boldsymbol{z}(t)$ 可以写为

$$\boldsymbol{z}(t) = \sum_{i=1}^{S} \boldsymbol{v}(\boldsymbol{u}_i) s_i(t) + \boldsymbol{n}(t), 0 \leqslant t \leqslant T \tag{6.3}$$

式中:第 i 个信号随时间的变化由 $s_i(t)$ 给出。

每个阵元的幅度响应和相位响应随着入射信号方向的不同而变化。此外,任意一对阵元之间的相位差随着阵元之间的距离和方向的不同而变化。所有相位响应和幅度响应都包含在以来波方向角为变量的复函数矢量中,该复函数矢量称为阵列流形。大多数情况下,到达角由方位角和仰角组成;然而,一些阵列处理场景中所采用的阵列流形只是俯仰角和方位角中某一个角度的函数。

当环境中存在多个信号时,通常定义信号调制矩阵 $\boldsymbol{S}$,其中第 i 行包含来自第 i 个信号的样本,接收波形矩阵 $\boldsymbol{Z}$ 在第 i 行中包含了第 i 阵元的接收信号样本,噪声矩阵 $\boldsymbol{N}$ 在第 i 行中包含了第 i 个阵元的噪声样本,导向矢量矩阵 $\boldsymbol{V}$ 在第 j 列包含了与第 j 个信号相关的导向矢量。

利用这些定义,式(6.3)中的求和可由矩阵乘积 $\boldsymbol{VS}$ 表示,于是式(6.3)变为

$$\boldsymbol{Z} = \boldsymbol{VS} + \boldsymbol{N} \tag{6.4}$$

6.3 理想传播模型

高频介质的传播效应会对电离层折射的信号产生影响,这些效应在很大程

---

① 复噪声由同相分量和正交分量中相互独立的噪声成分构成。

度上可以作为多径效应观察到。正如第 4 章所介绍,多径效应可以表现为射线分裂,它使发射信号 $s(t)$ 在穿过电离层后,可以由原始信号的几个延迟和频移版本的求和进行建模。每个版本都被标识为一种模式,即

$$s(t) = \sum_m s(t - \tau_m) \exp(-i2\pi f_m t) \tag{6.5}$$

式中:下标 m 表示由电离层条件引起的不同传播模式。

由于每种模式都有一个特征延迟和频移,所以这些特定模式的值由式(6.5)求和中的下标表示。

这种多径模型描述了天线阵列接收信号模型的一个重要特征,毕竟天线阵列是一个线性系统:具有特定延迟和频移的单个射线在与阵列的通道相互作用时可以分别建模,信道中产生的总信号为各种模式求和的结果。注意,式(6.4)给出的矩阵模型可以通过在矩阵 V 和 S 中包括几个模式来考虑多径的影响。

现在可以详细描述单个模式如何与阵元交互。

考虑单个平面波到达一个具有 N 个阵元的天线阵列。有必要为阵列建立一个坐标系,并在这个坐标系中描述入射平面波的特征。一旦确定了坐标系,就可以确定阵列单元的位置,并可以计算出到达每个天线阵元的信号特性。该计算基于贯穿本书的阵列电磁模型,具体来说,就是假设在阵列孔径范围内没有信号衰减或其他色散效应的平面波模型。这种模型意味着照射到每个阵列天线单元上的信号仅在相位上不同而没有幅度差异。

在其他情况下,在传播模型中包括幅度差异可能是合适的,但是这种情况不是由短波的单个平面波引起的。只有当多模信号到达阵列并相干组合时,才能观察到阵元间的幅度差异。第 2 章中的传播讨论包括这些效应的一些说明。

接下来考虑阵元间信号的计算,如图 6.1 所示。

这里,必须定义一个坐标系。按照惯例,这样的系统是一个笛卡儿坐标系统,z 轴向上,y 轴与北对齐,而 x 轴指向东方,构成一个右手框架。这些设定如图 6.1 所示。

对于入射到接收阵列特定天线单元上的任何平面波波前,可以确定垂直于平面波并指向坐标系原点的坡印亭矢量[1,2,4]。波前到坐标原点的距离可以换算为波前到坐标原点所需的时间,如果以波前到达某天线阵元的时间为参考的话,波前到达坐标原点的时间也是波前通过参考天线到原点的时间差。具体地,如果这个距离为 d,波速为 c,相对时间延迟为 d/c。对于窄带波形,如果平面波的波长为 λ,时间延迟转换成相对相位差为 $2\pi d/\lambda$ rad。由于平面波上所有点的信号具有相同的相位,当平面波通过天线单元时,d 的长度决定了天线单元相对于坐标系原点的信号相位,而 d 可以很容易表示为从原点到特定天线单元的

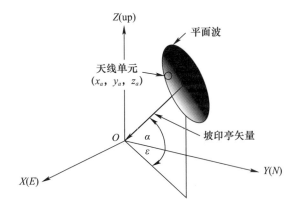

图 6.1 高频阵列天线单元信号模型的笛卡儿坐标系

矢量和与长度归一化坡印亭矢量的内积。

假设平面波从方位角 α(从北开始顺时针测量,y 轴)和仰角 ε 到达接收天线,与长度归一化的单位坡印亭矢量为

$$\boldsymbol{u} = -[\cos\varepsilon\sin\alpha \quad \cos\varepsilon\cos\alpha \quad \sin\varepsilon] \qquad (6.6)$$

从坐标系原点到坐标 (x_a, y_a, z_a) 处的天线阵元矢量可以表示为

$$\boldsymbol{P}_e = [x_a \quad y_a \quad z_a] \qquad (6.7)$$

因此,如果 $s(t)$ 为在坐标系原点观察到的信号,则在 $\boldsymbol{P}_e$ 处的天线阵元处观察到的信号为

$$s_a(t) = s(t)\exp[-2\pi i(\boldsymbol{u}\cdot\boldsymbol{P}_e)/\lambda] \qquad (6.8)$$

6.4 一个简单的示例

研究由两个距离为 D 的全向天线组成的阵列系统是一个简单而有意义的例子[3]。平分两个阵元间线段的平面确定了一个对称平面。由于天线单元是全向的,所以存在围绕阵列轴的圆柱对称性。因此,关键的几何因素是信号坡印亭矢量和阵列轴之间的角度,或者等效地,这个矢量和对称平面之间的角度 θ。从任何方向到达的信号将以同样的方式影响这个简单的二元阵列。注意,$\pi/2-\theta$ 是与公共信号到达位置的圆锥轨迹相关的半锥角。图 6.2 显示了这个简单的几何图形,从中可以看到,所讨论的波前先到达阵元 2,在经过时间 $D\sin\theta/(2c)$ 后到达坐标原点,在波前经过原点之后的相同时间到达阵元 1。因此,波前到达两个阵元之间的时间差为 $D\sin\theta/(c)$。对于窄带波形,一个射频周期的延迟对应于 $2\pi\mathrm{rad}$ 的相移;也就是说,$\Delta\phi = 2\pi f\Delta t$,其中 f 为波的载波频率。因

此,波前到达这两个阵元之间的时间延迟可以转化为 $2\pi f(D/c)\sin\theta = 2\pi(D/\lambda)\sin\theta$ 的相位差。

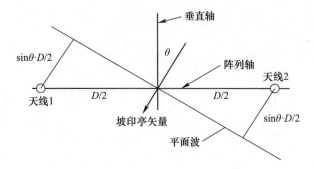

图 6.2　二元阵列(包含阵列轴和信号坡印亭矢量的二维几何平面)

最简单的阵列处理器只需要将两个阵元的信号相加。由此得到的阵列输出为

$$y(t) = s(t)\{\exp[+i\pi(D/\lambda)\sin\theta] + \exp[-i\pi(D/\lambda)\sin\theta]\} \quad (6.9)$$

式中:花括号$\{\cdot\}$中的项描述了这个简单阵列的方向行为。如果ψ定义为$2\pi(D/\lambda)\sin\theta$,则

$$y(t) = s(t)\{\exp[+i\psi/2] + \exp[-i\psi/2]\} = 2s(t)\cos(\psi/2) \quad (6.10)$$

对式(6.10)的幅度平方以$\theta=0°$(因此$\psi=0°$)的值为参考进行归一化,并取对数形式为

$$G(\psi) = 10\lg\cos^2\psi/2 \quad (6.11)$$

式(6.11)为变量ψ的函数,变量ψ为一个复合变量,既取决由射频波长归一化后的天线间距离D,也取决于到达角的正弦值。探索天线方向图是很有趣的,它将两天线阵列的响应描述为信号到达角的函数,并会随着天线阵元之间的间距(以波长归一化)变化而发生改变。图6.3显示了天线方向图样式,此图是在特定D/λ下基于式(6.11)绘制的。

当$D/\lambda = 0.5$时,$\lambda/2$间隔的天线方向图具有单个主瓣,方向图在约$80°$的方位角上迅速减小到0。对于较大的D/λ值或当天线间距大于$\lambda/2$时,第一过零点从$D/\lambda = 0.5$时的$\pi/2$rad移动到了较小的角度。因此,这些方向图可以呈现出多个峰值,并且所有峰值都处于相同的增益值。图6.4和图6.5演示了这种效果。这些峰值表示由于阵元间距离相对于波长间隔太远而引起的模糊。这个阵列设计问题将在讨论阵列测向精度后更全面地讨论。

虽然图6.3~图6.5中的方向图已经以$\theta=0°$时的幅度值进行了归一化,但重要的是要认识到,求和后的幅度为(在$\theta=0°$时)2,因此此角度下的功率增益为6dB。这一观察表明在天线系统中使用多个天线阵元的一个优点。

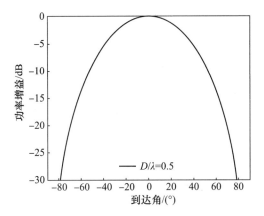

图 6.3　$D/\lambda=0.5$ 时双阵元天线模式

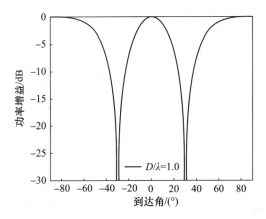

图 6.4　$D/\lambda=1.0$ 时双阵元天线模式

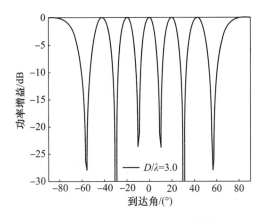

图 6.5　$D/\lambda=3.0$ 时双阵元天线模式

接下来,讨论基于相同简单阵列配置的简单测向方法。考虑与处理器相关的模式,该处理器将两个天线阵元的输出相减而不是相加,有

$$y_D(t) = s(t)\{\exp[+i\psi/2] - \exp[-i\psi/2]\} = 2is(t)\sin(\psi/2) \quad (6.12)$$

该处理方案的方向模式用加法处理的峰值作归一化,并以 dB 为单位可以表示为

$$10\lg[\sin^2(\psi/2)] \quad (6.13)$$

考察加法和减法处理器处理结果的比率,有

$$\frac{2i\sin^2(\psi/2)}{2\cos^2(\psi/2)} = i\tan^2(\psi/2) \quad (6.14)$$

如果处理器将差值的符号并到输出模式中,则以 dB 为单位的结果表示为

$$10\lg\{\tan^2(\psi/2) \cdot \text{sign}[\tan(\psi/2)]\} \quad (6.15)$$

如图 6.6 所示,它在阵列对称平面周围呈现出近似线性的变化。这种处理提供了简单的测向能力,很像马可尼探索的早期测向系统中实现的那样。

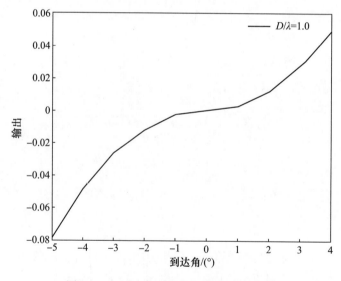

图 6.6　与到达角对应的和/差处理器输出

6.5　波束形成

6.4 节中的示例假设两个阵元信号相加时没有考虑阵元增益或阵元间相位差。如果合并时考虑了这种差异,那么将得到两个阵元上信号的加权和。将这

个概念扩展到具有 N 个阵元的阵列意味着对 N 个阵列单元的 N 个复数输出进行求和,产生单个复数输出,这求和过程被称为波束形成。如果单个平面波入射到阵列上,求和输出将作为波达方向的函数,随着波达方向的改变而变化。对于权重矢量 w,求和的矩阵形式为

$$s(t) = w^H z(t) \tag{6.16}$$

波束随到达角的变化称为波束方向图。以图 6.3 的二元阵列为例,考虑不同阵元间相位差为 $\pi/4$ 的情况,那么权重以矢量形式为

$$w = \begin{bmatrix} 1 \\ \exp(i\pi/4) \end{bmatrix} \tag{6.17}$$

如图 6.3 所示,在 $D/\lambda = 0.5$ 的简单阵列的情况下,将该权重矢量应用于阵元信号矢量将产生如图 6.7 所示的波束方向图。

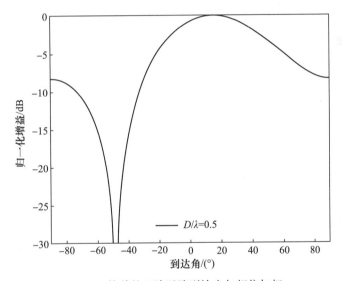

图 6.7 简单的双阵元阵列输出与相位加权

很明显,如预期的那样,相位加权使波束偏离了视轴。改变相位加权会改变波束指向的方向。正如将在后续章节中详细讨论的,更复杂的加权不仅可以用于控制波束峰值的指向,还可以用于定位干扰抑制的零陷点。

6.6 权重矢量计算

如 6.5 节所述,对每个天线阵元上的信号应用不同的复数权重,并对阵列各单元输出进行求和将产生单个复数输出,其幅度随到达信号来波方向的改变而

变化。剩下的部分将主要集中在权重系数的说明以及满足特定需求的波束设计方法上。如上所述，目标是在期望信号的方向上产生增益，而在干扰信号的方向上产生零陷或至少是低增益。

一个常见的目标是形成一个波束，最大化阵列输出端的信噪比[5]。根据式(6.16)，如果阵列阵元输出为 $z = s + n$，其中 s 为阵列单元处的信号分量，n 为噪声分量，输出信号功率 $s = |w^H s|^2$ 和输出噪声功率 $n = |w^H n|^2$。假设权重保持不变，输出信噪比变为

$$\left(\frac{s}{n}\right) = \frac{w^H [\overline{ss^H}] w}{w^H [\overline{nn^H}] w} = \frac{w^H R_{ss} w}{w^H R_{nn} w} \tag{6.18}$$

它可以写成瑞利商，即

$$\left(\frac{s}{n}\right) = \frac{z^H R_{nn}^{-1/2} R_{ss} R_{nn}^{-1/2} z}{z^H z} \tag{6.19}$$

式中：$z = R_{nn}^{1/2} w$。瑞利商的最大化是通过特征值最大化实现的，$R_{nn}^{-1/2} R_{ss} R_{nn}^{-1/2} = R_{nn}^{-1} R_{ss}$。

由于特征值对应的特征方程由下式给出，即

$$R_{nn}^{-1/2} R_{ss} R_{nn}^{-1/2} z = \lambda z \tag{6.20}$$

式中：$z = R_{nn}^{1/2} w$，因此最佳的权重值必须满足

$$R_{nn}^{-1} R_{ss} w = \lambda w \tag{6.21}$$

如果选择 λ 作为最大特征值，并且最大特征值使式(6.19)中的信噪比最大，则最大特征值对应的特征矢量就是使信噪比最大化的权重。如稍后将看到的，这组权重在期望信号的方向上创建一个波束，同时在干扰源的方向上产生一个低增益值，干扰信号产生的协方差矩阵为 R_{nn}。

6.7 极化敏感阵列

6.7.1 物理动机

天线单元对入射波的极化特性十分敏感。这种敏感性可以用于改善高频信号处理，因为传播效应可使不同阵列单元对不同来源的入射波有不同的影响。因此，在许多情况下，极化增强了输入信号的可辨识性。本节介绍基于极化敏感阵列的阵列处理技术所需的符号。

极化处理[6]扩展了阵列响应矢量的定义，它将阵列对信号的响应表征为信

号极化状态的函数。按照惯例，平面波信号的极化状态根据其水平电场和垂直电场矢量分量来描述。水平电场分量定义为给定方位角 ϕ 时与入射平面垂直的方向，因此水平电场分量通常被称为 ϕ 分量。坡印亭矢量 u 位于入射平面内，电场在垂直于坡印亭矢量的平面内旋转，垂直电场分量位于垂直于坡印亭矢量的入射平面内。因为俯仰角 θ 是在垂直入射平面上测量的，所以垂直电场分量被确定为 θ 分量。注意，虽然垂直电场分量位于垂直平面，它只有当 $\theta = \pi/2$ 时垂直电场分量才是真正垂直的（平行于 z 轴）。

垂直极化天线仅感知入射电磁波的垂直极化分量，而水平极化天线仅感知水平极化分量。由于大部分高频信号是椭圆极化波，也就是说，对于与相位相关的垂直和水平分量，垂直极化天线阵列，如垂直单极天线，只观察到入射电磁波的垂直分量；虽然天线阵元能够捕获至少一部分能量，但是正交于天线极化状态的极化分量所携带的能量将会丢失。如果阵列天线是相同的，那么这些天线将捕获相同的能量部分（在某种程度上，波束在整个阵列上没有变化）。

当表征极化电磁波的阵列响应矢量时，阵列响应矢量必须包括一个以入射波极化状态为变量的函数因子。如果这个函数因子对所有天线单元都是共同的，那么它对阵列响应矢量中所有分量的贡献也都相同。因此，可以将该函数因子排除在阵列响应矢量之外，即使该因子会影响天线单元接收能量的大小，这个因子在任何测向阵列处理算法中基本上可以忽略。

如果所有的阵元都相同并且是双极化的，两个正交极化状态都有单独的输出端口，那么每个天线单元将捕获入射电磁波的两个极化分量，使天线单元效率更高。如果各天线阵元具有相同的物理朝向，那么天线阵元的阵元响应（作为入射信号方向的函数的响应 u）相同，并且可以从总阵列响应中分离出来，留下阵元相位中心位移作为确定来波到达方向的唯一要素。

如果阵列单元彼此不同，并表现出不同的极化特性，那么每个阵元对入射波的响应就会不同。因此，阵列响应矢量分量将不仅包括阵元间位置差异引起的时间延迟分量，还包括各阵元间不同的极化敏感因子。这种情况下，无法再像所有阵元相同时那样将极化敏感因子排除在阵列响应矢量之外。因此，极化灵敏度应该包括在阵列处理技术的设计中。

迄今为止，大多数陆基高频天线阵只包括相同的垂直天线单元。船舶上的天线阵列可能配备了相同的阵元，但由于天线阵元与船体结构部件十分接近，使天线阵元具有极化特性，这种特性不仅使天线阵元对到达波的两种极化形式都很敏感，而且在不同阵元之间的极化状态也不相同，并且极化状态可能是不可预测的。一旦安装这种阵列，就有可能通过测量或电磁建模来进行极化敏感校准，并将特定阵元的极化特性纳入阵列导向矢量。如前所述，极化敏感天线具有性能改进的潜力,所以如果在处理中具备了电磁波极化状态的观察能力,了解通过极化敏感天线改善性能是十分有意义的。

6.7.2 极化敏感天线建模

重要的是要记住,对于具有多极化能力的阵列,导向矢量不仅取决于到达角度,还取决于信号极化特性。正如本书中一直假设的那样,无线电波具有横向电磁波形式(TEM),其电场和磁场位于与传播方向垂直的平面内。人们可以使用坐标系来描述电磁波,该坐标系利用与球面坐标系相对应的3个方向上的单位矢量 $\boldsymbol{\phi}$、$\boldsymbol{v}$ 和 $-\boldsymbol{r}$(电磁波朝向坐标原点传播)。由于考虑的是 TEM 波,电场没有 r 方向的分量,所以电场矢量可以用 $\boldsymbol{\phi}$、$\boldsymbol{v}$ 分量的矢量和表示,即

$$\boldsymbol{\varepsilon} = \varepsilon_\phi \boldsymbol{u}_\phi + \varepsilon_v \boldsymbol{u}_v \tag{6.22}$$

这里,$\boldsymbol{u}_\phi$ 和 $\boldsymbol{u}_v$ 分别是方位角和仰角方向上的单位矢量。

图 6.8 表明坐标方向。如果电磁波的振幅、相位和载波频率分别用 $s(t)$、$\eta(t)$、ω_0 表示,并且极化参数为 γ 和 ξ,那么水平和垂直方向上电场分量在时刻 t 可以分别表示为

$$\varepsilon_v = s(t)\sin\gamma \exp\{j[\omega_0 t + \eta(t) + \xi]\} \tag{6.23}$$

$$\varepsilon_\phi = s(t)\cos\gamma \exp\{j[\omega_0 t + \eta(t)]\} \tag{6.24}$$

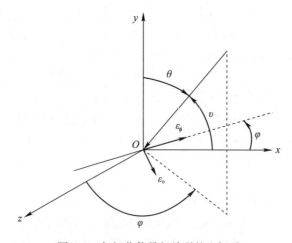

图 6.8 与极化信号相关联的坐标系

这样电磁波就可以在二维空间中用复矢量表示为

$$\boldsymbol{p}(\gamma,\xi) = \begin{bmatrix} \varepsilon_v \\ \varepsilon_\phi \end{bmatrix} \tag{6.25}$$

将式(6.23)和式(6.24)代入式(6.25)可得

$$p(\gamma,\xi) = \begin{bmatrix} \sin\gamma \exp\{j[\xi(t)]\} \\ \cos\gamma \end{bmatrix} s(t) \exp[j(\omega_0 t + \eta(t))] \qquad (6.26)$$

需注意,该坐标系中 ϕ 坐标是水平的,因此式(6.26)的相位参考是水平极化矢量。

阵列中的每个天线都可以通过天线对 x、y 和 z 方向线性极化波的响应来表征。重要的是要认识到,天线对入射瞬时电磁波的电分量和磁分量的响应可能不同,所以电场分量和磁场分量必须分开考虑。因此,到达波应该在对应于电场和磁场的 x、y 和 z 分量的六维空间中描述。然后,可以通过单个天线在 3 个坐标方向的极化电场单位响应和极化磁场单位响应共 6 个复数来定义天线响应。在天线响应模型中,天线对这 6 个场分量的灵敏度可以由到达波分量和相应的天线灵敏度分量的内积来调节。注意,因为假设阵列具有不同极化的阵元,所以不同天线单元上天线响应可能不同。

这种方法产生具有 6 个分量场的矢量,前 3 个分量描述 3 个正交方向上的电场,其余 3 个分量描述相应的磁场分量:

$$\begin{bmatrix} E_x \\ E_y \\ E_z \\ H_x \\ H_y \\ H_z \end{bmatrix} = \boldsymbol{\Theta}(\theta,\phi)\boldsymbol{p}(\gamma,\eta) \qquad (6.27)$$

式中:等号右边的乘积提供场分量和相应的到达方向/到达波极化特性之间的关系;$\boldsymbol{\Theta}(\theta,\phi)$ 是一个 6 行 2 列的矩阵,表示从 (θ,ϕ) 方向到达的电磁波的垂直和水平极化的 6 个场分量:

$$\boldsymbol{\Theta}(\theta,\phi) = \begin{bmatrix} \cos(\theta)\cos(\phi) & -\sin(\theta) \\ \sin(\theta)\cos(\phi) & \cos(\theta) \\ -\sin(\phi) & 0 \\ -\sin(\theta) & -\cos(\theta)\cos(\phi) \\ \cos(\theta) & -\sin(\theta)\cos(\phi) \\ 0 & \sin(\phi) \end{bmatrix} \qquad (6.28)$$

是式(6.25)中定义的极化矢量。

假设每个天线单元对具有特定极化特性的入射电磁波具有不同的极化灵敏度，这使得每个天线阵元具有不同的响应。用 v_{ex}、v_{ey}、v_{ez}、v_{mx}、v_{my} 和 v_{mz} 分别表示天线单元在不同坐标方向上对电场和磁场的极化敏感度，其中每一个都是表示幅度和相位的复数，例如，v_{ex}^n 表示相关的天线单元。此外，在模拟由于阵元在阵列中的相对位置而导致的阵元之间的相位差时，必须包括 $\exp(j2\pi \boldsymbol{P}_e \cdot \boldsymbol{u})$ 形式的相位系数；这里，$\boldsymbol{P}_e$ 是表示第 n 个天线阵元的几何坐标矢量，$\boldsymbol{u}$ 是入射波方向上的单位矢量。

最后，坐标 $\boldsymbol{P}_e$ 处的天线单元的完整模型可以写成复标量形式，即

$$z_n = \begin{bmatrix} E_x \\ E_y \\ E_z \\ H_x \\ H_y \\ H_z \end{bmatrix}^T \begin{bmatrix} v_{ex} \\ v_{ey} \\ v_{ez} \\ v_{mx} \\ v_{my} \\ v_{mz} \end{bmatrix} \exp(j2\pi \boldsymbol{P}_e \cdot \boldsymbol{u}) \tag{6.29}$$

或

$$z_n = \begin{bmatrix} \boldsymbol{\Theta}(\theta,\phi)\boldsymbol{p}(\gamma,\eta) \end{bmatrix}^T \begin{bmatrix} v_{ex} \\ v_{ey} \\ v_{ez} \\ v_{mx} \\ v_{my} \\ v_{mz} \end{bmatrix} \exp(j2\pi \boldsymbol{P}_e \cdot \boldsymbol{u}) \tag{6.30}$$

式(6.30)确定了一个天线阵元对单个信号的响应。当存在多个信号时，接收机将对各个信号产生的响应进行求和。

极化天线能够扩展导向矢量概念，使导向矢量对到达波的极化和方向敏感。因为电磁波极化可以通过其垂直和水平分量来表征，所以定义两个导向矢量来描述阵列响应是合适的，v_h 表征对水平极化波的响应，v_v 表征对垂直极化波的响应。电磁波可以由到达角，以及指定两个极化分量的相对强度的二元矢量 k_p 表示。由于任意极化的到达波可以被描述为水平波和垂直波的线性组合，阵列对一个具有极化状态 k_p 的方向为 $\boldsymbol{\theta}$ 的到达波的响应可以用 $N\times 2$ 矩阵 $V_p(\boldsymbol{\theta})$ 来表示，并且可以写成 v_h 和 v_v 的线性组合，由极化态分量加权。使用矩阵表示

法,这个阵列响应可以写成 $V_p k_p$ 形式为

$$b(\boldsymbol{\theta}, \boldsymbol{k}_p) = \boldsymbol{V}_p(\boldsymbol{\theta}) \boldsymbol{k}_p \qquad (6.31)$$

式中:k_p 为描述入射波极化状态的二元矢量;$V_p(\boldsymbol{\theta})$ 为 $N \times 2$ 矩阵 $[v_h, v_v]$。

如在第 9 章中讨论的,将极化与阵列处理算法合并的方法扩展阵列的响应,使阵列响应可以包括极化灵敏度的影响,从而将灵敏度的影响与特定算法相关联。由于入射波的极化状态通常是未知的,所以入射波的极化成为一个有害的参数,必须在适当的计算中作为一个步骤进行优化。

参 考 文 献

1. R. B. Adler, L. J. Chu, and R. M. Fano, *Electromagnetic Energy Transmission and Radiation*, New York: John Wiley and Sons, 1960.
2. J. Kraus, *Electromagnetics*, 4th Ed., New York: McGraw-Hill, 1991.
3. J. Kraus, *Antennas*, 2nd Ed., New York: McGraw-Hill, 1988.
4. J. Kraus and D. Fleisch, *Electromagnetics with Applications*, 5th Ed., Boston: McGraw-Hill,1999.
5. R. A. Monzingo and T. W. Miller, *Introduction to Adaptive Arrays*, New York: John Wiley and Sons, 1980.
6. E. R. Ferrara and T. M. Parks, "Direction Finding with an Array of Antennas Having Diverse Polarizatons," *IEEE Trans. Antennas and Propagation*, vol. AP-31, March 1983, 231–236.

第 7 章 信号检测处理

7.1 概　　述

　　既然前面内容已经涵盖适用于高频应用的自适应阵列处理背后的基本概念,本章开始进行深入探讨。自适应阵列处理是处理多通道高频传感器数据的特定算法。本章涵盖许多重要的检测方法,也就是说,处理各阵列单元的输出来表明在复杂的高频信号环境中出现新的信号。

　　正如在第 5 章中讨论的,本书的大部分内容在假设期望信号已经存在环境中的前提下讨论天线阵列如何从该信号中提取信息,并且处理器至少具有以下内容的近似信息:信号出现的时间和频率范围。因此,此类信号处理的初始阶段必须是检测特定信号,并在检测的过程中知道信号的开始和结束时间。本章重点介绍用于评估信号环境的检测方法,以确定信号何时开始,何时结束以及其频率范围是多少。这些主题都被认为是检测问题的一部分。

　　在高频应用中,重要的是要认识到,天线阵列尺寸相对于传播距离而言是非常小的。这种观察激发了这样一种观点,即到达阵列的单个平面波会以相同的幅度激发所有阵元。如果最初没有信号出现并且一个新信号到达,则所有阵元都会出现相似的幅度变化,从而为潜在的检测方法提供了冗余。如果阵元各不相同,则入射波产生的响应在各阵元上肯定会有所不同,这种不同甚至可能十分巨大。此外,如果在新信号到达之前存在其他信号,则新信号将与已经存在的信号相结合,从而在阵元响应之间产生进一步的差异。即使在新信号到达之前没有信号存在,局部反射也会产生相干多径信号,从而破坏简单模型,该模型包含一个要在接收机噪声中检测到的单个平面波。各种因素使在高频环境中检测信号变得既困难又复杂。

　　如第 6 章所述,多通道接收机通过一系列天线阵元来感测环境,每个样本的数据都是复数形式。任何检测讨论的焦点都是在两种可能性之间进行选择:①接收器机输出样本代表特定信号与附加噪声的总和;②这些样本仅代表附加噪声。信号和噪声的模型成为检测决策问题的概率基础。通常,噪声建模为白色(统计上连续噪声样本是独立的)和高斯分布;对于多通道接收机,在一个通道中的噪声采样是独立于其他通道上的噪声采样。这种模型非常适合这种情况：接收机前端噪声是实现完美接收的唯一障碍。

但是，在高频条件下，噪声往往是由非接收机前端噪声的其他噪声源引起的，如大气噪声、天空噪声，最重要的是在频谱（和时间）上与期望信号重叠的其他信号可以显著强于接收机前端噪声。来自其他信号的干扰通常具有空间结构，并且可能实际上是接收机操作员不关心的相干信号；很难确定出干扰信号通用模型，这是因为干扰信号可能的范围较大，并且干扰信号在频率和时间维度上以非常特别的方法和期望信号互相作用。

本章首先讨论高频环境特有的一些问题以及高频环境中存在的信号；然后继续对基本的最大似然检测定理进行回顾，重点是多通道接收机建模。在细节上，检测问题涉及广义似然比检验（generalized likelihood ratio test, GLRT），并将未知信号参数的最大似然估计用于备择假设。由于多通道接收机可以感知干扰的空间分布，因此它们提供了在高频频段上极为重要的干扰抑制手段。这一观察结果促使人们进行有关检测的讨论，以判断环境是否发生变化。在观察环境中识别变化已经在统计学文献中涉及，接下来将回顾该文献的一些有用结果。特别是，由于高频频段远比任何一个高频信号宽，并且期望的信号持续时间通常很短，因此需要采用具有良好时间分辨率的宽带处理。为了解决上面关心的问题，将要同时研究时间和频谱处理体系结构。讨论涉及一些特定的变化检测算法，这些算法对于高频传感器应用非常有帮助。

7.2 高频环境检测问题

7.1 节中介绍的变化检测将在接下来的两个部分中应用于 HF 信号环境。作为序言，以启发式的形式介绍高频环境的显著特点，对于描述短波应用非常重要。这些特征可以描述为拥挤和可变。这两个方面都直接源于高频频段的远距离传播现象。接下来讲述有关高频环境各个方面的一些详细信息。

7.2.1 高频频谱占用率

自从无线电通信问世以来，由于电离层折射可以实现超视距传播，2~30MHz 的高频频段已被广泛使用。高频通信的发展过程在第 2 章中进行了简要概述。在此，我们的目的是对高频频段信号作一个简要的"数据统计"，涉及该频段中信号的数量、强度、时间和频谱特征以及占用情况。但是，与这一目标相关的数据只是粗略的。因为有许多未注册的高频用户，并且所有用户的使用方式都是变化不定的,所以利用已知发射机天线特性和发射机功率以及电离层传播预测软件(如电离层传播预测 ionospheric communications analysis and prediction,IONCAP),是无法进行可靠预测的。人们已经进行了一些测量,但仅针对少数几个站点发布了季节性、昼夜和太阳黑子数变化的详细描述。总而言之,很难从散乱的报告中提取出频谱占用的一般化情况。

通常,大多数测量通过频谱分析仪或使用计算机控制的窄带(1~4kHz)频率调谐接收机进行。采用较长的驻留时间会加大重新选择特定高频频率的周期,而采用短驻留时间的方法则可以对重选频率进行反复扫描,究竟应该采用何种方法是接收机调度需要进行权衡的工作。无论哪种方式,都必须进行多次收集活动以覆盖长期的时间变化。

一些测量项目是从减轻干扰的调制和/或调制解调器设计的角度出发的[12]。两项测量工作脱颖而出[12,17]。莱科克和戈特进行的窄带测量在给定频率下使用 1kHz 带宽和 1s 停留时间。如果在整个 1s 信道驻留时间内信号都超过某个电平级别,则认为该信道在该信号电平级别下处于"占用"状态。测量在中午和午夜前后进行,因为当时的传播条件最稳定,进行为期 3 天的测量活动。

这些频谱占用结果被国际电报联盟(international telecommunication union,ITU)细分为 95 个子带。拉科特等的模型将占用率(占用百分比)表示为关键参数的解析函数,包括频率、时间、带宽、季节、地理位置和太阳黑子数。此函数的形式为

$$Q = \exp y / [1 + \exp y] \tag{7.1}$$

式中:

$$y = A_k + BP_r + (c_0 + c_1 f_k + c_0 f_k^2) n_{SSN} \tag{7.2}$$

式中:A_k 为根据 95 个 ITU 子带分配索引;B 为接收机阈值电平 P_r 的系数;f_k 为分配的中心频率;c_0 和 c_1 为常数。

虽然模型中包含太阳黑子数,但没有规定一天中的时间、季节或地理位置。尽管如此,这一模型仍然广泛接受并用于项目规划。

佩里和亚伯拉罕[17]提出的第二种方法利用宽带为 1MHz 带宽测量系统,采样速率为 2.5 M/s,驻留时间为 105ms。每分钟记录 4 次驻留数据。由此产生的测量结果被用于构建频谱占用模型[18]。利用傅里叶变换谱分析技术,从宽带数据中得到外部噪声下限 p_{min} 和窄带单元中最高干扰电平 p_{max} 的分布。

该模型用于推导给定信噪比下包含干扰单元的百分比。在美国东部农村地区的典型测量结果显示,10%~40% 的频率单元包含干扰,当然,这取决于

阈值。

总而言之,测量数据有限可用性使得归纳非常困难。但是,不管怎样,迄今为止的所有测量结果都表明高频频谱十分拥挤;采用自适应阵列处理方法进行缓解肯定是有价值的。

7.2.2 高频传播统计

检测技术发展要考虑的第二个因素是从发射机到接收机的路径损耗的变化性和不可预测性。如第2章所述,在给定频率下,路径损耗的日变化是巨大的。这一事实决定在给定的接收机上是否能够接收到给定的发射信号。

然而,衰落与检测问题更相关。信号强度的这种快速变化可能是由以下一个或多个原因造成的。

(1) 传播波的极化旋转。

(2) 由于电离层与太阳能的相互作用,电离层随时间变化:①分层结构;②吸收。

(3) 沿传播路径的电离层电子含量变化迫使最大可用频率低于使用频率,暂时导致信道丢失。

固定频率的发射机产生的信号在24h周期内的信号强度变化如图7.1所示。

图7.2显示了一个典型的闪烁的示例,这种快速变化在高频下很常见。

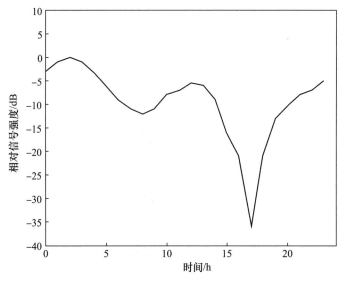

图7.1 固定频率下典型日信号强度变化

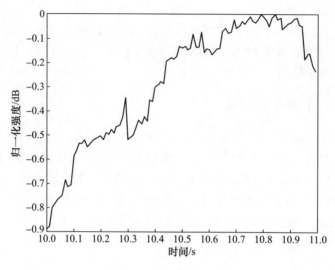

图 7.2 典型闪烁示例

7.3 似然比检测

许多作者已经提出用于检测的基本 GLRT[2-3]，这里不适合详细讨论这个主题。然而，有必要简要概述检测模型，以提供后续 GLRT 检测扩展中使用的符号，这是本章的重点。

7.3.1 概率数据模型

回顾数字化多通道接收机前端输出的复数样本 z 的接收机模型。z 是长度为 N 的多通道同步快照矢量。假设加性高斯白噪声是干扰的主要来源，则同步快照矢量可以表示为

$$z(t) = Vs(t) + n(t) \tag{7.3}$$

式中：通道数为 N；快照数为 L；信号数为 N_s；V 为 $N \times N_s$ 矩阵，其列矢量包含与多个信号相关的导向矢量。每个信号由时刻 t 的复数样本组成，也就是 N_s 维矢量 $s(t)$ 的行。

在前面关于噪声样本的假设下，其概率密度函数（pdf）由复高斯密度表示为

$$p(n) = \pi^{-N} |\Sigma|^{-1} \exp[-\mathrm{tr}(\Sigma^{-1} nn^H)] \tag{7.4}$$

如果噪声的协方差矩阵 Σ 假设为白色，且信道间接收机噪声独立，则可以表示为 $\Sigma = \sigma^2 I_N$，其中 I_N 为 $N \times N$ 单位矩阵。然而，在高频信号环境下，背景噪声可

能是由于各种来源造成的,因此在后面论述中不再作此假设。注意式(7.4)中 π 的指数是 $-N$,而不是 $-N/2$,如果样本是实数,指数是 $-N/2$。这里由于每个复样本有 2 个自由度,所以使 N 维矢量的总自由度翻倍。

现在,应用式(7.3)的信号模型,我们得到基于每个备选假设的概率密度函数。在假设 $\mathcal{H}_0$ 下,接收器输出矢量仅由噪声引起,该矢量的条件概率密度函数为

$$p(z|\mathcal{H}_0) = \pi^{-N}|\Sigma|^{-1}\exp[-\mathrm{tr}(\Sigma-1zz^H)] \qquad (7.5)$$

或者,如果存在多个信号,每个信号的导向矢量都在矩阵 V 的列矢量中,那么在假设 $\mathcal{H}_1$ 下,接收机输出的矢量是由于信号和噪声引起的,接收矢量的条件概率密度函数为

$$p(z|\mathcal{H}_1) = \pi^{-N}\exp\{-\mathrm{tr}[\Sigma^{-1}(z-Vs(t))(z-Vs(t))^H]\} \qquad (7.6)$$

通常,在设计这样一个基本的假设检验时,会考虑有信号或没有信号。因此,在检测器设计中使用的信号矢量可以是时间的标量函数,而不是描述多个 N_s 信号的矢量。

在高频信号环境中,检测信号有无尤其重要,因为短波环境是如此无序和拥挤。信号从独立的发射机任意时间开始,很少有两个信号同时开启。此外,大多数检测系统都在持续监测环境,因此有机会观测到每一个信号启动。正如将要讨论的,多信号问题最关心的是当一个或多个其他信号已经处于观察状态时检测是否有新信号出现。在这种情况下,背景噪声除了各种噪声源外,还会有一个或多个正在传播的信号,要在这种背景噪声下检测新到达信号的开始。然后必须对检测模型进行修改从而将上述背景纳入到备择假设,而不是用式(7.4)中规定的只有噪声的背景。

7.3.2 似然比检验

许多涉及二元假设检验的文献描述利用环境统计特征进行决策的各种方法。贝叶斯准则和准内曼-皮尔逊准则是两种最常见的准则。对这些标准的详细讨论产生了似然函数比率,从而产生所谓的似然比检验(likelihood ratio test, LRT),该检验计算比率为

$$\Lambda(z) \cong \frac{p_{z|\mathcal{H}_1}(z|\mathcal{H}_1)}{p_{z|\mathcal{H}_0}(z|\mathcal{H}_0)} \qquad (7.7)$$

并将其与阈值进行比较;对于不同的标准,此阈值的建立方式不同。然后,如果使用阈值 η,则 LRT 可表示为

$$\Lambda(z) \underset{\mathcal{H}_0}{\overset{\mathcal{H}_1}{\lessgtr}} \eta \qquad (7.8)$$

由于自然对数是一个单调函数,而且在信号处理问题中经常遇到高斯统计,因此在式(7.8)的两边取自然对数来定义一个等价的 LRT 是有用的。

7.3.3 LRT 示例

为了用一个实际的例子来说明 LRT,请考虑以下情况。假设一个输入数据流由一个真实高斯过程的 100 段样本组成,每段样本包括个 10 个采样点。在每一段中,高斯过程的平均值不是 0 就是 1。将这 1000 个信号样本提交给 LRT,测试的目的是确定两个平均值中哪一个与该段相关。为了进行这一检验,可以采用式(7.6)及其在备择假设下的对应项。

在这种情况下,随机过程是标量过程,所以不涉及协方差矩阵。尽管如此,可以进行如下计算:

$$\ln p(z|\mathcal{H}_i) = -\mathrm{tr}(z-s_i)(z-s_i)^{\mathrm{H}}/\sigma^2, i = 0, 1 \qquad (7.9)$$

并将它们的差值与阈值进行比较。在这个简单的例子中,将阈值选为两个可选平均值的中间值是合适的,但是如果两个可选值有不同的先验分布,先验分布可以反映在阈值设置中。

执行此过程的结果如图 7.3 所示。显然,LRT 有效地完成了任务,高信噪比

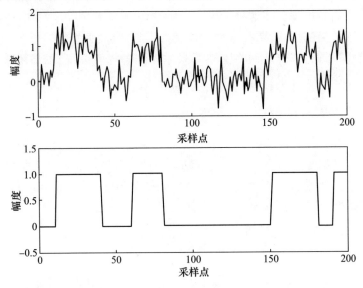

图 7.3 似然比测试示例的输入 z 和输出决策(0 或 1)的比较

（10dB）条件下检测结果没有问题。这个示例可以用来探讨各种先验假设的影响和/或与错误相关的任何方面的代价。这样的结果将导致所谓的接收机工作特性，接收机工作特性体现检测率和误警率之间的权衡。这种计算由读者自行决定。

7.4 微扰发现

7.3 节讨论检测的一般方法：对于给定的一组数据样本，确定它们是来自单独由噪声组成的环境，还是来自由信号和加性噪声组成的环境。本节将考虑一般化的检测问题，并添加一个时间元素：对于一组给定的数据样本，其中第一部分来自一个环境，其余部分来自一个已变化的环境。首先确定何时该变化发生；其次，估计两种环境状态下的参数矢量。

这个问题已经在几种特定情况下得到了很好的解决[4-6]；正如我们看到的，已有结果可以应用于当前的检测问题：当初始环境包括多个信号以及接收机噪声时，如何从高频信号环境中检测出新信号。早期检测问题的背景各不相同，包括语音信号分段、故障检测、海啸检测，以及使用自适应控制回路跟踪非平稳环境。

一系列越来越复杂的模型可以用来说明关键的想法。这些模型可以用一个一般性的框架来描述。考虑以下一般模型。

假设检测器获得一系列实数样本，$z_1, z_2, \cdots, z_L$ 表示以参数矢量 $\boldsymbol{\theta}$ 为特征的环境。r 样本的第一个子组可以遵循由矢量 $\boldsymbol{\theta}_0$ 指定的模型 M_0，而剩余的子组可以遵循由矢量 $\boldsymbol{\theta}_1$ 指定的模型 M_1。决策过程是在零假设 $\mathcal{H}_0$，即所有 L 样本与模型 M_0 一致，或者第一组 r 样本与模型 M_0 一致而剩下的 $L-r$ 样本与模型 M_1 一致这两情况之间进行选择。此外，该过程应该确定与变化相对应的样本数 r 和与两个模型状态相关的参数矢量。

注意，在构建问题时假设 L 样本集中只有一次改变。该假设为应用环境添加强制限制，并且可以通过适当选择 L 和允许的 r 进行应用。本章后面给出的示例阐明如何做到这一点。

7.4.1 简单的模型：高斯均值的变化

在上面的描述后，就可以开发出用于变化检测的概率模型。考虑在高频环境中进行新信号检测的简化例子，这一简化例子对更复杂的情况也是有用的。第一个具体的模型是基于实高斯随机变量的观测，并且该高其分布具有变化的均值。

考虑 L 个方差为 σ^2,均值为 μ 的一系列白高斯过程样本,这里描述一种最大似然方法。

检测应解决两个问题。首先,要避免虚警,即在没有出现均值跳变的情况下,却在 L 个样本的某个点上检测到均值跳变;然后,在检测到事件后,应尽快做出均值发生变化的判断。显然,这两个问题之间有一个权衡。目前,最佳解决方案是在固定平均虚警事件发生时间间隔下最小化检测延迟。

假设一组 L 个观测值 $z(1),z(2),\cdots,z(L)$,并且 μ_0 和 μ_1 都已知。考虑两个假设:一个假设 $\mathcal{H}_1$,从样本 r 开始,平均值有变化;另一个假设 $\mathcal{H}_0$,在整个观察集中平均值没有变化。GLRT 适用于这些情况。因此,将观测分组成矢量 z 形式可以得到似比,即

$$\Lambda_s = \frac{p(z|\mathcal{H}_1)}{p(z|\mathcal{H}_0)} \tag{7.10}$$

$$= \frac{\prod_{k=1}^{r-1} p_0(z_k) \prod_{k=r}^{L} p_1(z_k)}{\prod_{k=1}^{L} p_0(z_k)} \tag{7.11}$$

$$= \prod_{k=r}^{L} \frac{p_1(z_k)}{p_0(z_k)} \tag{7.12}$$

式中:$p_0(z_k)$ 为假设 $\mathcal{H}_0$ 下的样本概率密度;$p_1(z_k)$ 为假设 $\mathcal{H}_1$ 下的样本概率密度,即

$$p_i(z) = \frac{1}{\sigma\sqrt{2\pi}} \exp\left[\frac{-(z-\mu_i)^2}{2\sigma^2}\right] \tag{7.13}$$

使用对数似然公式,可以得到

$$\Lambda_L(r) = \lg \Lambda_s(r) \tag{7.14}$$

$$= \frac{\mu_1 - \mu_0}{\sigma^2} \sum_{k=r}^{L} \left(z_k - \frac{(\mu_0 + \mu_1)}{2} \right) \tag{7.15}$$

$$= \frac{1}{\sigma^2} S_r^L(\mu_0, v) \tag{7.16}$$

其中

$$S_r^L(\mu, v) \doteq v \sum_{k=r}^{L} \left(z_k - \frac{\mu_0 + \mu_1}{2} \right) \tag{7.17}$$

式中:$v=\mu_1-\mu_0$ 为均值跳跃的大小。

但跳跃时间 r 未知。因此,使用其最大似然估计,这个估计为

$$\hat{r}_L = \arg\max_{1\leqslant r\leqslant L}\Lambda_L = \arg\max_{1\leqslant r\leqslant L}S_r^L(\mu_0,v) \tag{7.18}$$

导出检测器公式为

$$g_L \doteq \Lambda_L(\hat{r}_L) = \max_r S_r^L(\mu_0,v) \lessgtr \lambda \tag{7.19}$$

式中:λ 为用于调整虚警率的检测阈值。

7.4.2 另一个简单的模型:高斯方差的变化

同样,假设存在一系列来自白高斯过程的 L 个实数样本,方差为 σ^2,平均值为 μ。在这个模型中,平均值为 0,但方差开始等于 σ_0^2,并且从某未知样本开始方差变为 σ_1^2;平均值保持为 0。与上个示例一样,此变化将被视为"事件"。同样,目标是确定"事件检测"过程。检测程应确定是否发生方差变化以及何时发生方差变化。

令 z 表示 L 个样本的序列,形成对数似然比为

$$\Lambda_L(r) = \ln\frac{p_1(z)}{p_0(z)} \tag{7.20}$$

$$= \ln\frac{\prod_{k=r}^{L}(2\pi\sigma_1^2)^{-1/2}\exp[-(z_k/\sigma_1)^2]}{\prod_{k=r}^{L}(2\pi\sigma_0^2)^{-1/2}\exp[-(z_k/\sigma_0)^2]} \tag{7.21}$$

$$= \ln\prod_{k=r}^{L}\left(\frac{\sigma_0}{\sigma_1}\right)\exp\left[\left(\frac{z_k}{\sigma_0}\right)^2 - \left(\frac{z_k}{\sigma_1}\right)^2\right] \tag{7.22}$$

$$= \sum_{k=r}^{L}\left[\ln\left(\frac{\sigma_0}{\sigma_1}\right) + az_k^2\right] \tag{7.23}$$

其中

$$a = \frac{\sigma_1^2 - \sigma_0^2}{\sigma_0^2\sigma_1^2} \tag{7.24}$$

然后,与前面的高斯分布均值模型一样,使用变量 r 上的最大值来确定高斯方差发生变化,也就是事件产生的的最可能样本。图 7.4 提供了该算法的示例。

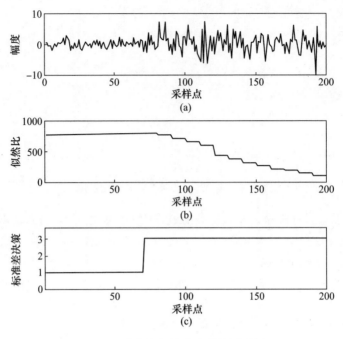

图 7.4　高斯方差变化事件检测示例
(a)输入数据；(b)LRT 统计；(c)检测结果。

7.4.3　多维模型：高斯协方差的变化

前面的模型考虑了实标量变量 z 的观测值。阵列处理应用中更感兴趣的是在某个时间间隔内采样的复矢量过程的观测值，特别是涉及观测值协方差变化的观测值。本节介绍这种模型。

7.4.3.1　方法

考虑在时间间隔 I 上以采样率 F_s 获得的一组 N 维快照，时间间隔 I 被分别划分为持续时间 T_1 和 T_2 的两个子间隔 I_1 和 I_2。$L_1 = F_s T_1$ 在第一个子段进行观测，$L_2 = F_s T_2$ 在第二个子段进行观测。假设第 i 个快照是一个均值为 0，方差为 $\boldsymbol{K}_i \in \{\boldsymbol{K}_0, \boldsymbol{K}_1\}$ 的 N 维复高斯矢量。在假设 $\mathcal{H}_0$ 下，整个子区间 I 的所有观测值均来自协方差为 $\boldsymbol{K}_0$ 的高斯随机过程；在假设 $\mathcal{H}_1$ 下，第一个子区间的所有观测值均来自协方差为 $\boldsymbol{K}_0$ 的高斯随机过程，但第二个子区间的观测值来自协方差为 $\boldsymbol{K}_1$，目标是在这两个假设之间做出选择。注意，这是 7.4.2 节场景的多维化形式，从而带来协方差矩阵未知、数据为复数等复杂性。

如果已知 $\boldsymbol{K}_0$ 和 $\boldsymbol{K}_1$，则可以建立适当的对数似然比检验，并且可以实现直接的最大似然判决。然而,这里假设这些协方差是未知的。注意,在任意假设下,第一子区间由协方差 K_0 和均值 m_0 决定,因此可以使用该第一子区间中的样本来估计这些参数。估计平均值为

$$\hat{m}_0 = \frac{1}{L_1} \sum_{i=1}^{L_1} z_i \qquad (7.25)$$

通过这个结果,可以得到协方差矩阵为

$$\hat{K}_0 = \frac{1}{L_1} \sum_{i=1}^{L_1} (z_i - \hat{m}_0)(z_i - \hat{m}_0)^H \qquad (7.26)$$

以类似的方式,可以使用另外 L_2 个样本来估算第二子间隔的样本平均值 $\hat{m}_1$ 和协方差 $\hat{K}_1$。

然后,可以观察 $\hat{K}_1$ 是否接近 $\hat{K}_0$,若接近 $\hat{K}_0$,可以认为来自第二子区间的样本是来自具有协方差 K_0 的高斯过程;如果 $\hat{K}_1$ 不接近 $\hat{K}_0$,则认为这些样本是由协方差为 K_1 的高斯过程产生的。这一检测过程实际上是借助 LRT/GLRT 实现的。

合适的似然比和决策准则如下:

$$\Lambda(Z) \doteq \frac{p_{Z|\mathcal{H}_1}(Z|\mathcal{H}_1)}{p_{Z|\mathcal{H}_0}(Z|\mathcal{H}_0)} \qquad (7.27)$$

$$= \frac{|K_1|^{-1/2} \exp[-Z^H K_1^{-1} Z]}{|K_0|^{-1/2} \exp[-Z^H K_0^{-1} Z]} \qquad (7.28)$$

$$\overset{\mathcal{H}_1}{\underset{\mathcal{H}_0}{\lessgtr}} \eta \qquad (7.29)$$

式中:Z 为一个矩阵,其列是由在适当的观测间隔上获取的快照组成。

将两边取对数并且将所有与 Z 无关的项放到阈值中,判决规则变为

$$\Lambda(Z) = Z^H [\hat{K}_0^{-1} - \hat{K}_1^{-1}]^H Z \qquad (7.30)$$

$$= \text{tr}([\hat{K}_0^{-1} - \hat{K}_1^{-1}] ZZ^H) \qquad (7.31)$$

$$\overset{\mathcal{H}_1}{\underset{\mathcal{H}_0}{\lessgtr}} \eta \qquad (7.32)$$

这要求得到总体数据样本的协方差,并通过两个子样本协方差矩阵中的差异对其分量进行加权。注意到矩阵的迹等于特征值之和,可以用 $\Lambda(Z)$ 来度量为加权分量和的大小,然后将其与阈值进行比较。这种解释至少对作者来说很直观。

7.4.3.2 示例1

考虑一个简单的示例,假设有区间 I_1 内的 N 维矢量数据,该数据是标准差

$\sigma=1$ 的白高斯过程的 $L_1 = F_s T_1$ 个样本,而来自 I_2 的类似数据是基于标准差 $\sigma=2$ 或 $\sigma=1$ 的 $L_2 = F_s T_2$ 个白高斯样本。理想情况下,协方差矩阵是缩放的单位矩阵,但是这个例子使用样本数据,导致协方差偏离这个理想。如建议的,每个间隔内的协方差矩阵如下计算:

$$K_i = \frac{1}{L_i} \sum_{n=1}^{L_i} (z_n - m_i)(z_n - m_i)^H \quad (7.33)$$

式中:每一间隔内的平均值 m_i 通常用以下公式计算:

$$m_i = \frac{1}{L_i} \sum_{n=1}^{L_i} z_n \quad (7.34)$$

注意,式(7.33)中的样本协方差矩阵的计算不是最大似然估计,因为白高斯数据样本的假设意味着等式(7.34)中计算的样本平均值已知为 0。尽管如此,在本示例中仍然使用如式(7.34)的每个间隔内的样本平均值。

一个简单的尝试是从每个区间收集 50 个 8 阵元矢量,$L_1 = L_2 = 50$。

利用收集的数据,用等式(7.32)计算了 100 例事件的似然比。在一半的事件中,两个区间的数据标准差为 $\sigma=1$;在其他事件中,第二个区间采用了不同的数据标准差 $\sigma=2$。计算了 I_2 中两组 50 个事件的数据标准差是 $\sigma=1$ 和 $\sigma=2$ 的似然函数。结果在图 7.5 中显示为直方图。很明显,当假设 $\mathcal{H}_1$ 是正确的,也就是说,第二个区间的数据具有不同于第一个区间的标准差时,与当假设 $\mathcal{H}_0$ 是正确的也就是说两个子区间具有相同的标准差的情况相比,似然比值的区分十分显著。

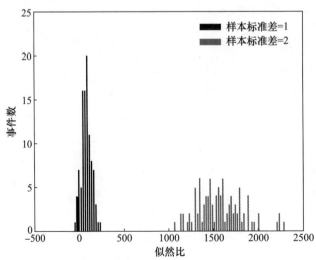

图 7.5 两种可选协方差的似然比直方图

7.4.3.3 示例2

一个更有趣的例子涉及一系列间隔,每个间隔对应于一个检测间隔,在该检测间隔中需要判断当前间隔中的信号环境是否与前一间隔中的环境相同。在本例中,模拟了20个间隔。在15个间隔中,只有噪声存在;在剩余的5个间隔中,有噪声和信号,并且信号功率是噪声功率的2倍。同样,在每个时间间隔内采集L个八元阵列矢量样本。再次,计算似然比,比较当前区间中的数据与前一区间数据具有相同协方差的概率。

两种可选协方差的似然比直方图如图7.6所示。信号在环境中的功率,每个间隔中$S=0$或2(按500倍比例缩放),以及该间隔的似然比值由两条轨迹显示。很明显,这个检测过程成功地辨别了那些包含信号的间隔。在7.4.4节中,将详细介绍一个更具体的检测处理算法。

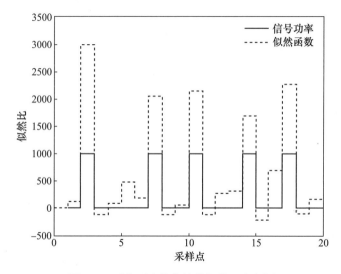

图7.6　两种可选协方差的似然比直方图

7.4.4　基于预测自适应波束形成器的信号采集

前面几节中介绍的背景模型,对于直接应用于高频环境的算法来说算不上是一个很大的飞跃。考虑一个相当普遍的阵列工作环境,同时存在时间不相关的接收机噪声和各种同信道干扰源。假设一个新信号$s(t)$到达阵列,得到复基带数据矢量$z(t)$为

$$z(t) = vs(t) + i(t) \tag{7.35}$$

式中:干扰信号$i(t)$也是一个矢量,这是因为不同的阵列单元用对应于信号到达

方向的导向矢量来观察每个干扰信号,并且接收机噪声样本在各单元之间也是不同的。

信号 $s(t)$ 的检测必须基于天线阵列观测数据矢量的统计特性。这些特性包含了到达信号能量的空间分布特征,第 n 个块中的样本协方差矩阵得到:

$$\hat{R}_{zz}(n) = \langle z(t)z^H(t) \rangle \tag{7.36}$$

式中:$\langle \cdot \rangle$ 表示时间平均。因此,检测处理应该包括在两个假设下获得的协方差矩阵之间的比较:①新信号已经到达阵列,并且信号环境已经被它改变;②信号环境不变。

这种决策可以利用这样的事实来实现,即每当特定信号在环境中出现或消失时,窄带阵列接收的数据协方差矩阵会经历秩的变化。如果新信号对协方差矩阵秩的贡献为1,那么秩的变化也就是1;如果存在多径的,则秩的变化可能会更大。

观察间隔可分为短的、不重叠的子间隔,每个子间隔都短于期望突发信号的持续时间。可以将每个片段中的观测结果的空间统计特性与前一个片段的空间统计特性进行比较。如果两个相邻段的空间统计特性十分不同,特别是如果存在秩的改变,则信号到达时,信号出现在第二段中而不是在第一段中,或者信号离开或结束时,信号在第一段中出现,而不是在第二段中。

用 T 表示每个数据段的持续时间。用 n 表示数据块的索引,定义一系列样本协方差矩阵为

$$\hat{R}_{zz}(n) = \frac{1}{T}\int_0^T z(nT-\tau)z^H(nT-\tau)\mathrm{d}\tau \tag{7.37}$$

假设 T 足够长以保证这个统计量的稳定性,并且潜在的随机过程是协方差遍历的;也就是说,协方差矩阵表现出相等的总体平均值和时间平均值。

如果新信号不存在,$\hat{R}_{zz}(n) = \hat{R}_{ii}$,协方差中包含单独干扰信号的协方差。注意,在新信号开始之前存在的整个环境都可以包含在 $\hat{R}_{ii}$ 中。

根据6.6节的讨论,如果新信号出现在第 n 个块中,但并不在第 $n-1$ 个块中,有

$$\hat{R}_{zz}(n) = vv^H S + \hat{R}_{zz}(n-1) = vv^H S + \hat{R}_{ii} \tag{7.38}$$

式中:v 代表与新信号相关的导向矢量。

如果新信号在一个块的中途到达,则第二项的贡献被块内没有新信号的那部分减少。

如果使用最大化输出信号干扰加噪声比(signal – to – Interference – plus –

noise ratio, SINR)的波束形成器权重矢量,则特征方程为

$$\hat{R}_{zz}(n)w(n) = \lambda(n)\hat{R}_{zz}(n-1)w(n) \tag{7.39}$$

可以为检测新信号提供依据,这个特征方程可以改写为

$$\hat{R}_{zz}(n-1)^{-1}\hat{R}_{zz}(n)w(n) = \lambda(n)w(n) \tag{7.40}$$

式(7.40)不再是一个广义的特征方程,而是一个标准的特征方程。在式(7.40)中作为特征分析的主体的矩阵,$\hat{R}_{zz}(n-1)^{-1}\hat{R}_{zz}(n)$,被称为转移矩阵。

式(7.39)的特征值是关键。如果新信号出现在块 n 中而不出现在块 $n-1$ 中,则特征方程变为

$$(vv^H S + \hat{R}_{ii})w(n) = \lambda(n)\hat{R}_{ii}w(n) \tag{7.41}$$

导致最大特征值等于 $1+\gamma_{max}^2$。如果新信号不存在于块 $(n-1)$ 或块 n 中,则特征方程变为

$$\hat{R}_{ii}w(n) = \lambda(n)\hat{R}_{ii}w(n) \tag{7.42}$$

因此最大特征值等于1。

一旦确定了一个间隔内的最大特征值 λ_{max},就可以通过与阈值进行比较来评估该区间的信号是否存在:

$$\lambda_{max} \lessgtr v \tag{7.43}$$

并且第 n 个间隔内的信号样本行矢量为

$$\hat{s}(n) = e_{max}^H Z(n) \tag{7.44}$$

式中:e_{max} 为对应于最大特征值的特征矢量;$Z(n)$ 为该间隔内阵列快照矩阵。

如果信号在一个时间间隔的中途出现,$\hat{R}_{zz}(n)$ 由信号开启和关闭时间长短决定。特别地,首先定义 $\varepsilon_{ON} \doteq (n_{ON}T - T_{ON})/T$ 和 $\varepsilon_{OFF} \doteq (T_{OFF} - n_{OFF}T)/T$;然后如果信号在第 n_{ON} 个子间隔出现,$\hat{R}_{zz}(n_{ON}) \approx R_{ii} + \varepsilon_{ON}vv^H S$。同样,如果信号在第 n_{OFF} 子间隔内消失,$\hat{R}_{zz}(n_{OFF}) \approx R_{ii} + \varepsilon_{OFF}vv^H S$。结果总结在表 7.1[11] 中。

注意,我们可以使用来自相邻块的特征值来确定子块精度的转变。此外,特征矢量的比较可用于确定同一信号的出现和消失。

这里,可以使用上述方法定义一个算法,算法利用了广义特征方程中不同区间内相互独立的特征值和特征向量,但在前后子间隔上仍然相关的协方差矩阵,

$$\lambda(n)\hat{R}_{ii}(n-1)w(n) = \hat{R}_{zz}(n)w(n) \tag{7.45}$$

表 7.1 列出了由每个子区间内的开关事件定义的 4 种可能位置下的特征值和特征矢量。该表假设 $n_{ON}+1<n_{OFF}$。

表 7.1 所有可能的区间开关情况的特征值

n	$\lambda_{\max}(n)$	$\lambda_{\min}(n)$	其他 λ
n_{ON}	$1+\varepsilon_{ON}\gamma_{\max}^2$	1	1
$n_{ON}+1$	$\dfrac{1+\gamma_{\max}^2}{1+\varepsilon_{ON}\gamma_{\max}^2}$	1	1
n_{OFF}	1	$\dfrac{1+\varepsilon_{OFF}\gamma_{\max}^2}{1+\gamma_{\max}^2}$	1
$n_{OFF}+1$	1	$1/(1+\varepsilon_{OFF}\gamma_{\max}^2)$	1
其他 n	1	1	1

注意,子区间 n_{ON} 和 $n_{ON}+1$ 中的最大特征值的表达式可用于估计 ε_{ON},而来自子区间 n_{OFF} 和 $n_{OFF}+1$ 的最大特征值表达式可用于估计 ε_{OFF}。还要注意,最小特征值的逆 $\lambda_{\min}^{-1}(n)$ 可以从特征方程 (7.39) 的微小修改中计算出来,交换 n 和 $n-1$ 可以获得,即

$$v(n)\hat{\boldsymbol{R}}_{ii}(n)\boldsymbol{w}(n)=\hat{\boldsymbol{R}}_{zz}(n-1)\boldsymbol{w}(n) \tag{7.46}$$

式中:$v \approx \lambda^{-1}$。以 v 为坐标,这个方法的最大特征值就是 $\lambda_{\min}$。需要注意的是,这种方法是一种有效的后向检测过程。

这种检测技术还可以进一步改进以简化处理过程。如果特征方程中使用的子区间被未使用的区间分隔开,那么就可以清晰地判断信号出现的子区间和信号消失的子区间。这种策略增加了处理的对比度,从而增加了边缘检测方法的可靠性。另一个改进可以通过增加用于计算 $\boldsymbol{R}_{ii}$ 的子区间的数量来实现。这种方法减少了"变化检测"技术中用作参考的背景协方差的不确定性。由于高频环境的可变性,任何减少不确定性的方法都是有益的。

还可以采用其他改进来减少计算量。例如,考虑到矩阵的迹等于其特征值的和,并且带有一个大分量和很多分量的矢量元素求和近似等于单独的大分量,所以在计算检测统计量时,可以用转移矩阵的迹替代特征分析。一旦检测事件发生,可以执行完整的特征分析来估计新信号的导向矢量。

7.4.5 新信号采集示例

为了说明这种新的信号采集技术的有效性,考虑一个 10ms 的场景,其中 3 个射频信号以 80Ms/s 采样。它们都有几乎相同频率的载波,即 12MHz,但每个载波的相位和到达方向均不同。从 -30° 和 70° 到达的两个信号是干扰源,第一个是 100kHz 带宽的随机窄带调幅,第二个是 160kHz 的 BPSK 调制,第三个信号是从 20° 到达的稳定音频信号,在时间轴的中间即 5ms 位置打开。所有 3 个信号都具有相同的幅度,信噪比为 20dB,并在八阵元半波长阵列上接收。此外,还有模拟的高斯噪声进入接收机(相对于信号的标准偏差为 0.1)。图 7.7 显示为阵元 1 处的射频信号样本;从这个单元数据记录中很难观察到环境的变化。

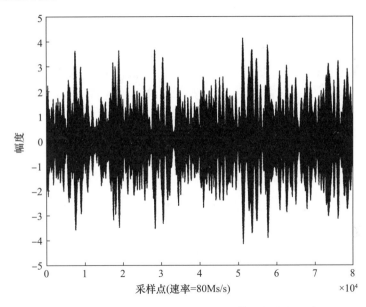

图 7.7 阵元 1 处的射频采样信号(新信号在中点开启)

这些信号在阵列上接收,并使用本地振荡器混频至基带,本地振荡器的载波频率距 12MHz 有 100kHz 频差。接收到的信号执行 200 倍下采样,因此处理的采样速率为 400ks/s,从而在 10ms 内产生了总共 400 个基带样本。图 7.8 显示了基带信号样本。

7.4.4 节描述的技术使用由 8 个阵元上的基带样本组成的数据段。共模拟 50 段数据,并为每个区段计算一个协方差矩阵,从而为每个间隔确定一个转移矩阵。在第一区段中,假设一个仅含有噪声的协方差矩阵。然后,为每个区段计

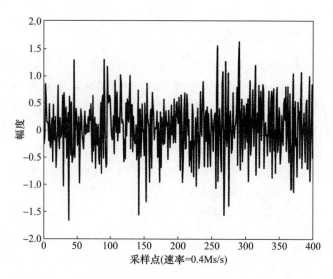

图 7.8 阵元 1 处的基带采样信号(新信号在中点开启)

算转移矩阵的迹作为检测统计量。计算结果如图 7.9 所示,新信号的检测在第 26 个区段清晰可见。作为比较,还计算了转移矩阵的特征分析,最大特征值如图 7.10 所示。可以看到,两个检测统计量产生相同的结果:在段 26 出现新信号。这个简单例子的曲线表明,以转移矩阵的迹作为统计量的方法产生较少的错误警报,但是需要对各种场景和阵列几何形状进行更详细的统计评估,以得出这种方法在所有情况下都适用的结论。

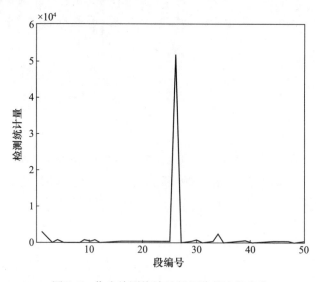

图 7.9 作为检测统计量的矩阵的迹的变化

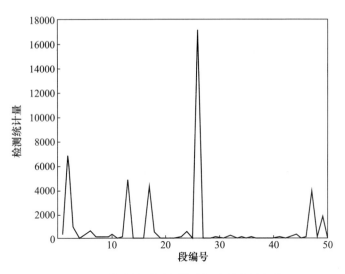

图 7.10 作为统计量的转移矩阵最大特征值

然后,使用转移矩阵最大特征值对应的特征矢量来重构信号。最终的基带信号如图 7.11 所示。新信号的开始和干扰源的抑制显而易见。

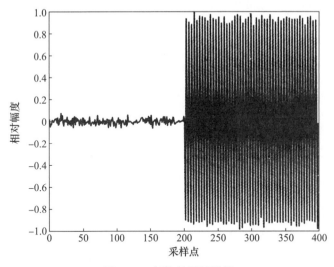

图 7.11 新信号复制结果

最后,转移矩阵最大特征值对应的特征矢量用于计算图 7.12 所示的波束模式。正如预期的那样,在干扰信号方向($-30°$和$70°$)是零陷点,在新信号方向$20°$方位角有适度的增益。对$-30°$方位干扰源的抑制为 19.4dB;在$70°$方位的干扰抑制为 18.8dB。必须注意的是,该波束图的峰值不应被解释为接收信号的

131

方向;该波束旨在抑制被认为是干扰源的信号,因为干扰信号存在于第一块的参考数据中,同时为仅存在于第二块中的新信号提供足够的增益,第二块数据用来检测新信号的起点。相关的测向方法将在第8章中介绍。

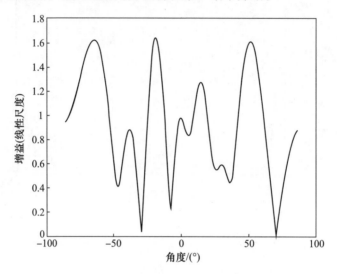

图 7.12　新信号复制的波束形状

7.5　时间检测

在许多高频传感器应用中,传感器的目标是连续覆盖 3~30MHz 高频频带的大部分,检测到达的信号,估计它们的方位,并估计相关的基带信号调制方式(幅度和相位)。尽管有各种各样的同信道干扰,传感器必须完成这些任务。

大多数宽带传感器都认识到干扰环境由许多窄带高频信号组成,这些信号的目标是接收机而不是当前的传感器。但是适宜的高频传播特性使这些干扰信号从很远的距离到达传感器,扩大了传感器接收范围内的发射机数量。因此,干扰群体很大。幸运的是,这些干扰源是窄带的,在任何窄带环境中都有相对较少的干扰源。因此,干扰抑制最成功的方法是以足够高的采样率连续捕获整个感兴趣的高频带段,以实现高保真度,并采用数字信号处理技术将捕获的带宽分成许多窄带片段。如果这些操作能够相干地在所有天线阵列通道上执行,那么本书中描述的干扰抑制波束形成器就可以分别应用于每个窄带切片。任何一个切片内的干扰源数量将被限制在几个,并且规模可承受的天线信道数量将足以处理它们。所以,传感器必须能够同时处理许多窄带切片,而这带来了严重的数字信号处理负载。

架构研究指出,这种处理负载是切片数的线性函数,但却是天线单元数的三次函数。因此尽量将切片的带宽减小到干扰环境在任何切片中最多只有3~4个信号的程度。当考虑高频多模传播特性时,这样的切片数量可以由约8个天线单元的阵列来处理。应对特定地点的电磁环境进行详细考查,以确保部署了足够数量的天线并具有足够的信号处理资源。

在每个窄带切片中,检测处理应使用本章前面描述的技术进行,特别是7.4节中详细描述的技术。显然,检测处理的过程是针对传感器工作频带段内每个频率切片的时域处理过程。切片在时间上被分成子区间,检测器分别检查每个子区间。如果按时间顺序检查所有子间隔,那么当新信号出现时就能够可靠地检测到新信号出现事件。已有的同信道干扰信号将被7.4.4节中详细描述的突发采集处理所抑制。

首先,必须选择信号处理架构,信号处理框架允许使用离散傅里叶变换(DFT)的方法进行频带分割;其次,在每个切片中分别执行突发采集处理。由于频带切片是在一个宽带数据块上完成的,因此结果是在每个切片中有一组同时可用的样本。回想一下,必须为所有天线信道完成频带分割,以提供多信道检测处理所需的样本矢量。通常,突发采集处理需要多个这样的"新"矢量样本,因此在当前子间隔能够被正确处理之前,适当的缓冲是必要的。然后,由离散傅里叶变换过程产生的所有切片的下一个子区间同时可用。突发采集处理器必须能够在下一个新间隔到来之前完成当前所有切片的处理。这的确是一个巨大的挑战!

用于多通道检测测向和复制的数据流如图7.13所示。来自每个阵元的天线信号被适当地调节(放大和滤波),以便为每个天线信道馈送的模数转换器提供合适的信号。如前所述,ADC应具有适当的采样速率和动态范围规格;当今

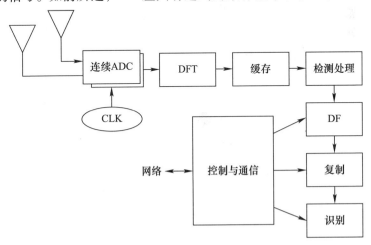

图7.13 用于多通道检测、测向和复制的数据流

的技术条件下,典型的采样速率是 80～100Ms/s 范围,采样精度是 16 位。然后,在每个天线上执行多级 FFT 过程以产生包含不同频率成分的矢量。必须注意确保持天线通道相干性,并采用足够的 FFT 窗来减少频率单元之间的泄漏。该快速傅里叶变换过程的结果可以看作是一个快照矩阵,各天线通道对应矩阵的行而窄带频率切片对应矩阵的列。在时域产生一系列这样的快照矩阵来捕获阵列的长期输出。通常这个矩阵序列可以看作是一个三维的"数据立方体",其内容作为检测、测向和复制处理的输入,所得到的结果也正是传感器处理的目标。

7.6 频域检测

7.5 节提到,覆盖几兆赫带宽的接收机处理应该对每个窄带切片分别处理。每个切片中的信号在切片中持续若干个时间单元,但在典型情况下,许多切片是空的。如果要在一个宽的频谱切片上研究一个短的时间间隔,那么时间切片将贯穿整个宽的频谱,把它分成类似于时间区间的频谱区间。实际上,被接收机捕获的广泛的时频域将被分成在时间和频率上都非常有限的处理单元。对捕获域的分割如图 7.14 所示。在这个简单的示例中,快速傅里叶变换(FFT)过程中没有使用窗口。环境中有 3 个信号,在 8 号频率单元的 1 个信号开始于所示的时间跨度的 1/2,而在 16 号频率单元的 BPSK 信号和在 28 号频率单元的随机调幅信号贯穿始终,一直存在。

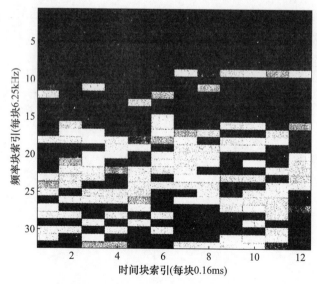

图 7.14 将捕获的信号域划分为处理单元

回想一下,在处理特定的频谱切片时使用了一种检测算法,该算法在时间序列中检测窄带单元,将当前时刻与之前发生的信号能量空间分布进行比较。当这些能量分布存在显著差异时,要么是新信号到达,要么是旧信号结束。

同样地,如果在一个给定的时刻将时域单元看作是频率的函数来检测时域单位,那么在包含信号的窄带频率切片之间将会有很大的间隙。这意味着,如果对于一个给定时域单元执行频率扫描,也就是说,当频率扫描经过与不同频率的窄带信号相关联的不同频率单元时,扫描结果将会表现出以频率为变量的开/关行为。频率扫描可以按照与时域扫描类似的方式处理,并在频率维度上产生信号边缘。所产生的边缘可以纳入检测算法,从而增强整体检测过程,还能够确定信号的频率范围。

由于两组检测统计量可以在时域和频域分别产生导向矢量估计结果,因此可以定义一个确定的、鲁棒性强的整体检测过程。

7.7 高 阶 统 计

在本章结束之前,详细介绍一种阵列处理技术,它适合于解决基于高阶统计量的信号处理方法。协方差公式中使用两个元素的乘积,而术语高阶指的是使用两个以上的统计数据的乘积。三阶和四阶统计量已用于各种阵列处理方法。

首先,简要说明术语。读者已经熟悉协方差,它是一种二阶统计量,并且是累积量的一个特例;特别地,协方差是一个二阶累积量,由两项的乘积计算出来,即

$$\kappa_2 = E[x_t x_{t+k}] \tag{7.47}$$

类似地,有三阶和四阶累积量,分别定义为

$$\kappa_3 = E[x_t x_{t+k} x_{t+l}] \tag{7.48}$$

以及

$$\kappa_4 = E[x_t x_{t+k} x_{t+l} x_{t+m}] - E[x_t x_{t+k}] \cdot E[x_{t+l} x_{t+m}] \\ - E[x_t x_{t+l}] \cdot E[x_{t+k} x_{t+m}] - E[x_t x_{t+m}] \cdot E[x_{t+k} x_{t+l}] \tag{7.49}$$

高阶方法是十分有意义的,因为由高斯统计特征刻画的干扰信号对累积量不可见,而大多数期望信号不是高斯分布,因此可以在累积量中观察到。弗里兰德和波拉特[7]将基于累积量的方法应用于检测过程,为了让读者了解这种高阶统计,我们以它为例进行回顾。

一组由 L 个样本组成的实标量时间序列 y_l 被假定来源于两种情况或假设中的一种。第一个是 $\mathcal{H}_0$,即时间序列是由高斯噪声单独造成;第二个是 $\mathcal{H}_1$,即

时间序列是由非高斯信号和高斯噪声叠加而成。更具体地说,假设过程$\{u_t\}$和$\{v_t\}$是零均值独立同分布序列,$\{h_x(i)\}$和$\{h_w(i)\}$是滑动平均(MA)过程的冲击响应。$\{u_t\}$是非高斯的,$\{v_t\}$是高斯的。这两个序列相互独立。

给定足够的数据,按照适当的累积量计算一组样本统计量。对于四阶累积量,这些分量是典型的$s^2 \times s^2$矩阵,其中s为采集数据样本的传感器个数。在这样一个矩阵中,i和j对应行,k和l对应列。或者,对这个矩阵使用vec算子,累积量可以变成$s^4 \times 1$列矢量,它将连续的矩阵行排列成一列。该矢量可用于生成基于原始数据的检测统计量。

弗里德兰德和波拉特给出了一个渐近结果,即样本累积量服从正态分布,在这种情况下,检测问题可以由两个假设之间的选择来决定,即

$$\mathcal{H}_0 : \tilde{s} \sim \mathcal{N}(s_0, \Sigma_0) \tag{7.50}$$

$$\mathcal{H}_1 : \tilde{s} \sim \mathcal{N}(s_1, \Sigma_1) \tag{7.51}$$

式中:Σ, s分别为在两个假设下相应的协方差矩阵和累积量矢量。

在两个高斯假设之间进行决策的最佳检测器形式是众所周知的,这导致了高斯随机变量的非中心形式,其非中心参数和协方差矩阵都取决于假设$\mathcal{H}_0$或$\mathcal{H}_1$。可以采用数值方法计算检测概率和虚警概率,从而产生接收机运行特性(ROC)。对于滑动平均过程,所需要的和是有限的,可以用适当的计算机代码实现。

在文献[7]中,给出了一个示例,其中在假设$\mathcal{H}_1$下,滑动平均过程是非高斯随机序列的简单缩放,而两个假设中的噪声序列都服从高斯分布。对于该数据,考虑两个检测器:一个基于样本方差;另一个基于三阶累积量$\tilde{\kappa}_3(0,0)$。两者的比较表明,作为最大似然检测器的二阶检测器在性能上比三阶检测器好4dB。

现在读者已经对高阶统计方法有了一定的了解,因此讨论它们在高频阵列处理环境中的适用性是合适的。这个讨论的关键是统计过程的本质。已经注意到,前面定义的累积量不响应高斯过程。在到达阵列传感器的信号经历了从发射机到接收机的视线路径的情况下,发射信号的统计特征与接收信号的统计特征相同。然而,高频下情况并非如此。通过电离层的传播对信号统计特性有显著影响,如第2章所述。特别是,沿传播路径发生的多次微折射倾向于将信号的统计特性从发射时的特性转移到由大量单个分量构成的接收过程的统计特性。众所周知,在极限情况下,这样的过程表现为高斯统计特性。因此,它对于基于累积量的统计特征是不可见的。这是高阶统计方法在这里受到限制的第二个原因。

本书后面几章集中于测向和重建过程,在阵列处理中适合采用高阶统计方法。事实上,已经有几篇有趣的期刊文章考虑了累积量在测向[9]和复制(信号

参数估计)[10]中的应用。然而,正如刚刚讨论的,高阶统计量的使用在高频环境中具有不确定性。为了与这一观点保持一致,对这种高阶统计方法的考虑将仅限于本章中的检测过程。

参 考 文 献

1. R. A. Monzingo and T. W. Miller, *Introduction to Adaptive Arrays*, New York: John Wiley and Sons, 1980.
2. W. B. Davenport and W. L. Root, *Random Signals and Noise*, New York: McGraw-Hill, 1958.
3. H. L. VanTrees, *Detection, Estimation, and Modulation, Theory, Part I*, New York: John Wiley and Sons, 1968.
4. A. S. Willsky and H. L. Jones, "A Generalized Likelihood Ratio Approach to the Detection and Estimation of Jumps in Linear Systems," *IEEE Trans. on Automatic Control*, vol. AC-21, February 1976, 108–112.
5. A. S. Willsky, "A Survey of Design Methods for Failure Detection in Dynamic Systems," *Automatica*, vol. 12, Pergamon Press, 1976, 601–611.
6. D. E. Gustafson, A. S. Willsky, J-Y Wang, M. C. Lancaster, and J. H. Triebwasser, "ECG/VCG Rhythm Diagnosis Using Statistical Signal Analysis - II Identification of Transient Rhythms," *IEEE Trans. on Biomedical Engineering*, vol. BME-25, no. 4, July 1978.
7. B. Friedlander and B. Porat, "On the Performance of Cumulant-Based Detection of Non-Gaussian Signals," *Proc. 6th SSAP Workshop on Signal Processing and Its Applications*, 1992, 513–516.
8. D. R. Brillinger and M. Rosenblatt, "Computation and Interpretation of k-th Order Spectra," in *Spectral Analysis of Time Series*, Ed. B. Harris, New York: Wiley, 189–232.
9. B. Friedlander and B. Porat, "Direction Finding Algorithms Based on High-Order Statistics," *IEEE Transactions on Signal Processing*, vol. 39, no. 9, September 1991.
10. B. Friedlander and B. Porat, "Performance Analysis of Parameter Estimation Algorithms Based on High-Order Moments," *International Journal of Adaptive Control and Signal Processing*, vol. 3, 1989.
11. B. G. Agee, "Fast Acquisition of Burst and Transient Signals Using a Predictive Adaptive Beamformer," in *Proc. 1989 IEEE Military Communications Conference*, Boston, MA, 1989.
12. G. F. Gott and P. J. Laycock, "HF Spectral Occupancy and Its Impact on Modem Design," *Proc HF'89 Nordic Shortwave Conference*, Farö, Sweden, 1989.

13. D. Middleton, "Statistical-Physical Models of Electromagnetic Interference," *IEEE Trans Electromagnetic Compatibility*, vol. EMC-19, no. 3, 1977.
14. A. D. Spaulding and G. H. Hagn, "On the Definition and Estimation of Spectral Occupancy," *IEEE Trans Electromagnetic Compatibility*, vol. EMC-19, no. 3, 1977.
15. A. J. Gibson and L. Arnett, "New Spectrum Occupancy Measurements in Southern England," *Proc. 4th Int. Conf. HF Radio Systems and Techniques*, IEE Conference Publication 284, 1988.
16. P. J. Laycock, M. Morrell, G. F. Gott, and A. J. Ray, "A Model for Spectral Occupancy," *Proc. 4th Int. Conf. HF Radio Systems and Techniques*, IEE Conference Publication 284, 1988.
17. B. D. Perry and L. G. Abraham, "A Wideband HF Interference and Noise Model Based on Measured Data," *Proc. 4th Int. Conf. HF Radio Systems and Techniques*, IEE Conference Publication 284, 1988.
18. B. D. Perry and R. Rifkin, "Interference and Wideband HF Communication," *Proc. 5th Ionospheric Effects Symposium*, Springfield, VA, 1987.

第8章 阵列评估：测向性能界限

8.1 概 述

在描述高频信号来波方向估计的具体方法之前，适合考虑一下性能预期，特别是关于测向精度及其与传感器天线阵列的关系。这种预期最常用克拉美－罗(Cramer－Rao)界来定量描述。这些界限在第8.3节中进行说明和推导。这里描述的克拉美－罗界是基于接收机噪声施加的阵列限制，因此，在接收机噪声不是唯一的性能限制因素的情况下，Cramer－Rao界提供的性能预测是乐观的，也可以构建更复杂的界，例如包括阵列误差的影响[1]；这里只考虑韦思－韦恩斯坦(Weiss－Weinstein)界。

韦思－韦恩斯坦界是克拉美－罗界的一种替代；它本质上是分析性的，包括传感器天线及其导向矢量对误差敏感性的影响。当感兴趣的信号表现出高信噪比时，这种影响可以忽略不计，韦斯－温斯坦界限与克拉美－罗界一致。然而，当信噪比较低时，带噪声的数据会导致天线对到达信号入射波的响应发生显著变化，从而导致估计的导向矢量中出现较大误差，并因此产生较大的示向线估计误差，这种较大的误差与克拉美－罗界限不一致。韦思－韦恩斯坦界预测，当信噪比下降到特定水平以下时，测向误差会出现突然变化。这种误差可以用阵列旁瓣被误认为真实信号方向的可能性来识别。韦斯－温斯坦界限将在8.5节中描述。

8.2 界 限 值

前面几章已经讨论了高频传感器环境，接下来的几章讨论该环境中特定信号的检测；因此，为了主题内容的平衡，接下来讨论参数估计问题。详细数据来自高频传感器，参数估计方法为处理高频传感器收集的数据提供重要的基础。

区分两种情况很重要：(1) a 是一个未知的随机参数，具有先验概率分布，(2) a 是一个未知但确定的量。每种方法的估计规则各不相同。

本章的剩余部分将重点介绍各种界限，这些界限量化了一个参数或一组参数的估计精度所能达到的程度。这样的界限是有用的，因为它们为估计过程提供一个基准,也为估计器描绘一组目标。如果要执行一个评估过程,这些界限表明估计过程的预期性能。也许这界限指导设计者确定需要多少测量来达到一个特定的目标,或者表明可用的测量不足以达到目标。因此,这些界限应被视为传感器规划人员在传感器设计过程中使用的工具。

在详细介绍这些界限之前,最好回顾一下整个估计过程[2]。

8.2.1 单一随机参数估计

最基本的一类参数估计问题涉及一个未知的单实参数 a,这个参数存在于参数空间中,对于这类简单问题,参数空间就是实数轴 $-\infty < a < \infty$。观测是通过传感器进行的,但是因为这些观测可能没有对 a 进行直接观测,并且可能含有噪声,我们可以说从参数空间到观测空间存在一个概率映射。如果有一组测量数据,可以将这种测量数据表示成多维观测空间中的一个点,它可以描述为一个依赖于参数 a 或一组矢量参数 $\mathbf{a}$ 的矢量 $\mathbf{z}$。使用这种测量矢量,上述概率映射可以用 $p_{z|a}(z|a)$ 来指定。最后,利用估计规则得到预期的估计,该规则将由表达式 $\hat{a}(z)$ 表明。估计过程模型如图 8.1 所示。

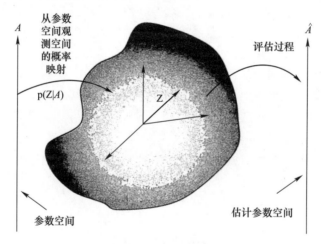

图 8.1　估计过程模型

在 a 为随机参数的情况下,可能有一个与估计误差 $\hat{a}_e(z) = E[a(z) - a]$ 相关的代价,其中 E 表示对 a 分布的期望。通常这个代价强调基于二次代价函数的误差;有时代价取决于误差的绝对值 $|a_E|$。通常,可以分配一个成本来反映用户对结果的满意程度,尽管分配一个定量的成本函数可能太过主观。在任何情况下,无论分配多少成本,目标都是最小化其期望值,从而产生一个具有合理解决方案的可处理问题。

假设先验分布已知,对应的密度函数为 $p_a(a)$,成本函数可以表示为估计 $a_e(z)$ 与真实值 a 之差的函数。那么,可以写出期望成本或风险的表达式为

$$\mathcal{R} \triangleq E\{C[a_e(z)]\} = \int_{-\infty}^{\infty} \mathrm{d}a \int_{-\infty}^{\infty} C[a_e(z)] p_{a,z}(a,z) \mathrm{d}z \quad (8.1)$$

式中: $p_{a,z}(a,z)$ 为随机参数 a 和观察矢量 z 的联合概率,由前面定义的量,得到

$$p_{a,z}(a,z) = p_{z|a}(z|a) p_a(a) \quad (8.2)$$

所谓的贝叶斯(Bayes)估计可以使式(8.1)中定义的风险最小化。

根据成本函数的不同,可以导出各种形式贝叶斯估计的形式。如果成本函数是二次的,可以从式(8.2)看出,风险对应于均方误差。可以通过对 $\hat{a}(z)$ 进行微分并将结果设为零来最小化这种风险。注意:

$$p_{a,z}(a,z) = p_{a|z}(a|z) p_z(z) \quad (8.3)$$

可以证明均方估计为

$$\hat{a}_{\mathrm{ms}}(z) = \int_{-\infty}^{\infty} a p_{a|z}(a|z) \mathrm{d}a \quad (8.4)$$

式中: $p_{a|z}(a|z)$ 被称为后验密度或条件密度。因此,均方估计是后验密度的平均值,或者条件平均值。

如果成本函数是基于误差的绝对值,那么贝叶斯估计就采取了另一种形式。同样,通过对 $\hat{a}(z)$ 求导并将结果设为零,可以发现估计值是后验密度的中值。

最后,我们可以考虑一个统一的成本函数。对于参数 A 的准确值附近的一个无代价小区域而其他区域都具有均匀代价,当后验密度最大时,参数 A 估计值的风险是最小的。它被称为最大后验估计,并给出特殊的符号 $\hat{a}_{\mathrm{map}}(z)$。当要找期望的最大值时,利用后验密度的对数通常是方便的,这由对数函数的单调性来保证。

8.2.2 单一固定参数估计

在考虑估计一个固定但已知参数的具体方法之前,应该讨论如何评估估计效果。估计方法的质量可以由估计的期望来度量,其中的不确定性集中在测量统计上。因此,这个期望可以表示为

$$E[\hat{a}(z)] \triangleq \int_{-\infty}^{\infty} \hat{a}(z) p_{z|a}(z|a) \mathrm{d}z \quad (8.5)$$

对于 a 的所有值,如果 $E[\hat{a}(z)] = a$ 可以说估计是无偏的,也就是说,对测量噪声的不同样本所作的所有估计值的平均等于真实值。如果这个期望值总是与未知参数有固定的差异,即 $E[\hat{a}(z) - a] = b$,可以说估计有偏差,如果这种偏差固

定和已知(一个不太可能的情况下)可以从估计值中减去该偏差来提供一个无偏估计。或者,可能存在一个未知的偏差,它是真实参数值的函数。在这种情况下,偏差无法消除,多重估计的平均值意义不大。

另一个质量度量是估计误差的方差

$$\mathrm{Var}[\hat{a}(z)-a] = E[\hat{a}(z)-a]^2 - b^2(a) \tag{8.6}$$

可以为一系列估计值提扩散程序的度量,一般来说,人们更喜欢方差小的无偏估计。

获得这种估计的一个重要方法被称为最大似然估计,它满足:

$$\frac{\partial \ln(p_{z|a}(z|a))}{\partial a}\bigg|_{a=\hat{a}_{\mathrm{ml}}((z))} = 0 \tag{8.7}$$

式(8.7)寻找最有可能导致可用测量值出现的未知参数值。在简单的情况下,未知参数可以直接观察到,只是叠加均值为 0 的加性噪声。由于最可能的噪声值是 0(也就是均值),所以可以将测量结果自身看成是未知估计量。由于噪声通常是随机的,可以通过平均多个测量方法消除随机性的影响。

这个过程可以推广到更复杂的情况。似然函数 $p_{z|a}(z|a)$ 描述了以未知参数 a 的特定值为条件的测量矢量的概率密度。通常更方便的是处理该函数的对数,并且由于对数是单调递增的函数,最大化似然函数的对数相当于最大化似然函数本身。求解未知参数的最大似然估计,可以通过 $\ln(p_{z|a}(z|a))$ 相对于 a 的微分来确定,令其微分结果为零,从而求解未知参数 a。微分过程产生的方程称为似然方程。可以证明,在没有先验信息的限制条件下,最大似然估计在数学上等价于最大后验估计。

8.2.3 多重随机参数估计

在许多重要情况下,需要估计多个参数。在高频传感器中,可能需要估计到达信号的方位角和仰角以及载波频率和幅度。前面针对单个未知参数描述的估计方法可以扩展到涵盖多个目标的情况。

将先前定义的信号源模型扩展为将未知量视为矢量 $\boldsymbol{a}$ 而不是标量 a,如果存在 K 个未知参数,则 $\boldsymbol{a}$ 成为 K 维空间中的一个 K 维矢量。所描述的其他方面都直接适用,包括两种特殊情况,即随机参数矢量和固定但未知的矢量。

与单个参数估计一样,可以定义一个成本函数,该成本函数既取决于参数集或参数矢量的真实值,也取决于它们的估计值,而这些估计值当然取决于观测值集 z。考虑仅依赖于误差的成本函数是很方便的,误差可以表示为

$$\boldsymbol{a}_e(\boldsymbol{z}) = \begin{bmatrix} \hat{a}_1(\boldsymbol{z}) - a_1 \\ \hat{a}_2(\boldsymbol{z}) - a_2 \\ \vdots \\ \hat{a}_K(\boldsymbol{z}) - a_K \end{bmatrix} = \hat{\boldsymbol{a}}(\boldsymbol{z}) - \boldsymbol{a} \tag{8.8}$$

成本函数通常由误差平方和表示,因此有

$$C(\boldsymbol{a}_e(\boldsymbol{z})) \triangleq \sum_{i=1}^{K} a_{ei}^2(\boldsymbol{z}) = \boldsymbol{a}_e^{\mathrm{T}}(\boldsymbol{z})\boldsymbol{a}_e(\boldsymbol{z}) \tag{8.9}$$

从这些定义中可以得出多参数估计问题的风险,即

$$\mathcal{R}_{\mathrm{ms}} \triangleq \int_{-\infty}^{\infty}\!\!\int C(\boldsymbol{a}_e(\boldsymbol{z}))p_{\boldsymbol{z},\boldsymbol{a}}(\boldsymbol{z},\boldsymbol{a})\mathrm{d}\boldsymbol{z}\mathrm{d}\boldsymbol{a} \tag{8.10}$$

如果这个积分对未知参数分量求最小化,由于代价函数是正项的和,每个项只涉及一个未知量,所以每个项可以分别被最小化,导致每一个未知参数估计值可以表示为

$$\hat{a}_{\mathrm{ms}_i}(\boldsymbol{z}) = \int_{-\infty}^{\infty} a_i p_{a|\boldsymbol{z}}(a|\boldsymbol{z})\mathrm{d}a \tag{8.11}$$

或者用矢量表示法表示为

$$\hat{\boldsymbol{a}}_{\mathrm{ms}}(\boldsymbol{z}) = \int_{-\infty}^{\infty} \boldsymbol{a} p_{\boldsymbol{a}|\boldsymbol{z}}(\boldsymbol{a}|\boldsymbol{z})\mathrm{d}\boldsymbol{a} \tag{8.12}$$

如果考虑几个未知参数的线性组合,由系数矩阵 $\boldsymbol{D}$ 表示的 $\boldsymbol{b} = \boldsymbol{D}\boldsymbol{a}$,可以很容易地表明线性组合的最小均方估计等同于估计值的线性组合 $\boldsymbol{b}_{\mathrm{ms}}(\boldsymbol{z}) = \boldsymbol{D}\hat{\boldsymbol{a}}_{\mathrm{ms}}(\boldsymbol{z})$。这种关系将在后面的章节中被证明是有用的。

如 8.2.2 节所述,最大后验估计需要找到使后验分布最大化的参数值,在多个参数的情况下,该参数的后验分布由 $p_{\boldsymbol{a}|\boldsymbol{z}}(\boldsymbol{a}|\boldsymbol{z})$ 给出。使用对单个参数时采用的方法,可以获得该概率密度函数的对数相对于每个未知参数的导数,令其结果为零。有了 K 个参数,就有了 K 个联立方程,即

$$\frac{\partial p_{\boldsymbol{a}|\boldsymbol{z}}(a_i|\boldsymbol{z})}{\partial a_i}\Big|_{a_i = \hat{a}_{\mathrm{map}}(\boldsymbol{z})} = 0, \quad i = 1, 2, \cdots, K \tag{8.13}$$

可以引入偏导数算子来简化符号,即

$$\nabla_{\boldsymbol{a}} \triangleq \begin{bmatrix} \dfrac{\partial}{\partial a_1} \\ \dfrac{\partial}{\partial a_2} \\ \vdots \\ \dfrac{\partial}{\partial a_K} \end{bmatrix} \tag{8.14}$$

采用这种表示法可以确定最大后验概率方程的解为

$$\nabla_a [\ln p_{a|z}(a|z)]|_{a=\hat{a}_{\text{map}}(z)} = 0 \tag{8.15}$$

在多参数估计问题中,引入类似于单参数情况下估计值扩展程度的度量是有用的;协方差矩阵较适合这一目标,如果参数误差是联合高斯分布,这可能是一个乐观的假设,联合密度为

$$p_{a_e}(a_e) = (|2\pi|^{K/2})^{-1} \exp\left(-\frac{1}{2}a_e^T \Lambda_e^{-1} a_e\right) \tag{8.16}$$

等高线由指数指定为

$$a_e^T \Lambda_e^{-1} a_e = C^2 \tag{8.17}$$

这是一个 K 维椭球方程,被称为浓度椭球,并用椭球体积表示误差程度。

8.3 克拉美–罗界限

8.3.1 单参数情况

在只有一个待估计的实变量 A 的简单情况下,可以考虑使用测量矢量 z 中包含的观测值对 A 进行估计的方差的下界。该下界被称为 Cramer–Rao 界[2],以下是定理总结:

定理 2:令 $\hat{a}(z)$ 表示为 a 的任何无偏估计,则

$$\text{Var}[\hat{a}(z) - a] \geq \left(E\left\{\left[\frac{\partial \ln(p_{z|a}(z|a))}{\partial a}\right]^2\right\}\right)^{-1} \tag{8.18}$$

或者,等价地

$$\text{Var}[\hat{a}(z) - a] \geq \left(-E\left\{\left[\frac{\partial^2 \ln(p_{z|a}(z|a))}{\partial a^2}\right]\right\}\right)^{-1} \tag{8.19}$$

在这些表达式中,假定相关的偏导数存在,并且绝对可积。这些有界不等式的证明很简单,读者可以参考相关文献。

上面的关系式可以发现一些重要的观察结果:

(1) 界限的基本形式表明无偏估计的方差总是大于一个确定的值。

(2) 满足这个下界的无偏估计是最大似然估计,称为有效估计;它是似然方程式(8.7)的唯一解,$\hat{a}_{\text{ml}}(z)$。

(3) 如果不存在无偏估计;也就是说,没有办法将似然方程转化为

$$\frac{\partial \ln[p_{z|a}(z|a)]}{\partial a}\bigg|_{a=\hat{a}_{\text{ml}}((z))} = [\hat{a}(z) - a]k(a) \tag{8.20}$$

式中:k 为一个常数,可能为参数 a 的函数,那么就无法知道估计值的方差与界限有多接近。

(4) 因为界限要求估计是无偏的,所以验证这个特征是至关重要的。当观察值的数量无限增加时,研究估计值的行为是有用的。例如,已经表明[2,3]似然方程的解可以收敛到未知参数的正确值,这样的估计被称为一致性估计。

值得注意的是,当不存在有效的估计量时,可能会有方差较低的无偏估计。因为没有找到这种估计的一般规则,并且因为已经找到的具体方法往往很复杂,所以大多数注意力都放在最大似然方法上。

8.3.2 线性阵列示例

作为这一界限的解释说明,可以考虑特定天线阵列在估计发射机方向时的潜在性能;也就是进行测向,或者通常表示为测向(DF)。如第 7 章所述,当阵列只接收到一个信号时,阵列阵元接收的信号矢量为

$$\boldsymbol{z} = a\boldsymbol{s}(\alpha) + \boldsymbol{\xi} \tag{8.21}$$

在本例中,阵列阵元是一条直线,到达方向由 $\alpha = \cos(\phi)$ 指定,其中 ϕ 为信号方向和阵列轴之间的几何角度。这里还假设信号幅度 a 是已知的。在更实际的几何图形中,阵列单元可能分布在平面几何图形中,在这种情况下,$\boldsymbol{\alpha}$ 必须被视为二维矢量,并且 Cramer - Rao 界的评估必须考虑方位角和仰角方向的误差。此外,信号幅度可能是未知的,它成为另一个要估计的参数,取决于关于信号相位是否已知,未知参数矢量的维数将增加到 3 或 4 维。如果有 K 个信号,每个都有两个方向参数和两个振幅参数,将会有 $4K$ 个参数。但目前的重点是一个简单的例子,其中只有一个未知参数,信号方向在正弦空间中定义,同时传感器获得 L 个数据样本。

式(8.19)中表示的方差倒数的界限通过与本例相关的简化可以得到式(8.22),这一结果在涉及多个参数时称为费舍尔(Fisher)信息矩阵,如 8.3.3 节所定义的那样:

$$\boldsymbol{J} = E\left[\left(\frac{\partial \ln p}{\partial \alpha}\right)^{\mathrm{T}}\left(\frac{\partial \ln p}{\partial \alpha}\right)\right] \tag{8.22}$$

因为唯一未知的参数为 $\alpha = u = \cos(\phi)$,且

$$\begin{aligned}\ln p(\boldsymbol{z}|u) &= \ln[\pi^{-L}|\gamma|^{-1}\exp\{-[\boldsymbol{z}-\boldsymbol{s}(u)]^{\mathrm{H}}\gamma^{-1}[\boldsymbol{z}-\boldsymbol{s}(u)]\}] \\ &= \mathrm{const} - [\boldsymbol{z}-\boldsymbol{s}(u)]^{\mathrm{H}}\gamma^{-1}[\boldsymbol{z}-\boldsymbol{s}(u)]\end{aligned} \tag{8.23}$$

获取所需的导数,有

$$\frac{\partial \ln p}{\partial \alpha}[\ln p(z|u)] = 2Re\left\{\frac{\partial s^H}{\partial u}\gamma^{-1}[z-s(u)]\right\} \quad (8.24)$$

因此,有

$$J = 2Re\left\{\frac{\partial s^H}{\partial u}\gamma^{-1}\frac{\partial s}{\partial u}\right\} \quad (8.25)$$

但对于在这个例子中的简单线性阵列处理来说,如果 a 为信号电压,$v(u_x)$ 为具有方向余弦 u_x 的接收信号的阵列响应矢量,那么

$$s = av(u_x) \quad (8.26)$$

$$= a\begin{bmatrix} 1 \\ \exp i2\pi u_x x_2/\lambda \\ \vdots \\ \exp i2\pi u_x x_N/\lambda \end{bmatrix} \quad (8.27)$$

于是,有

$$\frac{\partial s}{\partial u_x} = i\frac{2\pi}{\lambda}a\begin{bmatrix} 0 \\ x_2 \\ \vdots \\ x_N \end{bmatrix} \Box\, v(u_x) \quad (8.28)$$

式中:$u_x \doteq \cos\phi$,$\Box$ 是哈达玛(Hadamard)乘积,表示两个矩阵的对应元素相乘。根据式(8.22)中的导数,并注意噪声协方差矩阵 Γ 是对角的,并且主对角元素为 σ^2,方差倒数的界限变为

$$J = 2\frac{a^2}{\sigma^2}\left[\sum_{n=1}^{N}\left(\frac{2\pi x_n}{\lambda}\right)^2\right] \quad (8.29)$$

式中:λ 为接收信号载波的波长。因此,对于只有一个未知信号方向的线性阵列,界限变成标量并等于信噪比($2a^2/\sigma^2$)和阵列 RMS 孔径的乘积。因此,利用式(8.18),方差的界限变成这个量的倒数,即 $\sigma_{CRB}^2 = J^{-1}$。

当应用这种关系时,重要的是要注意阵列的质心应该作为坐标系的原点。否则,式(8.29)中的过大的和将影响最终的 Cramer-Rao 界的接近度。

这个表达式可以用于绘制线性阵列的极限性能,并将其体现为阵列孔径和接收信号信噪比的函数,如图 8.2 所示。在该图中,阵列孔径随着阵列中阵元数量变化,因为这里的间距假设为半波长。如在第 9 章中讨论的,众所周知,如果角度估计不出现相位模糊,阵列阵元间距必须不小于半个波长。当考虑韦斯-

温斯坦边界的例子时,这个图中给出的曲线是有用的。

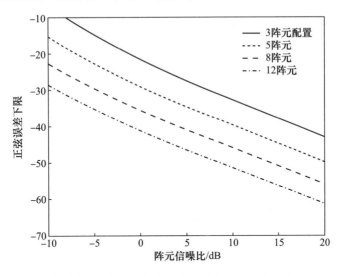

图 8.2　线性阵列几何的方位线 Cramer – Rao 界

为了使例子更有趣,考虑另一种所谓稀疏阵列的几何结构,其中两个阵元以半波长间隔开,但是剩余的阵元间隔得更远。如果使用几何间距规划,当生长因子 $g = 1.3$ 时,五阵元阵列的总长度变为 3.662λ,而不是 2λ,是半波长阵列孔径的 1.831 倍。文献[5]中已经研究提出许多这样的间距方案。图 8.3 提供了这种特定的五阵元稀疏阵列与五阵元半波长间隔阵列的预期性能比较。

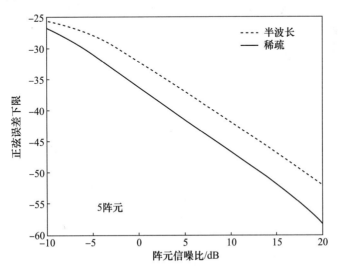

图 8.3　半波长间距和稀疏五元阵的 Cramer – Rao 界比较

147

这个情况说明了几个要点:首先,下限随着阵元信噪比的增加而降低;这是因为噪声引起的误差相对于信号较小,从而可以更精确地估计信号导向矢量。其次,稀疏阵列具有更大的孔径,可以更好地估计信号方向。最后,随着信噪比的降低,尽管误差随噪声的增加而增大,但由于稀疏而产生的较大孔径的优势将逐渐减小。在讨论示例测向技术的结果时,这些结论得到数据的支持。

8.3.3 多参数情况

对于涉及多个参数的情况,可以获得类似的 Cramer–Rao 边界。首先,有必要推广 Fisher 信息矩阵,与单参数情况一样,偏导数构成界限的基础。因为有一个测量矢量和一个未知参数矢量需要估计,所以适合考虑未知参数如何影响测量结果。由于这种影响可能依赖于一个以上的参数,所以这种影响可以用两个偏导数的乘积来定量描述,每个偏导数与一个未知数有关。更具体地说,考虑 $K \times K$ 阶矩阵 J 的元素,有

$$J_{ij} = E\left[\frac{\partial \ln p_{z|a}(z|a)}{\partial a_i} \frac{\partial \ln p_{z|a}(z|a)}{\partial a_j}\right] \tag{8.30}$$

$$= -E\left[\frac{\partial^2 \ln p_{z|a}(z|a)}{\partial a_i \partial a_j}\right] \tag{8.31}$$

然后,这些元素可以用来形成 Fisher 信息矩阵 J。

或者,可以使用梯度算子直接确定 Fisher 信息矩阵,有

$$J = E\left[\nabla_a [\ln p_{z|a}(z|a)] \nabla_a [\ln p_{z|a}(z|a)]^T\right] \tag{8.32}$$

$$= -E\left(\nabla_a (\nabla_a [\ln p_{z|a}(z|a)])^T\right) \tag{8.33}$$

使用这种机制,人们可以确定 Cramer–Rao 界,即

$$\sigma_{\varepsilon_i}^2 \doteq \text{Var}[\hat{a}_i(z) - a_i] \geqslant J^{ii} \tag{8.34}$$

式中:J^{ii} 为 $K \times K$ 阶矩阵 J 的逆的第 ii 个元素。

当要估计由矢量 a 指定的一组未知参数时,测量时产生的测量噪声和参数范围成为确定估计误差的主要因素。Fisher 信息矩阵定量描述了这些关系。

8.4 最小均方误差界限

考虑针对随机参数 a 的最小均方误差估计结果 $\hat{a}(z)$,后面将要证明适用于 $\hat{a}(z)$ 的最小均方误差界是十分有用的[2]。a 的随机性意味着应该对它本身以及测量中的噪声取期望。

对于这样的随机变量 a 和用于估计 a 的观测矢量 z,均方误差满足:

$$E[\hat{a}(z)-a]^2 \geq \left(E\left[\frac{\partial \ln(p_{z,a}(z,a))}{\partial a}\right]^2\right)^{-1} = -E\left[\frac{\partial^2 \ln(p_{z,a}(z,a))}{\partial a^2}\right]^{-1} \quad (8.35)$$

注意,概率密度是随机变量 a 和 z 的联合,因此期望是针对这两个变量的。当然,偏导必须存在并且对两个变量也必须是绝对可积的。值得注意的是,当达到界限时,最小均方估计值和最大后验估计值是一致的。这一点可以在下面看到。式(8.35)中的第一个表达式也可以写成:

$$E[\hat{a}(z)-a]^2 \geq \left(-E\left[\frac{\partial^2 \ln(p_{z|a}(z|a))^2}{\partial a^2}\right] - E\left[\frac{\partial^2 \ln(p_a(a))}{\partial a^2}\right]\right)^{-1} \quad (8.36)$$

在此表达式中,等号成立的条件是当且仅当对于所有 z 和 a 满足

$$\frac{\partial \ln(p_{z,a}(z,a))}{\partial a} = k[\hat{a}(z)-a] \quad (8.37)$$

对 a 的二次微分,可得

$$\frac{\partial^2 \ln p_{z,a}(z,a)}{\partial a^2} = -k \quad (8.38)$$

或者,用后验密度的形式

$$\frac{\partial^2 \ln p_{z|a}(z|a)}{\partial a^2} = -k \quad (8.39)$$

如果将此表达式积分两次,并在不使用对数函数的情况下重写,则结果为

$$p_{z|a}(z|a) = \exp(-ka^2 + C_1 a + C_2) \quad (8.40)$$

该结果很重要,因为它可以得出这样的结论:对于所有 z 来说,后验概率密度 $p_{z|a}(z|a)$ 必须为高斯分布,以便存在有效的估计。根据这个逻辑,只要存在一个有效的估计量,即满足界的估计量,那么最小均方估计 $\hat{a}_{ms}(z)$ 和最大后验估计 $\hat{a}_{map}(z)$ 就必须一致。

8.5 韦斯-韦恩斯坦 Weiss-Weinstein 边界

8.5.1 边界描述

尽管 Cramer-Rao 边界为许多阵列几何结构提供了有用的基准,但是当阵元信噪比低时,在阵列响应模式中具有较高旁瓣的阵列几何结构会表现出比

Cramer – Rao 边界所预测结果更大的误差。Weiss – Weinstein 边界(WWB)提供了一种预测这种行为的机制。正如同 Cramer – Rao 边界,WWB 表示估计误差的协方差矩阵的下界,这个界限说明:

$$E(\hat{u}-u)(\hat{u}-u)^T \geq H\Gamma^{-1}H^T \triangleq \Omega \quad (8.41)$$

式中:$\hat{u}$ 为 $K \times 1$ 维的矢量估计,u 为 $K \times 1$ 维的真实参数矢量,H 为 $K \times T$ 的矩阵,其中 h_i 列表示真参数矢量 u 的扰动,Γ 为下一步要定义的矩阵。Γ 用观测值的似然比 $\mathcal{L}$ 表示,给定真实参数,对于分别为 $u + h$ 和 u 的参数,有:

$$\mathcal{L}(z;u+h,u) \triangleq \frac{p(z,u+h)}{p(z,u)} \quad (8.42)$$

这个似然函数仅定义在 u 上,$p(z,u) > 0$。为了确定矩阵 Γ,考虑一个实随机矢量 w,其第 i 个元素等于:

$$w_i \triangleq \frac{\mathcal{L}^{1/2}(z;u+h_i,u) - \mathcal{L}^{1/2}(z;u-h_i,u)}{E[\mathcal{L}^{1/2}(z;u+h_i,u)]} \quad (8.43)$$

矩阵 Γ 就是随机矢量 w 的均方误差矩阵,即 $\Gamma = E[ww^T]$。Γ 在这里假设为正定的。

T 是扰动矢量的个数。扰动矢量的个数与扰动矢量的尺寸是完全任意的。每个选择都会在均方误差矩阵上产生一个可靠的下界。人们可以证明增加另一个扰动矢量只会增加界限。

边界的计算相当复杂,但是可以通过定义两个函数来简化。

$$A_L(h_i, h_j) = [(MP+1)\det R]^{-L} \quad (8.44)$$

式中:

$$R = I - \frac{1}{2}\frac{P}{MP+1}\{v(u+h_i)v^H(u+h_i) + v(u+h_j)v^H(u+h_j)\} \quad (8.45)$$

以及

$$B(h_i, h_j) = \int_U p^{\frac{1}{2}}(u+h_i)p^{\frac{1}{2}}(u+h_j)du \quad (8.46)$$

同时,定义它们的乘积为

$$C(h_i, h_j) = A_L(h_i, h_j)B(h_i, h_j) \quad (8.47)$$

然后,矩阵 Γ 的元素为

$$\Gamma_{ij} = \frac{C(h_i,h_j) + C(-h_i,-h_j) - C(h_i,-h_j) - C(-h_i,h_j)}{C(h_i,0)C(h_j,0)} \quad (8.48)$$

当应用这些方法来获得 WWB 时,必须注意确定式(8.46)中积分的积分域。例如,如果问题涉及一个线性阵列,具有到达方向的一维特征,积分域将是实数直线上由[-1,+1]所定义的线性区间。如果问题涉及平面阵列,积分域将涉及3个单位圆的交集。参考文献[4]提供了详细信息。

8.5.2 线性阵列示例

和 Cramer-Rao 边界一样,线性阵列的例子将被用来说明 WWB。对于 8.3.2 节的稀疏阵列示例,结果如图 8.4(b)所示。可以做两个观察。首先,随

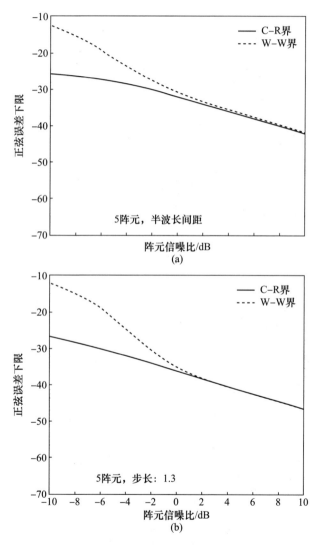

图 8.4 Weiss-Weinstein 边界和 Cramer-Rao 边界比较(五天线阵元)
(a)填充;(b)稀疏。

着阵元信噪比的增加,WWB 渐近于 Cramer – Rao 边界。第二,当阵元信噪比接近 1dB 时,WWB 开始偏离 Cramer – Rao 边界,并且当阵元信噪比为 – 2dB 时变得显著不同。如前所述,这种差异表明了低信噪比下的估计灵敏度。当信噪比较低的时,复转动矢量的估计中有较大噪声,因此,将有较大噪声的转动矢量与无噪声阵列流形进行比较会导致到达方向估计不正确。当阵列稀疏时,包含许多错误方向的流形与正确方向对应的流形相似。因此,有较大噪声的转向矢量估计可能更匹配某个不正确的方向。

通过比较图 8.4 中的两个图,可以看到对稀疏阵列和完全填充阵列的 WWB 结果的比较,证实了与稀疏阵列相关的高阵列旁瓣是造成这种灵敏度的原因,从而导致低信噪比区域内 WWB 大幅跳变。在所有单元间距为半波长或更小的情况下,没有阵元间模糊,但仍有阵列旁瓣。因此,WWB 仍然可以表现出超过 Cramer – Rao 界的增量,尽管这一增量比稀疏阵列的增加幅度更小,并且在稍低的信噪比下具有初始差异。这个比较是复杂的,因为对于给定数量的天线阵元,稀疏阵列孔径要比半波长间隔阵列的孔径更大。

参考文献[4]详细涵盖了这两个界,并对 8.6 节中描述的普通高频天线阵进行比较。鼓励读者查阅参考文献,并为特定阵列计算这两个界。

8.6 高频阵列几何结构

天线阵元在一个区域中的部署是一个重大的挑战,主要是因为高频波长太大。阵列处理领域的传统思路集中在阵元间隔为半波长的阵列上。在高频频段的低端,2MHz,对应于 150m 的阵元间隔,使得 8 个阵元的均匀线性阵列长度超过 $150 \times (8 - 1) = 1.05$km,甚至具有 8 个阵元的圆环阵列,直径也达到 380m。显然,这种阵列的部署和建设都不方便。多年来已经使用各种方法来缓解高频阵列大小问题。本书中描述的自适应阵列技术带来了一个新的视角,它适合在这里讨论。

8.6.1 阵列大小和阵元分布

基本上,用于选择阵列中天线单元的数量和分布模式是以下几个因素之间的折中:

(1) 示向线估计精度随孔径的线性增加。
(2) 可用空间限制了阵列尺寸。
(3) 当阵元间隔大于半波长时,会产生模糊的示向线测量。
(4) 频率覆盖要求建议阵元间距基于最高频率进行选择(最短波长)。

（5）当信号可以从一个宽角度扇区到达时,需要二维阵列。

（6）阵列单元的数量决定了阵列信号处理的自由度,从而决定了可以抑制的干扰源的数量。

（7）对阵列单元信号进行采样(包括放大和滤波)的成本随着阵列单元的数量线性增加;阵列信号处理的负载以这个数量的三次方增加。

许多考虑这些设计问题的研究已经发表,读者可以参考资料来了解详细信息[4-5]。一种经常用于解决高频宽频率范围的方法是将其分成两个子带,并为每个子带设计单独的阵列,阵元的放置应使频带中的频率具有最小的模糊度。当测角仪(或波束形成器)是唯一使用的阵列信号处理技术时,这些阵列是圆形的,并具有相等的阵元间距。频带高频边缘的模糊度控制决定了半波长间隔,可用空间、示向线精度要求和成本之间的权衡决定阵列的直径,从而决定阵列单元的数量。

例如,高频子带的阵列可以利用 30MHz 频率确定阵元间隔,半波长阵元间距为 5m。一个有 16 个单元的阵列有 80m 的周长和大约 25m 的直径。如果子带分割是基于几何相似性,则划分频带的频率约为 7.7MHz,波长为 39m。对于低频子带,具有半波长阵元间距的 16 阵元阵列将对应于 100m 的直径,大约是足球场大小的区域。

随着自适应阵列技术的进步和不同于固定波束形成或测角仪的灵活信号处理技术的出现,阵列几何结构的约束被放松很多。设计者可以使用具有不同阵元间距的阵列。这种阵列利用阵列中的一对阵元来避免最高工作频率下出现的相位模糊,随着更多的阵元被添加到阵列中,阵元之间的距离将增大。

这种方法的一个例子是采用指数间距;另一个例子采用对数间距。当需要宽扇区覆盖时,这些间距可以通过一对交叉阵列或螺旋阵列来调节,离原点越远阵元间的距离越大。这些选项将在 8.7.2 节和 8.7.3 节中讨论。

8.6.2 定量阵列评估——自由度

一旦确定了阵列的物理孔径,就可以用该孔径和所需的工作频率范围来确定有用的天线单元的数量。在孔径受限的情况下,阵列单元的数量不能无限制地增加;当阵元数量大到一定程度时,来自新增加单元的接收信号变得有相关性,导致阵列处理无法获得更多的信息。本节描述一个数学模型,用于评估阵列中阵元数量的这种限制。

该技术利用复合入射波前模型和基于该复合入射信号的相关矩阵。对该相关矩阵的特征分析表明,只有有限数量的阵元支持独立信号的收集;更多的阵元产生更多的信号通道输出,但是这些附加信号彼此高度相关,并且可以由更少数量的"特征信号"来表示。因此,将这些附加阵元添加到阵列中几乎没有意义。

第6章中描述的阵列处理概念对于阵列评估方法的开发非常重要。"导向矢量"的概念被引入,导向矢量的每个分量等于相应阵元的相对相位延迟。因为该相位延迟是阵元位置和到达信号方向的函数,所以导向矢量成为这些量的函数。具体地说,如果 N 个阵元位置由 $N \times 3$ 阶矩阵 P_e 指定,矩阵的行包含了第 n 个阵元位置的 $x-y-z$ 坐标,并且对应于方位角 ϕ 和仰角 ε 的方向矢量 u 为

$$u = [\cos\phi\cos\varepsilon \quad \sin\phi\cos\varepsilon \quad \sin\varepsilon] \tag{8.49}$$

则第 n 个阵元处的相位延迟对应的复相量为

$$v_n(\phi,\varepsilon) = \exp[-\mathrm{i}2\pi p_e^n u^\mathrm{T}] \tag{8.50}$$

式中:p_e^n 是对应于 P_e 第 n 行的行矢量,矢量 $u(\phi,\varepsilon)$ 表示式(8.49)中来自方向 $[\phi,\varepsilon]$ 的 1×3 阶信号矢量,该矢量对于整个阵列的 N 个阵元来说是一样的。

这种分析假设了一组 K 个输入信号,每个信号都有自己的调制波形 $s_k(t)$ 和相应的到达方向,v_k 来表示这个信号特定的方向。对于通常的信号模型,当这些信号到达时,从阵列单元接收的输出矢量为

$$z(t) = Vs(t) + n(t) \tag{8.51}$$

这里引入了加性接收机噪声样本矢量 $n(t)$、信号样本矢量 $s(t)$ 和 $N \times K$ 矩阵 V,该矩阵的列由对应于 K 个信号方向的导向矢量组成。

如果假设信号调制都是不相关的,噪声为白噪声(给定信道中的独立样本),并且信道是不相关的,那么从 N 个时间序列中可以得到一个相关(协方差)矩阵,如第6章所述,它可以用信号方向矢量、相对接收功率和已知的接收机噪声特性来表示,即

$$R = E[z(t)z(t)^\mathrm{H}] = VSV^\mathrm{H} + \sigma^2 I \tag{8.52}$$

式中:$K \times K$ 阶对角(因为信号不相关)矩阵 S 包含信号波形幅度平方的期望值 $E[|s_k(t)|^2]$,也就是单个信号的功率,现在用 ρ_k 表示。注意,R 的信号分量为 $N \times N$ 阶正方矩阵 S 为

$$S = VSV^\mathrm{H} = \sum_{k=1}^{K} \rho_k v_k v_k^\mathrm{H} \tag{8.53}$$

对该矩阵的谱分解提供一组特征值 $\{\lambda_k\}$ 和它们相应的特征矢量 $\{e_k\}$,有

$$S = \sum_{k=1}^{K} \lambda_k e_k e_k^\mathrm{H} \tag{8.54}$$

特征矢量 $\{e_k\}$ 支撑了一个 N 维空间,但 K 个信号矢量 $\{v_k\}$ 支撑的空间是这个 N

维空间中的一个 K 维子空间,称为信号子空间。这个子空间与由具有非零特征值的矩阵 S 的 K 个非零特征值对应的特征矢量支撑的子空间是相同的。其余 $(N-K)$ 个特征矢量支撑起所谓的噪声子空间。因为厄密特矩阵的所有特征矢量都是相互正交的,所以信号矢量 $\{v_k\}$ 与噪声子空间正交。这一事实将在稍后的 MUSIC 算法中加以利用。由于 S 的特征矢量和导向矢量位于同一空间,因此导向矢量可以表示为这些特征矢量的线性和,即

$$v_k = \sum_{n=1}^{N} \alpha_{kn} e_n \tag{8.55}$$

式中:$\{\alpha_{kn}\}$ 为第 k 个导向矢量到第 n 个特征矢量的投影。但是,S 的特征值的定义提供了 $\{\alpha_{kn}\}$ 的投影

$$\lambda_n = e_n^H S e_n = \sum_{k=1}^{K} \rho_k |\alpha_{kn}|^2 \tag{8.56}$$

也就是说,每个特征值等于所有导向矢量在该特征值的特征矢量上的所有投影功率之和。如果特征值较小,则测量空间维度对应于其中几乎没有来自任何波前功率的维度。因此,这些维度在提供有关信号环境的信息方面没有用处。

基于这一概念,人们可以定义一组波前,计算相应的相关矩阵,并分析其特征值的变化趋势。对于阵列的工作环境,这组波前的选择方式应该可以提供最大天线数量的信息。

如前所述,生成该"测试波前"的过程包括定义覆盖区域、孔径和频率范围,然后定义一组均匀分布在覆盖区域上的 K 个导向矢量。每个单元都分配相同的功率级别。最后,参照式(8.53),有

$$S = \sum_{k=1}^{K} \rho_k v_k v_k^H = \rho \sum_{k=1}^{K} v_k v_k^H \tag{8.57}$$

或者,以标量形式表示每个阵元对所有波前具有共同的功率电平

$$s_{mn} = \rho \sum_{k=1}^{K} v_{mk} v_{kn}^* \tag{8.58}$$

对于最一般的情况,假设入射波矢量均匀分布在仰角范围 $[0,U]$ 和方位角范围 $[-W,+W]$ 上,则 S 矩阵的元素变为

$$s_{mn} = \frac{1}{2W} \frac{1}{U} \int_0^U \int_{-W}^{W} \exp\{-i2\pi/\lambda [P_e^m \cdot u(\phi,\varepsilon) - P_e^n \cdot u(\phi,\varepsilon)]\} d\phi d\varepsilon \tag{8.59}$$

阵列的几何形状在 P_e 矩阵中指定。

Shnidman[6] 评估了几种阵列几何结构,包括线性均匀阵列、线性对数周期间

隔阵列、线性随机阵列和二维圆形阵列。8.6.3 节将以均匀分布的线性阵列为例进行说明。

8.6.3 均匀线性阵列示例

以三波长线性孔径为例。半波间距确定了使用 6 个天线单元,但引用参考文献[6]的例子考虑了 9 个单元和 12 个单元,目的是了解额外的、间隔更近的单元是否可以提供分离更多信号的能力。假设在方位角为 ±90°的扇形区域内产生测试波前。

对于 9 个单元和 12 个单元,都计算 S 矩阵并进行特征分析。图 8.5 显示了结果,无论阵元的数量是多少,从第 7 个开始的特征值都会出现急剧的滚降。这一观察结果表明,一旦阵列包括足够多的阵元以使间距接近半个波长,额外增加阵元并不能处理更多的信号。

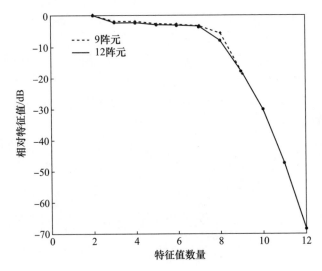

图 8.5　9 天线和 12 天线单元的特征值衰减(孔径为 3λ)

8.6.4　阵列几何评估——图形比较

前面几节讨论了应该在阵列中使用多少阵元从入射信号中提取必要信息的问题,而不会用多余的阵元来增加处理器的计算负担。一旦确定适当的数量,评估阵列几何的另一种方法集中在阵元的几何结构上。

尽管阵列利用阵元来收集关于期望信号的信息,同时抑制来自可能是或可能不是期望信号的干扰,但本节中所述的方法集中于明确到达方向的测量。这意味着阵列不应出现旁瓣,即当波束聚焦于环境中的一个特定信号时,不应该有来自其他方向的强响应。

这里要描述的方法在概念上很简单。设计者希望在较宽的工作频率范围和较大的扇形角度空间内操作阵列。设计者还会对最大化阵列孔径感兴趣。因此,目标是生成一组尽可能窄的波束,覆盖所需的扇区,并且在除了特定方向之外的方向上具有尽可能低的响应。自由度受限于阵元位置的 x 和 y 坐标。(不考虑三维阵列,因为它们在高频下通常不实用。)

假设给定的 $N×2$ 元素放置矩阵 P_e 并在其行中包含阵元的 x 和 y 坐标。如果假设对于给定的频率,可以在特定的方向上形成波束,然后计算它对来自其他方向的信号响应,可以检查该波束方向图从而确定其波束宽度和最大旁瓣。然后,如果以这种方式在指定频率上形成多个波束以覆盖整个期望的覆盖扇区,则能够以各种方式对波束宽度和最大旁瓣这两个性能测量进行平均,以获得阵元布置的性能评估。

通常,设计要求指定波束宽度和旁瓣性能的适当权重(在式(8.60)的性能评估计算中的 w)。假设这是可以做到的,那么这会产生对当前阵列几何结构的一个评价分数。这样的过程可以在感兴趣的频率范围内的每个频率上重复,如此反复……这些频率驱动试验的结果可以再次求平均,从而产生指定阵列几何结构的宽带评分。

一旦第一个阵列结构被完全评估,可以用另一个能够与第一个阵列几何结构相比较的新阵列几何结构来重复该评估过程,由此可以评估和比较许多几何结构。该过程计算成本高,但这是一次性成本。一旦选择一个有效的几何结构,就会建立一个具有该几何结构的阵列,并且不太可能进行进一步的更改。

这种方法可以用数学方法指定:

$$\arg\max_{P_e} \left(\mathop{E}_{f,\tilde{\Phi}} \left[w^{\mathrm{T}} \begin{bmatrix} \Xi(P_e,f,\tilde{\Phi}) \\ \Upsilon(P_e,f,\tilde{\Phi}) \end{bmatrix} \right] \right) \qquad (8.60)$$

式中:$\tilde{\Phi}$ 为结合方位角和仰角参数 ϕ 和 ε 的二维方向矢量的简写。Ξ 为对应于阵元位置坐标 P_e 所产生的最大旁瓣,它是频率和信号方向矢量的函数,而 Υ 为这些参数函数的阵列波束宽度。

8.6.5 模式计算示例

这个例子将从概念上说明阵列设计的方向图计算方法,而不需要完整演示所需的详尽计算。考虑沿 x 轴排列的 4 个天线单元的线性阵列。天线单元的 x 坐标(以米为单位)如表 8.1 所示。信号频率 10MHz(感兴趣的频率范围的中点),波长为30m。对该表的检查表明,第一种构型在单元间距的伸展上相对保守,而第三种构型相对激进。

在该示例中,假设感兴趣的唯一 SOI 方向是20°方位角,但是要使用9~11MHz 之间的频率。图8.6显示了频率范围(9MHz)时的3种阵列配置的天线方向图。显然,配置3具有较窄的波束宽度,但是旁瓣特性比配置1和配置2差得多。

表8.1　3种配置样例中4根天线的 x 坐标(m)

配置	x_1	x_2	x_3	x_4
1	0	15	30	52.5
2	0	15	45	75
3	0	13	35	120

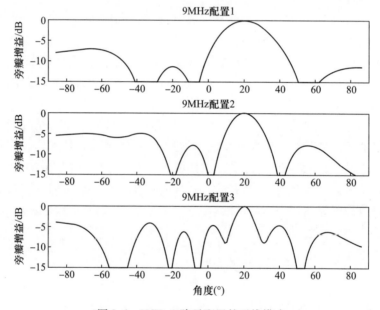

图8.6　9MHz 3阵元配置的天线模式

对由感兴趣的3个频率和3个天线单元配置所确定的9种情况,可以概念性地检查波束宽度和最高旁瓣的两个表(每个表3×3个条目),并对这两个关注的因素进行适当的加权,并使用式(8.60)在波束宽度和最高旁瓣水平之间选择具有可接受折中的配置。

对于这个特定示例,3个配置在3个频率中的波束宽度(以度为单位)如表8.2所列;最高旁瓣(线性标度)的电平,并应当与主瓣增益4对比(表8.3)。

如果在权衡两个设计因素时波束宽度是更重要的,应当选择配置3来实施。另一方面,如果与更大和更薄排列的天线单元相关的旁瓣电平不令人满意,则应该选择配置1。请注意,在本例中,配置2的旁瓣电平并不比配置3好多少,这使得配置2成为一个糟糕的折中方案。

表8.2 9种情况下的波束宽度结果

频率/MHz	波束宽度/(°)		
	配置1	配置2	配置3
9	22.9183	16.0428	11.4592
10	20.6265	13.7510	11.4592
11	18.3346	13.7510	9.1673

表8.3 9种情况下的旁瓣电平结果

频率/MHz	旁瓣电平/dB		
	配置1	配置2	配置3
9	-2.03	-2.07	-3.60
10	-1.99	-1.79	-5.38
11	-1.85	-2.19	-4.84

8.7 一些常见的高频天线示例

本章已经描述了几种用于评估阵列的技术,并将其应用于线性阵列几何结构。然而,线性阵列只具有一维结构使得评估结果具有局限性。如果阵列表现出二维几何形状,它在实现干扰抑制和测向目标方面可能更有效。在这种情况下,阵列流形将变成二维结构,允许形成三维波束;这种波束可以聚焦成圆锥形而不是扇形区域的阵列输出,从而改善干扰抑制性能。此外,二维阵列将产生二维示向线,至少可以提高地理定位精度,如同在第十章中讨论的一样,获得单站点地理定位功能的机会。本节描述几种常见的二维阵列几何图形,并讨论它们的潜在优势及其实现相关的问题。

8.7.1 圆环阵列

圆环阵列是二维阵列最常见的形式。圆环阵列是由一组相同的天线阵元构成的,这些天线阵元要么是全向的,要么是波束指向外部的宽波束的。圆环阵列被设计成具有一个非常重要的特征:性能基本上独立于期望信号的到达方向。然而,现在使用的几乎所有圆环阵列都使用一个转换开关,称为测角仪,它可以在任何时刻选择一段圆弧来激活。典型地,转换开关从所选中的天线阵元处获取信号,并使用无源波束形成器来组合这些信号,以创建具有径向聚焦能力的窄波束。随着转换开关动作的继续,所选天线阵元的片段发生变化,由此产生的波束方向也发生变化,形成旋转的、相对高增益的波束。旋转速率通常是每秒几次,它允许在一个完整的方位角度范围上进行离散角度覆盖。与旋转窄波束测角仪方法相关的概念如图 8.7 所示。

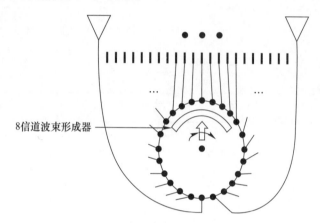

图 8.7 基于 8 通道测角仪的圆环阵列波束形成器的原理图

因为任何方向都是离散,而不是连续的,所以这种旋转波束既不能成功捕获通信信号,也不适合检测来自任意方向的信号。但是这种阵列已经成功地用于高精度测向。相关的检测和重建功能由辅助天线结构实现:用于检测的单个全向天线单元以及基于同一个全向天线或者固定不动的转换器实现信号重建。

当圆环阵列被设计用于测角仪时,阵列直径和阵元数量的选择通常使阵元之间间隔为半波长。设计时采用的波长为阵列规划频率覆盖范围内的最短波长。如果阵列要覆盖整个高频波段(2～30MHz),其中的最短波长(10m)将使得天线间距为 5m。如果圆环阵列规划有 50 个单元,那么圆环阵列 250m 的圆周(直径约为 80m)将提供约 15°的波束宽度(假设换向器选择 8 个单元),这并不是一个不合理的波束宽度。然而,如果同样的阵列也用于 2MHz 频率,波束宽度将会增大 15 倍(基于频率比),几乎没有波束。为了避免这个问题,这种阵列被设计成只工作在较小的频率范围内,并且部署两个圆环阵列,一个在另一个内部。对于两个阵列,频段划分是根据与传感器设计相关的总频率范围的平方根的经验法则来选择。因此,较高频段将覆盖 8～30MHz 的频率范围。

在这个更现代的时代,圆环阵列可以设计用于自适应阵列处理。当然,每个有源天线单元都需要有源接收器。但是,与这种阵列一起使用的测向方法允许使用稀疏阵列,如前面在8.6节中所讨论的。将稀疏阵列的概念应用于圆环阵列很简单,丢弃相当数量的阵列单元。但是为了避免由于天线栅瓣造成的到达角模糊,所选择的阵元不应具有规则的间距。此时,选择天线阵元位置的最成功的方法包括试错过程,在该过程中,针对传感器给出的工作频率范围,通过大量计算评估出一组潜在的天线阵元位置。

8.7.2 十字形和L形阵列

从8.7.1节的讨论中可以清楚地看出,选择合适的阵列几何结构是一项复杂的权衡:(1)孔径大小,它决定了示向线精度,并受到可用空间的强烈影响;(2)频率覆盖范围,这通常由操作要求指定;(3)天线单元的数量,这影响处理成本(通常假设自适应阵列处理负载随着天线单元数量立方增加)。圆环阵列在这样的权衡中几乎没有灵活性。

另一方面,如本章前面所述,将一对线性阵列以较大较角度间隔配置成X或L形阵列结构时,阵列可以使用不相等的单元间距来实现。阵元在二维中的扩展提供了所需的二维示向线估计能力,还降低了测向精度与方向相关的程度。然而,波束形状以及测向精度仍然取决于到达方向。由于测向能力与阵列在波前平面上的投射孔径成正比,因此很容易估计这样的阵列可以达到的测向精度。L形阵列的示向线精度与方位角如图8.8所示。应该清楚的是,等距X或L形阵列产生的示向线估计精度具有$\sqrt{2}$的变化。

这种精度变化对于几乎所有的操作场景都是可以接受的。

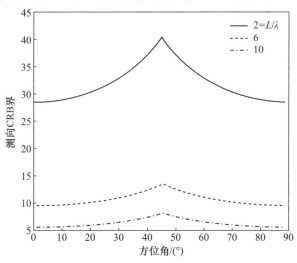

图8.8 L形阵列的示向线精度与方位角

8.7.3 螺旋阵列

为了满足 8.7.1 节概述的所有目标,考虑了螺旋阵列的概念。图 8.9 说明了这种方法。这样的阵列具有随方位缓慢变化的几何孔径,导致与方位几乎不相关的测向精度。此外,如果填充到螺旋线上的阵元有随螺旋线前进而成指数分布的间隔,则可以选择这些阵元的频率相关子集用于阵列处理。当感兴趣的频率较低时,可以使用螺旋线上较远的单元;相反,当要处理较高频率时,可以选择更多的中心天线单元。这种方法实现了频率无关的测向精度,这是非常理想的传感器特性。

这种方法要求天线单元可以覆盖相当大的频率范围。靠近螺旋中心部分的一些阵元可能需要在传感器的整个工作频率范围中表现良好。

```
                    *
              *
                         *
                  *  *
         *        +    *    *
              *
                         *
                    *
```

图 8.9 螺旋阵列几何

8.7.4 随机阵列

随机放置阵元的阵列已被研究并用于各种应用。随机性是期望的,因为不规则性降低了栅瓣波束形成的可能性。然而,真正随机的阵列可能会在阵列覆盖扇区的某一段上表现出不期望的高栅瓣。为了避免这样的问题,有必要仔细评估随机选择的天线单元位置的栅瓣性能。这应该不是问题,因为这种评估的成本是一次性成本并且为阵列性能提供质量保证。

参 考 文 献

1. M. Viberg and A. L. Swindlehurst, "Analysis of the Combined Effects of Finite Sample and Model Errors on Array Processing Performance," *IEEE Trans. on Signal Processing*, vol. 42, no. 11, November 1994.

2. H. L. VanTrees, *Detection, Estimation, and Modulation Theory*, New York: John Wiley and Sons, 1968.
3. H. Cramer, *Mathematical Methods of Statistics*, Princeton, NJ: Princeton University Press, 1946.
4. D. F. DeLong, *Use of the Weiss-Weinstein Bound to Compare the Direction-Finding Performance of Sparse Arrays*, MIT Lincoln Laboratory Technical Report 982, 16 August 1993.
5. A. T. Moffet, "Minimum Redundancy Linear Arrays," *IEEE Trans. on Antennas and Propagation*, vol. AP-16, no. 2, March 1968.
6. D. A. Schnidman, *Aperture Sampling Limitations of Linear and Circular Arrays for Direction-Finding and Nulling*, MIT Lincoln Laboratory Technical Report TR-1069, 14 May 2002.

第9章 高频应用中的测向技术

9.1 概　　述

第8章中描述的界限提供了在特定信号频率下,具有指定几何形状和大小的阵列可以达到的预期测向性能。本章涵盖许多重要的测向方法,即估计示向线(LOB)。回想一下第7章中所关注的阵列相对于传播距离来说是很小的。这一观察结果激发了这样一种观点:到达阵列的单个平面波会以相同幅度激励所有阵元,如果阵列单元不同,则对这种激励的响应将不同。如果只存在一个信号,所有阵列单元都是相同的,并且阵元间的相互耦合是适度的,那么各阵元相位提供了信号方向的唯一的线索;如果作为到达角的函数,阵列单元的增益响应不同,那么相对增益也可以提供信号方向的线索。还应该注意的是,大多数接收机用加性噪声干扰阵元信号,通常是零均值和高斯统计的。这一观察为本节提出的分析提供了信息,因为它为估计示向线提供了一个易于处理的模型。最后,值得注意的是,这一主题一直是许多理论和实验研究努力的焦点,这也是本章论述较为丰富的原因。

9.2　干涉测量:相位拟合

示向线估计的最基本方法是基于之前对阵列单元接收信号之间的相位关系的观察。如果入射波是平面的——这一假设在高频段中受到常年的挑战:波的行进方向可以由空间中的一个方向矢量来指定,这个方向矢量被称为坡印廷矢量。然后,在一个阵元上观察到的相对于另一个阵元的相位是由这些阵元之间的投影距离决定的,投影距离是真实距离投影到坡印廷(poynting)矢量方向上的距离。这些相位关系可以用来估计坡印廷矢量的方向,从而估计信号源相对于阵列的方向,也称为示向线。

在最简单的二维情况下,考虑两个相距 D 的阵元,沿 x 轴方向等距分布。相位测量将参考阵列原点,原点到每个阵元的距离为 $D/2$。示向线矢量可以用它与 y 轴成的角度 θ 来描述。这一角度对应于示向线和参考方向之间的角度,该参考方向通常垂直于线性阵列。这个几何结构如图9.1所示。

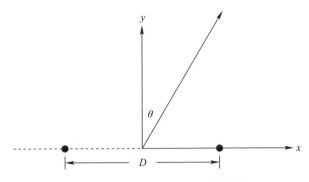

图9.1 示向线估计的天线几何结构

应该清楚的是,阵元之间可以确定相位差的投影距离为 $D\sin\theta$,以弧度表示相应相位差为 $(2\pi D/\lambda)\sin\theta$,其中 λ 为入射波的波长。在距离原点 $D/2$ 处的阵元上看到的信号的相位早于在原点看到的相位;按照惯例,这是一个负值。

这个投影也可以通过将坡印亭矢量看成是列单位矢量 $\boldsymbol{u} = [\,-\sin\theta \quad -\cos\theta\,]^T$ 和矩阵 $\boldsymbol{P}_e$ 中的阵元位置来确定,矩阵 $\boldsymbol{P}_e$ 的第 n 行包含第 n 个元素的 $x-y$ 坐标,有

$$\boldsymbol{P}_e \triangleq \begin{bmatrix} -D/2 & 0 \\ +D/2 & 0 \end{bmatrix} \tag{9.1}$$

使用这种记号法,阵元位置矩阵和坡印亭矢量的乘积变成阵元相位的列矢量。

$$(2\pi/\lambda)\boldsymbol{P}_e \boldsymbol{u} = [\,(\pi D/\lambda)\sin\theta \quad -(\pi D/\lambda)\sin\theta\,]^T \tag{9.2}$$

因此,如上所述,在两个阵元之间看到的相位差为 $(2\pi D/\lambda)\sin\theta$。

现在假设一个波沿着 x 轴入射到 N 个阵元的线性阵列上;其中第一个阵元为参考单元。每个阵元将提供其相对于参考阵元处的相位估计 ξ_n,第 n 个这种相对相位 ξ_n 产生了观测相位(行)矢量的第 n 个元素 $\vec{\xi} = \{\xi_n\}$。

如果沿着 x 轴的线阵的阵元位置被放置在位置矩阵 $\boldsymbol{P}_e$ 中,如式(9.1),那么第 n 行包含第 n 个阵元的 $x-y$ 坐标,有

$$\boldsymbol{P}_e \triangleq \begin{bmatrix} x_1 & 0 \\ x_2 & 0 \\ \vdots & \vdots \\ x_N & 0 \end{bmatrix} \tag{9.3}$$

165

那么期望的相位矢量为 $\boldsymbol{\xi}_e = (2\pi/\lambda)\boldsymbol{P}_e\boldsymbol{u}$。一种 LOB 估计的直接方法利用了预期相位 $\boldsymbol{\xi}_e$ 和观察相位 $\boldsymbol{\xi}$ 之间的简单关系,它们可以表示为信号方向矢量 $\boldsymbol{u}$ 的一组超定线性方程组,并有解为

$$\hat{\boldsymbol{u}} = -(\lambda/(2\pi))(\boldsymbol{P}_e\boldsymbol{P}_e^{\mathrm{T}})^{-1}\boldsymbol{P}_e^{\mathrm{T}}\boldsymbol{\xi} \qquad (9.4)$$

因为相位噪声不是高斯的,所以这种方法不是严格最优的,但是它通常可以提供有用的示向线估计。然而,请注意,由于假设的阵列几何结构沿 x 轴放置元素,因此矩阵 $\boldsymbol{P}_e$ 的第二列完全为零。这意味着信号方向矢量的第二分量的解是不确定的,因此第一分量 $-\sin\theta$ 是唯一可用于估计 θ 的分量。

这种方法提供了相对于线性阵列法线的示向线角度估计 $\hat{\theta}$,但是这个角度仅确定了入射信号方向可能位于的圆锥。因此,对于平面阵列,必须完全确定示向线估计值。

因此,如果问题是三维的,并且使用球面坐标系,则与入射信号相关联的单位矢量被修改为 $\boldsymbol{u} = [-\sin\theta\cos\phi \quad -\sin\theta\sin\phi \quad -\cos\theta]^{\mathrm{T}}$,并且阵元位置矩阵 $\boldsymbol{P}_e$ 为 $N \times 3$ 矩阵,使得第 n 行包含第 n 个阵元的 $x-y-z$ 坐标。在这种情况下,投影变成了 $\boldsymbol{P}_e\boldsymbol{u}$。期望的相位矢量为 $\boldsymbol{\xi}_e = (2\pi/\lambda)\boldsymbol{P}_e\boldsymbol{u}$,并且可以用类似于式(9.4)中的解的方式来确定到达角的法向解。

对于二维阵列,可以在 $x-y$ 平面上定义该阵列,这样在线性阵列的情况下,所有阵元的 z 坐标都为零。等效的效果是,该方程的解提供一个二元估计矢量对应于信号方向矢量 $\boldsymbol{u}$ 的 x 和 y 分量的估计(由于 $\boldsymbol{u}$ 具有单位范数,因此 z 分量是可以计算的)。只要注意到 $u_x = \sin\theta\cos\phi$, $u_y = \sin\theta\sin\phi$,这两个分量就可用于计算俯仰角 θ 和方位角 ϕ,以及比率 $u_x \div u_y = \tan\phi$。这导致了 ϕ 的估计,该估计可以与 u_x 的估计一起使用来估计 θ。

所以最后的结果是,可以利用矢量 $\boldsymbol{u}$ 的两个分量来分别计算入射波的方位角和俯仰角。这种干涉仪技术已经使用多年。

下面给出一个线阵的说明性例子。考虑一个类似于 8.3.2 节中介绍的示例的五阵元阵列。图 9.2 显示了阵元在横坐标上的位置,以及波从阵列侧面以相对示向线为 20° 的方向到达时产生的预期相位。假设阵元信噪比为 10,相应的相位估计的标准偏差为 0.15rad 或约为 9°,每个阵元的估计相位被绘制为纵坐标。使用本节中描述的相位拟合技术,一次蒙特卡罗(Monte Carlo)模拟的估计示向线为 19.75°,与真实示向线相差 0.25°。对这些条件进行 100 次试验模拟,得到的结果与误差中的标准偏差相同(0.25° = 0.0044rad)。这只比第 8 章图 8.3 中计算的 Cramer-Rao 界限所给出的 0.0032rad 稍大一点。

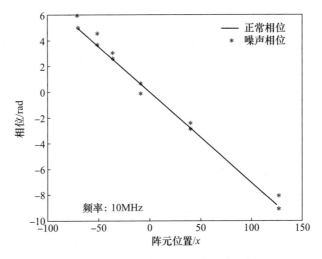

图9.2 稀疏阵列条件下,相位拟合的例子

9.3 最大似然法估计示向线

相位拟合测向方法具有启发性,但当存在多模传播和/或同信道干扰的环境中存在局限性。利用典型接收机噪声高斯统计特性的最大似然方法可以适用于处理多种信号环境,并且在单个信号的情况下,具有严格的数学论证。一种常用的方法假设信号幅度具有类似噪声的特征,并具有高斯分布。

这样的信号模型适用于格式已知的通信信号,但是未知的数据调制会导致精确信号波形的不确定性。

如第6章所述,具有 N 个传感器阵列的 L 个观测值的数据模型包括 $N \times L$ 数据矩阵 Z,该数据矩阵 Z 的列包含在特定时间收集的 N 分量样本矢量中。行表示来自阵列特定阵元的时域数据。如果接收机噪声由具有协方差矩阵 Σ 的独立的零均值高斯样本组成,则数据的概率密度函数为

$$p(Z|X) = |\pi \det \Sigma|^{-L} \exp\{-[(Z-X)^H \Sigma^{-1}(Z-X)]\} \quad (9.5)$$

$$= |\pi \det \Sigma|^{-L} \exp\{-\mathrm{Tr}[\Sigma^{-1}(Z-X)(Z-X)^H]\} \quad (9.6)$$

式中:$X = VS$ 为 $N \times L$ 矩阵,表示包含在数据中的信号模型,从而得出对数似然函数为

$$\ln p(Z|X) = -LN\ln\pi - LN\ln|\Sigma| - \mathrm{Tr}[\Sigma^{-1}(Z-X)(Z-X)^H] \quad (9.7)$$

因为假设通道具有独立的噪声源,所以通常假设协方差矩阵是对角的,其对角元

素表示与每个天线通道相关联的噪声水平。在所有通道中,噪声通常处于相同的水平,在这种情况下,噪声协方差矩阵变成单位矩阵乘以常数 σ^2。

现在考虑单个信号的情况,该信号被简化地建模为具有高斯分布的随机幅度。注意到阵列信号模型中假设入射信号在所有阵元上产生相同的幅度变化,所以阵元接收信号 z 的接收矢量显然为 $a(t)v(u)$,其中 $v(u)$ 被定义为对应方向矢量 u 的阵列响应矢量。如果假设噪声在所有通道中功率相等并且在通道之间独立,并且如果信噪功率比被指定为参数 P,则接收信号的协方差将会依赖于信号的到达方向,有

$$\Sigma_r(u) = I + Pv(u)v^H(u) \tag{9.8}$$

然后,对数似然比为

$$\ln p(Z|u) = -LN\ln\pi - L\ln\det\Sigma_r(u) - \sum_{l=1}^{L} z_l^H \Sigma_r^{-1}(u) z_l \tag{9.9}$$

$\Sigma_r(u)$ 的逆为

$$\Sigma^{-1}(u) = I - \frac{P}{NP+1} v(u)v^H(u) \tag{9.10}$$

$\Sigma_r(u)$ 的行列式为

$$\det\Sigma_r(u) = NP + 1 \tag{9.11}$$

这导致了对数似然比为

$$\ln p(Z|u) = -LN\ln\pi - L\ln(NP+1) - \sum_{l=1}^{L} z_l^H \left(I - \frac{P}{NP+1} v(u)v^H(u) \right) z_l \tag{9.12}$$

此对数似然将在如下式最大化时取得最大值为

$$D(u) = \sum_{l=1}^{L} z_l^H v(u) v^H(u) z_l \tag{9.13}$$

$$= \sum_{l=1}^{L} |z_l^H v(u)|^2 \tag{9.14}$$

$$= \sum_{l=1}^{L} v^H z_l z_l^H v \tag{9.15}$$

$$= v^H(u) \left(\sum_{l=1}^{L} z_l z_l^H \right) v(u) \tag{9.16}$$

$$= v^H(u) R_{zz} v(u) \tag{9.17}$$

因此,通过评估该表达式中所有可能的 u 并找出其中的最大值,就可以得到本

节中所寻求的最大似然过程。

式(9.17)中的表达式有一个简单的解释。对比来自于特定方向的信号功率,由于$v(u)$表示天线阵列观察到的来自方向u的复信号矢量,则由该等式表示天线阵列观察到的接收功率的量度,并且功率量度由观测值的协方差矩阵表示。当假设的方向u与观测值最大程度匹配时,确定该方向作为示向线的估计值。

在许多高频应用中,天线阵列是基于线性几何结构的,在u上进行的最大匹配值搜索过程是一维的,其中与u相关的方位角指定了每个需要搜索的点。当天线阵列分布在一个平面上时,观测值中有可能同时存在方位角和仰角,因此有可能需要采用二维测向。本节其余部分讨论二维测向的情况,并指出如果要实现二维测向应该对算法进行扩展。

基本概念很简单。在进行信号方向搜索时,应该将方位角θ上的单个维度搜索,扩展到由方位角和仰角两个分量组成的二维角度矢量上的多维搜索。根据这种解释,角度θ变成了二维矢量$\boldsymbol{\theta}$,并且搜索是在由该矢量方向索引的二维流形上进行的。

在继续之前,最好指定与方位角–仰角搜索相关的方向矢量$v(u)$。就像在一维情况下一样,方向矢量包含一个指数,该指数表示在特定天线阵元处观察到的相对于参考位置的相位延迟。该相位延迟与载波频率f_c和时间延迟成比例,时间延迟由光速c和传播距离δ决定。传播距离可以计算为以参考位置为起点、以所述天线单元位置为终点的几何矢量投影到入射波方向矢量上的投影系数。

如果将参考位置选择为与阵列几何中心点相重合的球面坐标系原点,N个天线阵元的位置坐标x、y和z对应$N\times 3$矩阵$\boldsymbol{P}_e$的行,当信号来自天顶角θ(俯仰角$\varepsilon = \pi/2 - \theta$)和方位角$\phi$时,多个阵元上的信号延迟$\boldsymbol{\tau}$的集合变为

$$\boldsymbol{\tau} = -\frac{1}{c}\boldsymbol{P}_e \boldsymbol{u} \tag{9.18}$$

式中:u为入射波方向上的单位(坡印亭)矢量,有

$$\boldsymbol{u} = \begin{bmatrix} \sin\theta\cos\phi & \sin\theta\sin\phi & \cos\theta \end{bmatrix}^{\mathrm{T}} \tag{9.19}$$

式(9.18)中的负号表示入射波,因此从传播方向上看阵元的传播延迟是负的。

例如,考虑9.2节中所说的线性阵列问题。搜索空间量化为900个相等的步长后,图9.3显示了每个步长的度量值。通过对相邻数据点进行插值,可以在20°位置获得最大似然(ML)示向线估计值,这与建模示向时指定的值相同。虽然可以通过对度量进行插值来获得更好的精度,但是这种改进并不是证明最大

似然方法的有效性所必需的。

在上面的例子中,搜索空间点的数量似乎是任意选择的。一般来说,这个数字的选择应与目标频率下阵列波束的宽度和阵元信噪比相匹配。第 8 章中描述的界限可以作为确定搜索空间大小的依据。最保守的做法是,如果 Cramer-Rao 边界表明一个线性阵列的误差可以低到波束宽度为 α,那么就以此作为角度间隔进行流形测试。举例来说,对于 3λ 的阵列,波束宽度是 $1/3\mathrm{rad}(20°)$;因此,$0.0032\mathrm{rad}(0.18°)$ 的 Cramer-Rao 界限建议使用 982 点。这里,较少的点用来体现搜索区域两端的波束宽度。

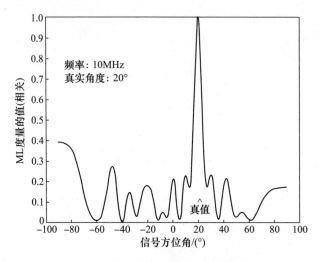

图 9.3　最大似然方法的例子(稀疏阵列)

9.4　矢量空间法

9.4.1　MUSIC 算法

在 9.3 节中,每组同步样本或快照 z 都被建模为 N 维空间中的矢量。该矢量由两个分量组成,一个是由到达信号的复振幅和导向矢量的乘积确定的信号分量,另一个是由接收机噪声贡献的噪声分量。在本章中,假设阵列足够小,每个信号的复振幅能够以相同的形式到达每个天线单元。叠加在复振幅上的是相位变化,该相位变化取决于由式(6.7)给出的信号方向和阵元相对位置。相位变化包含在导向矢量中,每个信号的导向矢量在接收机处理时间间隔内保持恒定。应该强调的是,对于每个入射到阵列上的电磁波,电磁波的响应是完全独立的。如果有多个波共同入射,天线阵元的响应是各个电磁激励的和。如果接收机是线性的、相干的,那么接收机的输出将反映各天线激励的线性和。

前面对波形描述集中在激励阵列单元的信号上。然而,阵元的输出可能并且经常与这种理想情况不同,特别是在阵元之间存在显著电磁差异的情况下。如稍后将讨论的,这种差异可以通过校准过程来调整;目前,假设所有阵元都相同,在不同方向有相同的输出特性。

如果将特定天线单元处观察到的复数样本值表示为一个 N 维复空间,那么接收到的矢量 z 表示为该空间中的一个点;连续的接收矢量 $z(t)$ 在该空间中画出一条曲线。对于单信号入射到阵列上的情况,连续的接收矢量会由于信号调制而发生改变,但是对连续 $z(t)$ 来说导向矢量是不变的。也就是说,在第 k 个信号的信号模型中,有

$$z_k(t) = v(\theta_k) a_k(t) + n(t) \tag{9.20}$$

式中 $a_k(t)$ 为表示第 k 个信号上的数据调制信号的复标量样本序列,$v(\theta_k)$ 为 N 维列矢量,表示方位角和俯仰角组成的 2 维矢量 θ_k 所对应的阵列响应。

使用矩阵的等价表达式可以写为

$$Z_k = V(\Theta_k) a_k^T + N \tag{9.21}$$

式中:Z_k 为一个 $N \times L$ 矩阵,矢量 $z_k(t)$ 为其中的列,a_k^T 为长度为 L 的振幅行矢量,N 为噪声样本的 $N \times L$ 矩阵。当包括所有的 K 个信号时,矩阵 A 以 a_k^T 作为行代表了入射信号幅度,得到的数据矩阵变为

$$Z = V(\Theta) A + N \tag{9.22}$$

式中:矩阵 $V(\Theta)$ 具有对应于阵列单元的行和对应于入射波到达角的列;A 为振幅矩阵,其中第 k 行包含第 k 个信号的 L 个调制样本。到达角矩阵 Θ 具有对应于 K 个信号示向线的 K 个二维列矢量;假设到达角对于每个信号保持固定,使得连续接收的快照共享相同的导向矢量,从而迫使它们位于同一条线上,或位于公共的一维复数子空间中,该一维子空间处于前面定义的基于传感器的坐标系所建立的 N 维复数子空间之中。

当两个信号从不同的方向到达时,每个信号具有不同的导向矢量,每个信号将在不同的一维复数子空间内对接收信号做出贡献。但是这两个信号在每个阵元处以相加的方式组合,导致总接收矢量是两个导向矢量的线性组合,其中两个信号幅度是该线性和中的系数。这样的线性组合意味着和位于二维复数子空间中。

通过归纳可以清楚地看出,当 K 个信号入射到阵列上时,只要 $K<N$,接收到的信号快照就会位于 K 维复数子空间中。

有了 N 维矢量子空间这一工具,人们的注意力可以转移到特定的测向算法上。多信号分类(MUSIC)算法由 Ralph Schmidt 在他的博士论文[1]中提出。

MUSIC 技术使用子空间的概念,使用数据矩阵 Z 来确定与 K 个到达信号的导向矢量相对应的特定子空间。该数据矩阵 Z 包括两个时变分量,包含在矩阵 A 中的信号调制和矩阵 N 中的接收机噪声。虽然信号不是完全随机的(如果它要向预期接收机传达消息,则不可能是完全随机的),但数据调制在信号中引入了足够的不确定性,使得可以应用大数定律,将信号建模为以相关矩阵为特征的二阶随机过程。然后,可以使用二阶统计度量(特别是其协方差矩阵)来表征 Z,以帮助认识前面介绍的信号子空间。

协方差矩阵 R 为

$$R = ZZ^H = V(\Theta)\mathcal{A}V^H(\Theta) + \sigma^2 I \tag{9.23}$$

式中:$\mathcal{A} = E\{AA^H\}$,表示振幅矩阵与其自身的外积的期望值。

这里的重点是寻找 $V(\Theta)$,协方差矩阵提供这样做的工具。请注意,接收机通道中的噪声在时间上和通道间的统计独立性使得噪声样本矩阵的外积 N 是对角的,并且可由常数乘以单位矩阵来表示。

数据协方差矩阵 R 的表达式说明,特征分析将提供有用的工具。回想 $V(\Theta)$ 是一个 $N \times K$ 矩阵,显然乘积 $V(\Theta)\mathcal{A}V^H(\Theta)$ 的秩为 $K < N$。因此,即使 R 的噪声分量使它的秩为 N,相对于噪声贡献更强的信号贡献使得协方差矩阵中的大部分功率位于秩 K 的子空间中。

因此,对 R 的特征分析将产生一组 N 个有序的特征值,其中 K 个特征值应该大于其他的特征值。这些较大的特征值,以及它们对应的特征矢量可以用来估计秩为 K 的期望信号子空间;较小的特征值称为"噪声"特征值,连同它们相应的特征矢量一起定义了"噪声子空间"。与任何两个子空间一样,信号子空间和噪声子空间都定义为不相交的特征矢量集的所有线性组合,并且这两个子空间是正交的。这一观察提供了 MUSIC 算法的关键:存在于信号子空间中的任何信号矢量都与由与噪声子空间正交。

基于这个原理,MUSIC 算法的细节如下[2]:

(1) 从 N 通道数据估计的协方差矩阵 $\hat{R}$。

(2) 执行 $\hat{R}$ 的特征分析。

(3) 对特征值进行排序,并确定其中有多少足够小到可以被视为"噪声"特征值。

(4) 定义一个噪声子空间矩阵 E_e,并使用相关的噪声特征矢量作为它的列。

（5）就像上一节所做的那样,考虑所有可能的导向矢量。

（6）使用 $d = V(\Theta)^H E_c E_c^H V(\Theta)$ 计算每个可能的导向矢量到噪声子空间的距离。

（7）计算 MUSIC 谱,MUSIC 谱定义为上述距离的倒数。(使用逆运算使得与噪声子空间正交的信号矢量在 MUSIC 谱中表现为极大值。)

（8）基于 MUSIC 谱中的 K 个局部最大值估计期望的到达方向。

在图 9.4 中,用一个稀疏线性阵列的简单例子说明该算法。

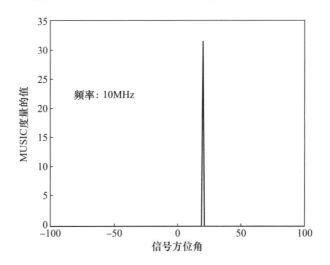

图 9.4 MUSIC 算法的例子(稀疏阵列)

9.4.2 Root – MUSIC

MUSIC 算法(9.4.1 节)已被证明是高频传感器环境中示向线估计的有效方法。MUSIC 算法的实现面临两个计算挑战:样本协方差矩阵的特征分析和在信号流形上搜索 MUSIC 的谱峰。Root – MUSIC 是 MUSIC 算法的一种变体,可以显著降低流形搜索的计算压力。正如本节后面将要讨论的,在校准或数据收集错误的情况下,Root – MUSIC 也可以更具鲁棒性。但是它的使用仅限于具有特定阵元间距的阵列,因此它的使用远不如传统 MUSIC 广泛。

为了理解 Root – MUSIC 概念,考虑一个具有均匀间隔阵元的阵列,阵元间距为 d。如果第一个阵列单元的位置被当作坐标原点,并且所有阵元都沿着 y 轴展开,则导向矢量的第 n 个分量为(根据式(6.7)) $\exp[i2\pi \boldsymbol{P}_e^n \cdot \boldsymbol{u}/\lambda]$,其中 $\boldsymbol{P}_e^n$ 为包含第 n 个阵元坐标的行矢量。因此,导向矢量具有十分简单的结构,即

$$\boldsymbol{v} = [e^{jk\boldsymbol{p}_e^{(1)}\boldsymbol{u}} \quad e^{jk\boldsymbol{p}_e^{(2)}\boldsymbol{u}} \quad \cdots \quad e^{jk\boldsymbol{p}_e^{(N)}\boldsymbol{u}}]^T \qquad (9.24)$$

由于所有阵元位置矢量都是 $\boldsymbol{p}_e^{(n)} = [0\ d(n-1)]$ 的形式,因此导向矢量变为

$$\begin{aligned}\boldsymbol{v} &= [e^{-(jk\sin\Phi d)\cdot 0}\quad e^{-(jk\sin\Phi d)\cdot 1}\quad e^{-(jk\sin\Phi d)\cdot 2}\quad \cdots\quad e^{(-jk\sin\Phi d)\cdot(N-1)}]^T \\ &= [z^0\ z^1\ z^2\cdots z^{(N-1)}]^T\end{aligned}\quad(9.25)$$

式中:$z \triangleq e^{-jk\sin\Phi \cdot d}$。

这里,如同在传统 MUSIC 中,根据特征值的大小关系将由较大的 K 个特征值及其相关特征矢量指定的信号子空间与基于较小$(N-K)$特征值的噪声子空间分离。如同在传统 MUSIC 中一样,导向矢量与噪声特征矢量正交的事实变得至关重要。作为这一观察的结果,在数学上表述为

$$\boldsymbol{V}^H(z)\boldsymbol{E}_n = 0 \quad(9.26)$$

利用式(9.26)中的$(N-K)$个约束方程可以推导出 Root – MUSIC 算法。

Root – Music 的关键是导向矢量的特殊形式,即式(9.25)。这种特殊形式允许将式(9.26)中的正交性条件写成多项式为

$$S_k(z) = \frac{1}{\sqrt{N}}\sum_{n=1}^{N}\xi_{nk}z^{-(n-1)}\quad k = s+1,\cdots,N \quad(9.27)$$

式(9.26)中的正交性条件表明,期望的信号方向是这些多项式的根。因此,利用这些多项式,可以形成 Root – Music 的度量 $D(z)$ 为

$$D(z) = \sum_{k=s+1}^{N} S_k(z)S_k^*(1/z*) \quad(9.28)$$

从而使 Root – MUSIC 算法变成对使得 $D(z) = 0$ 的 z 值集合的搜索。

可以在全部根的集合中评估哪个根具有接近于单位 1 的幅度,$|z| \approx 1$,来确定信号方向。

在结束 Root – Music 的讨论前,简要介绍该算法中的变体,这些变体允许算法用于不等间距阵元,或者用于二维阵列。在最一般的情况下,如果第 n 个阵元位于坐标 $\boldsymbol{P}_e^n = [p_{nx}\ p_{ny}\ 0]$ 处,请回想一下,来自方向角 (θ,ϕ) 的入射信号的导向矢量可以由矢量 $\boldsymbol{v}$ 给出,并且矢量 $\boldsymbol{v}$ 的第 n 个分量为

$$v_n = e^{-jk(p_{nx}\sin\theta\cos\phi + p_{ny}\sin\theta\sin\phi)} \quad(9.29)$$

本章中已经多次证明,在对协方差矩阵进行特征分析之后,信号导向矢量与噪声特征矢量是正交的。在这个条件下,可以得到

$$\sum_{n=1}^{N}\xi_{nk}v_n = 0 \quad(9.30)$$

式中:ξ_k 为第 k 个特征矢量,并且 k 与噪声特征值相对应。有了两个这样的噪声

特征矢量,就可以得到两个这样的方程。这两个方程可以对两个未知角度 θ 和 ϕ 进行数值求解。解的搜索范围限制在由两个未知角度构成的单位球内。当存在多个信号时,需要更多的噪声矢量,每个未知信号两个参数,虽然这增加了搜索的维度,但方法是相同的。这里不会给出详细的结果,但算法的概念应该是显而易见的。感兴趣的读者可以参考文献[3]。

显然,该方法将涉及信号方向的流形搜索转换为式(9.30)中的求解多变量方程的多维搜索。需要特定应用的具体信息来比较计算成本,这一主题超出了本工作的范围。然而,作者并不知道这些方法在高频接收机领域有何应用。

9.5 极化敏感阵列测向

9.5.1 动机

在本章的前面部分,在所有阵元具有共同极化特性的假设下描述了 MUSIC 算法。如果不是这样的话,可以经过适当处理来利用阵列的多极化特性潜在地提高阵列性能。当面对具有不同极化特征的信号时,阵列性能增强包括提高信号辨别能力和更精确的测向性能。

基于极化的处理[12]扩展了阵列响应矢量的定义,阵列对信号的响应可以表征为极化状态的函数。按照惯例,平面波信号的极化状态是根据其水平和垂直电场矢量分量来描述的。水平电场分量垂直于入射平面,入射平面定义为给定方位角 ϕ 处的垂直面,因此水平电场分量通常被称为 ϕ 分量。由于坡印廷矢量 u 位于该入射平面内并且电场在与其正交的平面内旋转,垂直电场分量位于与坡印廷矢量正交的入射平面内。因为天顶角 θ 是在这个垂直入射平面上测量的,所以这个电场分量被称为 θ 分量。注意,虽然这个电场分量位于垂直平面,但当 $\theta = \pi/2$ 时,它是垂直的(平行于 z 轴)。

垂直极化天线将仅感知波的垂直极化分量,水平极化天线将仅感知水平极化分量。因为大部分高频信号是由椭圆极化波携带的,所以对于与相位相关的垂直和水平分量,垂直极化天线阵列(如垂直单极天线)将只观察到入射波的垂直分量。尽管阵元能够捕获波能量的一部分,但是正交于天线极化状态的极化分量所携带的能量将会丢失。如果阵列天线是相同的,它们将捕获相同的能量部分(在一定程度上,波前在阵列上不变)。

当表征极化波的阵列响应矢量时,该矢量必须包括一个系数,该系数是入射波极化状态的函数。如果这个系数对所有天线单元都是公共的,那么它对阵列响应矢量的所有分量都是公共的。因此,它可以被排除,并且即使这个系数会影响天线阵元捕获的入射波能量大小,这个因素在任何测向阵列处理算法中基本上都可以被忽略。

如果所有阵列单元都相同的并且都是双极化,两个正交极化天线都有单独的输出端口,则每个阵元可以捕获入射波的两个极化分量,使天线更有效。如果这些单元在物理上都指向相同的方向,那么它们的阵元模式(阵元模式以入射信号方向 u 的函数)将是相同的,并且可以从总阵列响应中分离出来,使得阵元相位中心位移成为确定到达方向的唯一因素。

现在,如果阵元不完全相同,而是表现出不同的极化特性,那么每个阵元对入射波的响应就会不同。因此,阵列响应矢量的分量将不仅包括阵元间相对位置引起的时间延迟分量,还将包括阵元之间不同的极化敏感系数。该系数不能像相同阵元那样从阵列响应矢量中分离出来。因此,极化灵敏度应该包括在阵列处理技术的设计中。

迄今为止,大多数陆基高频天线阵只包括相同的垂直天线单元。舰载阵列可能配备相同的阵元,但当它们靠近船体的结构部件时天线获得了不同的极化特性,该特性不仅对到达波的两种极化都很敏感,而且不同阵元之间也不同,可能是以不可预测的方式。一旦安装这样的阵列,就有可能通过测量或电磁建模来开发极化敏感校准,并且将特定于阵元的极化特性结合到阵列导向矢量中。因为,如前所述。极化敏感阵元具有性能改进的潜力,如果在处理中实现极化观察能力,则有必要了解这些机会。

9.5.2 极化敏感测向算法

极化可以很好地描述为导向矢量概念的扩展,使导向矢量能够随到达波的极化和方向的变化而改变。由于波的极化可以由垂直分量和水平分量来表征,因此定义两个方向矢量来描述阵列响应是合适的。v_h 表示对水平极化波的响应,v_v 表示对垂直极化波的响应。

极化波由它的到达角 θ 以及一个指定极化分量相对强度的 2 维矢量 k_p 表征。由于任意极化到达波可以描述为水平波和垂直波的线性组合,所以对来自方向 θ 且极化态为 k_p 的波的阵列响应可由 $N\times 2$ 矩阵 $V_p(\theta)$ 指定,并可写成 v_h 和 v_v 的线性组合,由极化状态分量加权。使用矩阵表示法,这个阵列响应可以写成 $V_p k_p$,

$$b(\theta,k_p) = V_p(\theta)k_p \tag{9.31}$$

式中:k_p 为描述入射波的极化状态的双分量矢量,而 $V_p(\theta)$ 为 $N\times 2$ 矩阵 $[v_h \quad v_v]$。

将极化合并到测向算法中的基本方法是将极化灵敏度包含进阵列响应中。由于入射波的极化状态通常是未知的,极化状态成为一个未知参数,必须作为空间谱计算的一个步骤进行优化。由于 MUSIC 已被证明是一种非常有效的高频测向方法,因此这里将说明 MUSIC 算法在极化阵列中的扩展。

回顾 MUSIC 谱是通过下面度量计算,得

$$d(\boldsymbol{\theta}) = \boldsymbol{V}(\boldsymbol{\theta})^H \boldsymbol{E}_c \boldsymbol{E}_c^H \boldsymbol{V}(\boldsymbol{\theta}) \qquad (9.32)$$

式中:$\boldsymbol{E}_c$ 为由协方差矩阵的噪声(对应最小特征值)特征矢量组成的矩阵,$d(\boldsymbol{\theta})$ 表示到信号子空间的距离,所得到的结果是 MUSIC 频谱为

$$S_{MU}(\boldsymbol{\theta}) = [d(\boldsymbol{\theta})]^{-1} \qquad (9.33)$$

如果极化特性包括在导向矢量中,并且包括前述最小化处理,则得到的距离为

$$d_{MUP}(\boldsymbol{\theta}) = \min_{k_p} \left[\frac{\boldsymbol{k}_p^H \boldsymbol{V}_p(\boldsymbol{\theta})^H \boldsymbol{E}_c \boldsymbol{E}_c^H \boldsymbol{V}_p(\boldsymbol{\theta}) \boldsymbol{k}_p}{\boldsymbol{k}_p^H \boldsymbol{V}_p(\boldsymbol{\theta})^H \boldsymbol{S}_o^{-1} \boldsymbol{V}_p(\boldsymbol{\theta}) \boldsymbol{k}_p} \right] \qquad (9.34)$$

这里,导向矢量已被修改为 $N \times 2$ 矩阵 $\boldsymbol{V}_p(\boldsymbol{\theta}) = [\boldsymbol{v}_h \boldsymbol{v}_v]$,包括对信号极化的依赖性,并且 $\boldsymbol{S}_o$ 是与阵列相关联的噪声协方差矩阵,通常假设为 $\sigma^2 \boldsymbol{I}$。

通过计算修改后的到噪声子空间的距离,式(9.33)可以如前所述地求值,从而得到不久将详细描述的极化敏感 MUSIC 谱。

注意,d_{MUP} 的表达式是二次型的比率,通常由以下关系定义的所谓瑞利商为

$$\frac{\boldsymbol{x}^H \boldsymbol{A} \boldsymbol{x}}{\boldsymbol{x}^H \boldsymbol{x}} \qquad (9.35)$$

众所周知该形式的最小值是 $\boldsymbol{A}$ 的最小特征值。当 $\boldsymbol{x}$ 对应于最小特征值的特征矢量时,就会出现这个最小值。这可以表示为

$$\boldsymbol{A} \boldsymbol{x}_{\min} = \lambda_{\min} \boldsymbol{x}_{\min} \qquad (9.36)$$

所以 $\lambda_{\min}$ 一定是如下方程的最小根:

$$\det(\boldsymbol{A} - \lambda \boldsymbol{I}) = 0 \qquad (9.37)$$

将式(9.34)转化为这种形式会导致搜索以下方程的最小根:

$$\det\{\boldsymbol{V}_p(\boldsymbol{\theta})^H \boldsymbol{E}_c \boldsymbol{E}_c^H \boldsymbol{V}_p(\boldsymbol{\theta}) - \lambda \boldsymbol{V}_p(\boldsymbol{\theta})^H \boldsymbol{S}^{-1} \boldsymbol{V}_p(\boldsymbol{\theta})\} = 0 \qquad (9.38)$$

这个最小根成为到不同极化噪声子空间的距离 d_{MUP},因此有

$$S_{MUP}(\boldsymbol{\theta}) = [d_{MUP}(\boldsymbol{\theta})]^{-1} \qquad (9.39)$$

因此,用极化敏感阵列测向的方法可以总结如下:

(1) 假设存在对应于两个正交极化状态的阵列流形。

(2) 对于这些阵列流形中的每个到达角,设置式(9.34)中指定的 MUSIC 谱。

(3) 引入坐标变换 $\boldsymbol{k}_r = (\boldsymbol{V}_p^H \boldsymbol{V}_p)^{1/2} \boldsymbol{k}_p$,通过定义矩阵 $\boldsymbol{A}_r = \boldsymbol{V}_r^H \boldsymbol{E}_c \boldsymbol{E}_c^H \boldsymbol{V}_r$,其中

177

$V_r = V_p(V_p^H V_p)^{-1/2}$,使式(9.34)的极小化形转变为式(9.35)的形式。

(4) 对矩阵 A 做特征分析找出最小的特征值和相应的特征矢量。特征矢量 k_r 为指定到达角方向上的到达信号提供了期望极化状态下的最佳匹配。

(5) 进行一维流形搜索以找到与最小化极化态相关联的 MUSIC 频谱的峰值(即式(9.39))相对应的到达角。注意,该过程避免了在极化状态(两个自由度)和到达角(一个或两个自由度)上都使用搜索时所需的多维搜索。

(6) 与二维导向矢量(矢量的分量对应于阵列流形矢量中的两个正交极化状态)相关的到达角和该到达角下使度量最小化的极化状态(即特征矢量)确定了所要寻找的示向线和极化;用户可能不需要极化信息,除非作为获得到达角的手段。

9.5.3　矢量传感器示例 1

为了说明极化敏感阵列的测向方法,考虑一个由三个共址天线单元组成的三单元结构,即所有三个天线单元都有一个共同的相位中心。这种结构通常被归类为矢量传感器,尽管该术语最常指的是六天线结构,其中三个天线单元由正交偶极子组成,另外三个天线为正交环天线。为了在表达矢量传感器概念的同时简化描述,只使用了三个天线单元。

第一个天线是垂直偶极子,馈电点位于传统的矩形 $x-y-z$ 坐标系的原点,只响应入射电场的垂直分量。根据定义,垂直极化到达波的电场矢量在垂直平面上,也就是垂直偶极子所在的平面上。天线响应可以描述为电场在偶极子轴上的投影。因此,响应为 $E_0\sin\theta$,其中 E_0 为电场的大小,θ 为描述到达信号方向的天顶角。例如,请注意,如果波从头顶到达,则偶极子响应为零($\theta=0$),如果波到达水平面($\theta=\pi/2$),则偶极子响应为 E_0。如果入射波是水平极化的,则电场垂直于通过 z 轴的垂直平面,并与 x 轴成一个角。第一个天线位于该平面内,因此不会对水平极化波做出响应。

第二个天线是在 $y-z$ 平面中的垂直环,天线中心位于坐标框架原点;该天线只响应磁场的 x 分量。如果到达波是垂直极化的,磁场垂直于穿过 z 轴的垂直平面,与 x 轴成一定角度 ϕ。其 x 分量分为 $-H_0\sin\theta$,y 分量分为 $+H_0\cos\theta$。如果入射波是水平极化的,磁场位于垂直于传播方向的垂直平面内,与 z 轴夹角为 θ。因此,在 x 方向上垂直于 $y-z$ 平面的分量为 $H_0\cos\theta\cos\phi$。

最后,第三个天线也是一个垂直环,但位于 $x-z$ 平面内,天线中心在原点;这个元素只响应磁场的 y 分量。如果到达波是垂直极化的,磁场是水平的,垂直于通过 z 轴并与 x 轴成一定角度的垂直面。它的 y 分量为 $+H_0\cos\phi$。如果这个波是水平极化的,磁场在这个垂直平面上,它的 y 分量为 $+H_0\cos\theta\sin\phi$。

这些关系可以用 3×2 响应矩阵来概括：

$$V_p = \begin{bmatrix} \sin\theta & 0 \\ -\dfrac{1}{\eta_0}\sin\phi & \dfrac{1}{\eta_o}\cos\theta\cos\phi \\ \dfrac{1}{\eta_o}\cos\phi & \dfrac{1}{\eta_0}\cos\theta\sin\phi \end{bmatrix} \quad (9.40)$$

式中：$\eta_0 = (\mu_0/\varepsilon_0)^{1/2}$ 为自由空间的特征阻抗。

现在考虑一个从 30°方位角和 20°仰角到达的 11MHz 信号。假设在这个简单的矢量传感器的每个天线单元上，都以 50Msps[①] 采样 100 个样本（对应于 0.5μs 的数据采集间隔）。请注意，矢量传感器天线都是相位对齐的，模拟信号是实数值的。因此，数据是实数值。图 9.5 显示了在三个阵元上看到的信号。

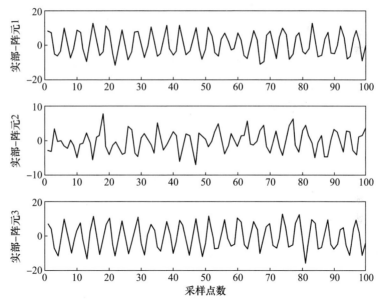

图 9.5 矢量传感器样例数据 – 仿真信号为实信号

收集 100 个数据样本，用通常的方法形成协方差矩阵。因为在这个矢量传感器中只有三个单元，所以数据空间是三维的，因此有三个特征矢量来张成数据空间。如本节前面所讨论的，多极化测向过程需要两个特征矢量来表征信号子空间。因为只有三个特征矢量张成整个数据空间，所以单个特征矢量定义了噪

---

① Msps(million samples per second)，百万次采样/秒。

声子空间,它是对应最小特征值的特征矢量。该特征矢量用于多极化 MUSIC 算法,得到的 MUSIC 谱如图 9.6 所示。很明显,矢量传感器数据的这种处理过程得到了与入射信号的方向一致的示向线。正如最小孔径所能预期的那样,从矢量传感器数据获得的精度是有限的。

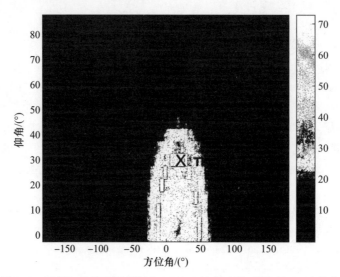

图 9.6 示例矢量传感器的极化 MUSIC 处理结果,颜色以 dB 为单位

9.6 基于特征的方法

本章前面所有涉及测向方法的章节都没有对信号调制做任何假设。本节脱离这一假设,侧重于考虑信号调制技术,并通过这种调制赋予信号可识别的特征,以增强测向性能。因为感兴趣的信号具有明确定义的"特征",所以适当的信号处理可以弱化不具有该特征的信号,从而提高处理期望信号的性能。本节描述两种基于特征的测向方法。一种方法是基于信号的频谱结构或时间特性的变化;另一种是基于信号结构中的时间周期性。

9.6.1 变化检测方法

第 7 章专门讨论了各种检测方法,回顾这一部分内容对介绍基于信号结构突然变化的测向方法是合适的。这种变化可以发生在频域或时域中。最初讨论集中在频域上,但稍后简要概述它在时域的适应性。

正如在第 4 章中详细讨论的,大多数高频宽带阵列的接收系统从每个天线单元收集连续的宽带数据流,以高采样率数字化所有数据流。因为高频环境中有许多窄带信号,也有一些宽带信号,所以这种接收机利用频谱分析方法将这些数据流按照频率信道划分为许多窄带单元。这些单元通常是相邻的,共同覆盖用户感兴趣的频谱区域。频率信道化过程通常使用快速傅里叶(Fourier)变换(FFT)技术实现,并根据单元带宽降低每个窄带单元中的采样率。

这个过程可以被粗略地①描述为考虑到 N 个天线阵元,每个天线阵元获取 L 个样本的数据块,形成具有 N 行和 L 列的数据矩阵 $\boldsymbol{Z}$。频谱分析过程包括将该矩阵的行细分成长度为 K 的块;然后,对每个块进行长度为 K 的加窗 FFT,并在每个 FFT 单元中产生一个样本。长度为 L 的原始数据块以原始采样率的 $1/K$ 的在每个 FFT 单元中产生 $M=L/K$ 个样本。这个频谱分析过程的细节在第 4 章中有所介绍。可以说,这个频谱分析过程的结果是一个数据立方体,其维度为 N(天线)乘以 K(频率单元)乘以 M(时间)。考虑这个立方体由 K 个 $N\times M$ 个数据平面(矩阵)组成。这个立方体中的第 k 个平面是一个 $N\times M$ 数据矩阵 $\boldsymbol{Z}_k$,其行对应于来自特定天线单元的窄带样本。

当前的目标是检查由 FFT 变换过程生成的窄带频率单元集合,并确定哪些单元包含不同的信号,然后估计它们的导向矢量,并由此估计它们的到达方向。考虑按从低到高的顺序扫描频率单元。假设单元活跃状态由高斯过程表征,可以通过协方差矩阵来表征第 k 个单元中的信号活跃性,协方差矩阵是使用自该单元的 M 个 FFT 输出样本得到,即

$$\boldsymbol{\Sigma}_o = \frac{1}{M}\sum_{i=1}^{M}\boldsymbol{Z}_1(t_i)\boldsymbol{Z}_1^{\mathrm{H}}(t_i) \tag{9.41}$$

扫描过程首先使用式(9.41)表示目标频带中第一个单元的特征,然后检查第二个单元是否具有相同的特征。该问题可以通过计算待检测单元(第二个单元)的样本 $\boldsymbol{Z}_2$ 是来源于第一(参考)单元中的高斯过程的概率来定量解决[13]。这个概率为

$$p_1(\boldsymbol{Z}_2(t_1)\cdots\boldsymbol{Z}_2(t_M);\boldsymbol{\Sigma}_o) = \frac{1}{\pi^{NM}|\boldsymbol{\Sigma}_o|}\exp\left[-\sum_{i=1}^{M}\boldsymbol{Z}_2^{\mathrm{H}}(t_i)\boldsymbol{\Sigma}_o^{-1}\boldsymbol{Z}_2(t_i)\right]$$
$$\tag{9.42}$$

现在使用第一个或参考单元的协方差矩阵白化测试数据,以获得

$$\boldsymbol{Z}_w = \boldsymbol{\Sigma}_0^{-1/2}\boldsymbol{Z}_2 \tag{9.43}$$

然后,很容易证明白化数据的协方差为单位矩阵,$\boldsymbol{I}$,以及

$$p_1(\boldsymbol{Z}_w;\boldsymbol{\Sigma}_o) = \frac{1}{\pi^{NM}}\exp[-\boldsymbol{Z}_w\boldsymbol{Z}_w^{\mathrm{H}}] \tag{9.44}$$

---

① 更加详细的讨论会描述重叠和加窗特性,这些特性可以在频率上隔离开相邻的小区。

式(9.44)可用作测试统计量,以确定该测试单元是否具有与参考单元相同的信号特征。如果测试显示测试单元具有不同的信号特性,可以按以下方式调查新信号的导向矢量。

因为频率单元被设计为非常窄,所以假设在测试单元中只有一个新信号是合适的。但是在白化坐标中,参考单元表现为单位协方差矩阵。因此,不同于参考单元的频率单元可以用协方差 $\Sigma_1 = I + P_{new} V_{new} V_{new}^H$ 建模,协方差的特征分析产生最大特征值 $1 + P_{new} V_{new}^H V_{new}$,其对应的特征矢量提供导向矢量估计 V_{new}。

最后,回想起这个协方差矩阵模型是在白化坐标中,必须返回到自然坐标以找到合适的新信号导向矢量,有

$$\hat{V} = \Sigma_o^{1/2} V_{new} \quad (9.45)$$

需要注意的是,式(9.43)表示的白化导致了参考单元数据计算出的协方差与测试单元计算出的协方差之间的一个有用关系。特别是测试单元格中的数据,经过白化处理后,有协方差矩阵为

$$\Sigma_w = \frac{1}{M} \sum_m \Sigma_o^{-1/2} Z_2 Z_2^H \Sigma_o^{-1/2} \quad (9.46)$$

$$= \Sigma_0^{-1/2} \Sigma_1 \Sigma_0^{-1/2} \quad (9.47)$$

且具有与矩阵 $\Sigma_c = \Sigma_0^{-1} \Sigma_1$ 相同的特征值,其中 Σ_1 为白化前测试单元中计算的协方差①。

因此,矩阵 Σ_c 的特征值可以用于评估测试单元中的样本与参考单元中的样本具有相同分布的概率。因此 Σ_c 通常被标识为转移矩阵。

使用本章前面描述的方法确定,式(9.45)中确定的导向矢量可用于测试单元信号中信号的到达方向。

刚刚描述的用于评估第二频率单元和第一频率单元中的信号环境之间的任何差异的过程可以在所有 K 个频率单元中继续。计算参考单元中的协方差矩阵以表征该单元;然后使用所描述的处理过程评估来自相邻单元格的样本,判断两个单元格中的环境是相似还是不同。

同样的方法可以用于检测和确定与间歇信号相关的到达方向。在这种情况下,时间线被分割成短的间隔;计算第一间隔的空间协方差矩阵,并且使用式(9.42)评估第二间隔的特性,就像对第一和第二频率单元所做的那样。如果存在显著差异,则宣布新信号的开始并估计导向矢量,如在频域处理中所做的那

---

① 这是由于循环置换引理导致的,循环置换引理指的是矩阵乘积 AB 的特征值可以表示为 $ABx = \lambda x$,那么对于同样的特征值会有 $BABx = \lambda Bx$,或者说 $BA(Bx) = \lambda(Bx)$,即 AB 与 BA 有相同的特征值。

样。该过程逐个间隔地继续,可以寻找并确定任何新信号的开始以及与此类新信号相关联的到达方向。

9.6.2 循环平稳特征方法

尽管测向技术可以基于各种信号特征,这个子节将集中在一个特定的特征上,即具有循环或时间周期性特征的所谓循环平稳信号[14]。回顾平稳随机过程的定义,平稳随机过程显现出与观察时间无关的统计数据。严格地说,通信中遇到的许多过程不是平稳的,因为它们涉及时变结构,如周期性分量。例如,因为二进制相移键控(BPSK)波形在码元持续时间内是恒定的,所以相隔小于码元持续时间的两个特定时间点的波形值的联合概率,取决于第一个时间点在波形中的位置。然而,这样的非平稳波形却可以是循环平稳的,因为存在周期性频率 α 使循环自相关函数为

$$R_x^\alpha(\tau) = \lim_{T\to\infty} \frac{1}{T} \int_{-T/2}^{T/2} R_x\left(t+\frac{\tau}{2}, t-\frac{\tau}{2}\right) \exp(-j2\pi\alpha t)\,dt \qquad (9.48)$$

并不等于0,这里 $R_x(t,u) = E[x(t), x^*(u)]$。

该循环自相关函数具有导出有用算法的重要性质[15]:

引理1: 如果 $x(t)$ 是具有自循环相关函数 $R_x^\alpha(\tau)$ 的循环平稳过程,且 $y(t) = x(t+T)$,则有

$$R_y^\alpha(\tau) = R_x^\alpha(\tau) \exp(j2\pi\alpha T) \qquad (9.49)$$

因为从一个天线单元到另一个天线单元的信号观测的差异主要是由于与到达角成正比的延迟,所以可以利用这一点来进行信号源方向的估计。

回想一下,当阵元沿 y 轴排列,位于位置 $\{D_i\}$ 的线性阵列的第 i 个天线单元处的观测值可以建模为

$$x_i(t) = \sum_{k=1}^{S} s_k(t + D_i\sin\phi_k/c) + n_i, \quad i = 1,2,\cdots,N \qquad (9.50)$$

第 i 个阵元处的循环相关为

$$R_{x_i}^\alpha(\tau) = \left\langle \sum_{k=1}^{S} s_k\left(t+\frac{\tau}{2}+\frac{D_i\sin\phi_k}{c}\right) \cdot \sum_{l=1}^{S} s_l\left(t-\frac{\tau}{2}+\frac{D_i\sin\phi_l}{c}\right) e^{-j2\pi\alpha t} \right\rangle \qquad (9.51)$$

注意到噪声项已经消失,因为噪声和源信号被假定为彼此循环不相关。此外,如果假设源信号是相互循环不相关的,上式就变成

$$R_{x_i}^\alpha(\tau) = \sum_{k=1}^{S_\alpha} R_{s_k}^\alpha(\tau) e^{j2\pi\alpha D_i\sin\phi_k/c} \qquad (9.52)$$

现在形成两个基于阵元的 N 维矢量,第一个矢量的分量等于给定 τ 时的循环相关 $y(\tau)$,第二个矢量等于与第 k 个未知源到达角相关的相位延迟。

$$y(\tau) = [R_{x_1}(\tau) \quad R_{x_2}(\tau) \quad \cdots \quad R_{x_{\alpha_\alpha}}(\tau)]^T \tag{9.53}$$

$$\boldsymbol{a}_k = [e^{j2\pi\alpha D_1 sin(\phi_k)/c} \quad \cdots \quad e^{j2\pi\alpha D_N sin(\phi_k)/c}]^T \tag{9.54}$$

式(9.54)中的相位延迟表示周期 α,就好像它是窄带信号的载波频率一样。

如果存在具有循环特征 α 的 S_α 个信号源,则这些信号源的循环相关函数可以排列在一个 S_α 维矢量中,有

$$\boldsymbol{s}(\tau) = [R_1^\alpha(\tau) \quad \cdots \quad R_{S_\alpha}^\alpha(\tau)]^T \tag{9.55}$$

此外,对应的 S_α 个列矢量 $\boldsymbol{a}_k$(每个都具有相关联的到达角 ϕ_k)可以排列在 $N \times S_\alpha$ 的矩阵 $\boldsymbol{A} = [\boldsymbol{a}_1 \quad \boldsymbol{a}_2 \quad \cdots \quad \boldsymbol{a}_{S_\alpha}]$ 中,从而得到

$$\boldsymbol{y}(\tau) = \boldsymbol{A}\boldsymbol{s}(\tau) \tag{9.56}$$

计算每个天线处 L 时延的循环相关性,可以形成一个"数据矩阵",列对应不同的时延,行对应不同的天线单元,有

$$\boldsymbol{Y}(\alpha) = [\boldsymbol{y}(0) \quad \boldsymbol{y}(1) \quad \cdots \quad \boldsymbol{y}(L-1)] \tag{9.57}$$

注意 $\boldsymbol{Y}(\alpha)$ 与通常的数据矩阵的相似性,在通常的数据矩阵中,每列都是信号的时间快照。这里,每列是不同天线单元处的循环相关。

显然,$\boldsymbol{Y}(\alpha)$ 可以像用于 MUSIC 的通常数据矩阵一样处理,或者,如果阵列几何结构满足适当的对偶要求,则可以通过旋转不变性技术(ESPRIT)来估计信号参数。这里从 $\boldsymbol{Y}(\alpha)$ 形成协方差矩阵为

$$\mathcal{R}(\alpha) = \boldsymbol{Y}(\alpha)\boldsymbol{Y}(\alpha)^H = \boldsymbol{A}\boldsymbol{s}(\tau)\boldsymbol{s}^H(\tau)\boldsymbol{A}^H \tag{9.58}$$

表明 $\mathcal{R}(\alpha)$ 的特征矢量所张成的空间与循环特征为 α 的相位延迟矢量集合所张成的空间相同。作为提醒,这可以看出,因为矩阵乘积 $\boldsymbol{s}^H(\tau)\boldsymbol{A}^H$ 的维度是 S_α 行乘 N 列,它表示了 $\boldsymbol{A}$ 的 S_α 个列的 N 个权重矢量。

最重要的是,如果环境中存在多个信号,但只有一个信号表现出循环特征 α,则 $\mathcal{R}$ 是秩为 1 的矩阵,与之相关联的特征矢量是期望的 $\boldsymbol{a}$。可以使用 9.2 节的相位拟合方法直接计算到达角。

或者,与 MUSIC 一样,可以通过从 R 的特征值确定信号子空间的秩,并找到所有长度为 N 的导向矢量 $\boldsymbol{a}(\phi)$ 到子空间的距离来计算空间谱。由 $1/(距离)^2$ 测量到的距子空间最近角度就是具有循环特征 α 的信号的到达角度。

9.7 特征矢量旋转

9.4 节描述了 MUSIC 算法。MUSIC 算法基于信号子空间的概念,信号子空

间包含信号的数据矢量空间部分,它是仅包含噪声的噪声子空间的补空间。通过特征分析可以识别两个子空间,每个子空间分别由一组不同的特征矢量,即信号和噪声特征矢量来表征。数据协方差矩阵的特征值可以用于确定与信号子空间相关联的特征矢量的数量。特征矢量旋转方法[7-10]利用数据矢量空间中的结构,特别是注意到:因为信号特征矢量张成信号子空间,所以它们可以表示所有的信号导向矢量。此外,Vezzosi[7]提出的特征矢量旋转方法假设每个信号以相同的幅度影响各个阵列单元。后一种假设在高频环境下可能并不总是有效,导致了在高频环境下测向技术中对这种技术的不重视。尽管如此,还是要简单描述一下。

假设存在 K 个信号,我们可以基于 K 个导向矢量和每个传感器处的相等噪声方差 σ^2 来生成数据协方差 $\boldsymbol{R}_z$ 的模型,即

$$\boldsymbol{R}_z = \boldsymbol{A}\boldsymbol{P}\boldsymbol{A}^{\mathrm{H}} + \sigma_n^2 \boldsymbol{I} \tag{9.59}$$

如果噪声模型不同于具有独立且相等功率的噪声样本的模型,则可以进行适当的修改。

式中:$\boldsymbol{A}$ 为一个 $N \times K$ 矩阵,其中的列包含 K 个信号的导向矢量;$\boldsymbol{P}$ 为 $K \times K$ 信号源相关矩阵,对角线元素代表信号功率,非对角线元素代表信号源之间的相关性。

显而易见,$\boldsymbol{R}$ 的特征分析为

$$\boldsymbol{R}_z = \boldsymbol{E}_s \boldsymbol{E}_s^{\mathrm{H}} + \sigma_n^2 \boldsymbol{I} \tag{9.60}$$

$\boldsymbol{R}_z$ 的特征矢量 $\{e\}$ 和特征值 $\{\lambda\}$ 定义矩阵 $\boldsymbol{E}_s$ 为

$$\boldsymbol{E}_s = [\sqrt{\lambda_1 - \sigma_n^2}\,\boldsymbol{e}_1 \quad \cdots \quad \sqrt{\lambda_s - \sigma_n^2}\,\boldsymbol{e}_K] \tag{9.61}$$

此外,通过对 $\boldsymbol{P}$ 的特征分解,$K \times K$ 相关矩阵 $\boldsymbol{P}$ 可以用 $\boldsymbol{R}_z$ 的信号特征值来表示为 $\boldsymbol{P} = \boldsymbol{U}\boldsymbol{\Lambda}\boldsymbol{U}^{\mathrm{H}}$,其中 $\boldsymbol{\Lambda}$ 为 $\boldsymbol{R}_z$ 的特征值组成的对角矩阵,$\boldsymbol{U}$ 为酉矩阵($\boldsymbol{U}\boldsymbol{U}^{\mathrm{H}} = \boldsymbol{I}$);$\boldsymbol{\Lambda}$ 和 $\boldsymbol{U}$ 都是 $K \times K$ 维的。

那么,如果定义 $\boldsymbol{D} = \boldsymbol{A}\boldsymbol{U}\boldsymbol{\Lambda}^{1/2}$,就有 $\boldsymbol{D}\boldsymbol{D}^{\mathrm{H}} = \boldsymbol{E}_s \boldsymbol{E}_s^{\mathrm{H}}$。由于对应于 K 个最大特征值的 K 个特征矢量张成信号子空间,所以信号源矢量可以各自被重写为这 K 个特征矢量的不同线性组合。这意味着 K 个信号源矢量的集合可以写成 $\boldsymbol{D} = \boldsymbol{E}_s \boldsymbol{B}$ 的形式,其中 $\boldsymbol{B}$ 为 $K \times K$ 的酉矩阵。$\boldsymbol{B}$ 的第 k 列的行提供与第 k 个信号相关的线性组合的系数。

如果信号源不相关,$\boldsymbol{U} = \boldsymbol{I}$,$\boldsymbol{\Lambda}^{1/2} = \mathrm{diag}(\sigma_1, \cdots, \sigma_K)$。那么,$\boldsymbol{D} = \boldsymbol{A}\boldsymbol{\Lambda}^{1/2}$,且有

$$\boldsymbol{D} = [\boldsymbol{d}_1 \quad \boldsymbol{d}_2 \quad \cdots \boldsymbol{d}_K] \tag{9.62}$$

式中:$\boldsymbol{d}_k = \sigma_k \boldsymbol{a}_k$。

这导出有效导向矢量的概念，它等于由信号特征值 σ_k 乘以实际导向矢量。

如前所述，Vezzosi[7] 还观察到，对于实际尺寸的阵列，照射到阵列上的特定信号在阵列阵元之间的幅度可能没有显著变化。在这些条件下，D 的特定列中的所有元素具有几乎相同的幅度。基于这种观察，可以选择 D 的元素，最小化列中元素的方差为

$$\beta = \sum_{k=1}^{K} \sum_{j=1}^{M} (|d_{jk}|^2 - \bar{d}_k)^2 \tag{9.63}$$

式中 d_k 为第 k 列元素的平均值。

对于 $K=2$，Vezzosi 表明：

$$D = \begin{bmatrix} \cos\beta & -\sin\beta e^{j\delta} \\ \sin\beta e^{-j\delta} & \cos\beta \end{bmatrix} \tag{9.64}$$

对于 $K>2$，Webster[11] 描述了一种遍历方法，该方法对特征矢量进行成对迭代。或者，也可以使用 Matlab 优化工具箱开发迭代方法。

一旦矩阵 D 的解提供有效导向矢量，导向矢量估计值 $\hat{u}_k$ 可以通过使用信号特征值重新缩放来获得。最后，可以使用阵元之间的相位关系从 $\hat{u}_k$ 的分量中提取期望信号源的来波方向。这种方法类似于本章前面描述的相位拟合方法（9.2 节）。

参 考 文 献

1. R. O. Schmidt, "A Signal Subspace Approach to Multiple Emitter Location and Spectral Estimation," PhD dissertation, Stanford Univ., Stanford, CA, 1982.
2. H. L. Van Trees, *Detection, Estimation and Modulation Theory, Part IV: Optimum Array Processing*, John Wiley and Sons, 2002.
3. G. F. Hatke, "Superresolution Source Location with Planar Arrays," *Lincoln Laboratory Journal*, vol. 10, no. 2, 1997, 127–146.
4. B. Ottersten and M. Viberg, "Analysis of Subspace Fitting Based Methods for Sensor Array Processing," *Proc. ICASSP 89* (Glasgow, Scotland), May 1989, 2807–2810.
5. R. Roy and T. Kailath, "ESPRIT – Estimation of Signal Parameters via Rotational Invariance Techniques," *IEEE Trans. Speech and Signal Processing*, July 1989.
6. G. H. Golub and C. F. VanLoan, *Matrix Computations*, Baltimore: Johns Hopkins Press, 1983.

7. G. Vezzosi, "Wavefront Separation by Rectification of the Choleski Factor of the Cross Spectral Matrix," *Proc. Inst. Acoustics*, Underwater Acoustics Group Conf., 29–30 April 1982.

8. D. R. Farrier and D. J. Jeffries, "Resolution of Signal Wavefronts by Eigenvector Rotation," *IEEE Trans. Acoust., Speech, Signal Proc.*, vol. ASSP-35, April 1987, 564–566.

9. F. Haber and Q. Shi, "Estimation of Source Directions by Eigenvector Rotation and Combined Direction Vectors – a Least-Squares Approach," *IEEE*, International Conference on Systems Engineering, Wroclaw, Poland, 1989.

10. G. Bienvenu and L. Kopp, "Optimality of High Resolution Array Processing Using the Eigensystem Approach," *IEEE Trans. Acoust., Speech, Signal Proc.* vol. ASSP-31, October 1983, 1235–1248.

11. J. B. Webster, "Multiple Signal Direction Finding through Eigenvector Rotation," NSA/CSA Report TR-R52-004-88, June 1988.

12. E. R. Ferrara and T. M. Parks "Direction Finding with an Array of Antennas Having Diverse Polarizatons," *IEEE Trans. Antennas and Propagation*, vol. AP-31, March 1983, 231–236.

13. E. J. Kelly and K. M. Forsythe, "Adaptive Detection and Parameter Estimation for Multidimensional Signal Models," Lincoln Laboratory Technical Report 848, 19 April 1989.

14. W. A. Gardner, "Exploitation of Spectral Reduncancy in Cyclostationary Signals," *IEEE Signal Processing Mag.*, vol. 8, April 1991, 14–37.

15. G. Xu and T. Kailath, "Array Signal Processing via Exploitation of Spectral Correlation—A Combination of Temporal and Spatial Processing," *Proceedings of the Twenty-Third Annual Conference on Signals, Systems, and Computers*, Pacific Grove, CA, October 30 - November 1, 1989, 945–949. See also *IEEE Trans. Signal Processing*, July 1992.

16. K. M. Buckley and L. J. Griffiths, "Broad-Band Signal-Subspace Spatial-Spectrum (BASS-ALE) Estimation," *IEEE Trans. Accoustics, Speech, and Signal Processing*, vol. 36, July 1988.

17. H. Wang and M. Kaveh, "Coherent Signal-Subspace Processing for the Detection and Estimation of Angles of Arrival of Multiple Wide-Band Sources," *IEEE Trans. Accoustics, Speech, and Signal Processing*, vol. ASSP-33, August 1985, 823–831.

18. K. M. Buckley, "Spatial/Spectral Filtering with Linearly-Constrained Minimum Variance Beamformers," *IEEE Trans. Accoustics, Speech, and Signal Processing*, vol. ASSP-35, March 1987, 249–266.

第10章 地理定位技术

10.1 概 述

测向主要是估计与到达信号相关的示向线,而许多高频系统应用的目标都超出了测向的范围。通常情况下,最终目标是利用两个或多个来自良好分立传感器的测向结果去估计实际的发射机位置。对于高频发射机,通常可以安全地假定其是地基的,从而仅需要两个传感器,并且两个传感器对同一个信号进行方位估计。如果分析人员有两个以上的传感器,更多的测量值可以减少地理定位估计的误差。在10.2节介绍地理定位方法。

有时可能仅有一个传感器可用。如果只有单一的传感器输出方位估计值,则通过该传感器的平面与地球表面相交构成地球表面上的一条曲线。分析人员需要以某种方式确定该曲线上一个点作为发射机的位置估计。以下候选测量技术会得到很有趣但可能不被接受的定位结果,如:(1)利用射线追踪技术将到达信号的仰角估计值与电离层模式的预测值相结合;(2)分别测量在不同仰角和在共同方位角的情况下,与两个可分离的多径分量相关的差分延迟。这些技术将分别在10.3节和10.4节中介绍。此外,可以由两对协作传感器、两对独立传感器或三个具有共同阵元的传感器同时进行差分距离估计来得出地理定位估计。采用这种方法时,信号格式决定了每个传感器的距离测量精度,故信号格式是定位精度的一个重要因素,10.5节介绍这种方法。

10.2 多传感器角度定位

本节重点介绍如何利用两个或多个传感器的方位估计来获得地理定位结果,即对一个信号源经纬度的估计。这里主要关注的是地理定位过程中的数学运算。如在多个方位估计值中,是否每个方位估值都与同一个信号相关联,或接收到的信号是否来自于倾斜电离层的折射,而不是更正常的以地球为中心的球形电离层模型等重要问题,不在本书的讨论范围之内。

10.2.1 坐标系统

定义多个坐标系统是很有价值的[1]：

第一个重要的坐标系是原点位于地球中心，$x-y$ 平面对应于赤道平面，并且 z 轴与地球的旋转轴对齐的地心坐标系。

第二个坐标系是基于传感器或基于目标的站心坐标系，其原点位于地球表面，x 轴向东，y 轴向北，z 轴向天。

第三个中间坐标系的所有轴都平行于与其相关的站心坐标系，但其原点偏移于地心。因此，地心坐标系和站心坐标系会以相同的 x 坐标和 y 坐标来描述同一点，但 z 坐标在合适的经纬度下因地球半径而偏移。

中间坐标系能够通过纯旋转与其他地心坐标系相关联，这有助于在固定地球且指定经纬度的地心坐标系中进行必要的转换，这些转换将在后面进行描述。

10.2.2 传感器方位测量

通常在由传感器经度和纬度指定的地心坐标系中进行测量。假设有 J 个传感器，分别位于纬度 V_j、经度 λ_j 的地方，且每个传感器都只进行方位角 ϕ_j 的测量。在第 j 个传感器测量结果定义一个通过当前传感器 z 轴的平面。

该平面与地球表面相交形成一个很大的圆，假定在这个方位角处测得的信号源位于该圆上的某个位置。如果有两个传感器，每个传感器都进行一次方位测量，那么会有两个大圆相交于两点。在测量误差范围内，信号源位于其中一个点上。

如果有两个以上的传感器，如 J 个传感器，每个都进行一次方位测量，就会有 J 个大圆。那么地理定位的结果可以是地球表面各点中到各个大圆均方距离最小的那个点。如果传感器测向质量有所不同，可以用方位测量值加权的方法进行替代，进一步的选择可能涉及适当的聚类过程。虽然结合多种测量值以获得复合结果的详细方法超出了本书的范围，但读者应意识到这种可能性。

一种方法是在传感器的坐标系中指定与方位测量结果相对应的平面方程。那么对于每个传感器，都可以通过数值计算获得该平面与地球表面的交线。这条三维曲线或轨迹①可以转换为一个常见的地心坐标系，通常是指定传感器经纬度的标准赤道坐标系。

具体来说，在第 j 个传感器坐标系中，对应于方位角测量值 ϕ_j 的平面方程式可表示为

---

① "轨迹"一词在本节中表示地理术语，而不是矩阵的迹。

$$y_j \sin\phi_j - x_j \cos\phi_j = 0 \tag{10.1}$$

该平面与地球表面的交线为三维空间中的一条曲线,由于地球表面是一个不完美的球形,所以通常用数值方法描述地球表面。该曲线是地球表面上的一条轨迹。可使用图 10.1 所示的几何图形将计算可视化。现用一组 x 值开始该过程;对于每个 x 值,根据式(10.1)计算出在估计方位平面上相应的 y 值。然后,根据站点坐标中的数字地球模型确定相应的 z 值。

如果将地球视为一个半径为 R_e 的理想球体,那么就可以简化最后一步。首先,根据 $\tan\delta = (x^2 + y^2)^{1/2}/R_e$ 计算出地球中心角 δ;然后根据 $\cos\delta = (R_e + z)/R_e$(注意在这个关系式中 z 是负的)或 $z = -R_e(1 - \cos\delta)$ 得到所需的 z 值。

经适当的坐标转换变为赤道坐标后,这条轨迹可用来表示特定传感器的示向线测量值,这将在 10.2.3 节中进行描述。若使用两个传感器,它们的交点确定了所需的地理定位结果。

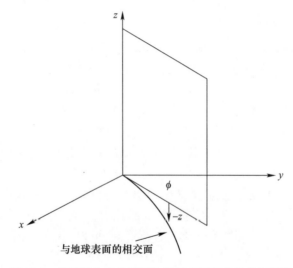

图 10.1　传感器方位角平面与地球表面相交的几何图形

图 10.2 说明了这个概念。与此图有关的细节将在 10.2.4 节中介绍。

一种简单的数值方法是生成一个表示两条轨迹上每两个点之间距离的矩阵。那么,在期望的交点处可以找到此矩阵中的最小项。轨迹计算中的量化步长是限制数值计算精度的主要因素。当然测量精度也是影响地理定位估计精度的一个关键因素。

如果有两个以上的传感器,就需要找到能使相交平面误差最小的地表位置。这种最小化可以使用一个双传感器的解作为起点,然后借助数值搜索的过程来实现。计算当前点到每个传感器与地球交线的最近距离,并将这些距离的平方和作为度量来评估候选地理定位估计值。具有最小度量的候选地理定位估计值被用作最终的地理定位的解。

一种更数学化的方法是将方位角测量平面对应的方程转化为赤道坐标,在地平面的约束下推导出多个平面相交的标准方程解,并由赤道坐标系中的球体方程表示。但是这种方法不容易推广到扁球形模型或数值地球模型上,因此在这里不再研究。

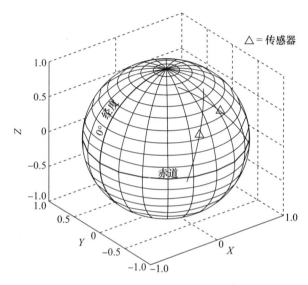

图 10.2　双传感器示例的传感器轨迹的全局坐标图

10.2.3　传感器到赤道坐标的转换

从传感器坐标转换为地心坐标涉及前面描述的从地心传感器坐标系到中间坐标系的平移。这仅仅对 z 坐标平移了地球半径,使得

$$x_i = x_j \tag{10.2}$$

$$y_i = y_j \tag{10.3}$$

$$z_i = z_j + R_e \tag{10.4}$$

式中:(x_i, y_i, z_i) 为中间坐标,而 (x_j, y_j, z_j) 为地心坐标。

从中间坐标系到常见的赤道坐标系的变换可以通过两次旋转来表示:第一次是绕中间 x 轴旋转,旋转角度为传感器余纬度 $(\pi/2 - v)$ 的负值;第二次绕 z 轴旋转,旋转的角度为 $(\pi/2 + \lambda)$ 的负值,其中 λ 为传感器经度。这些旋转如图 10.3 所示。第一次旋转,有

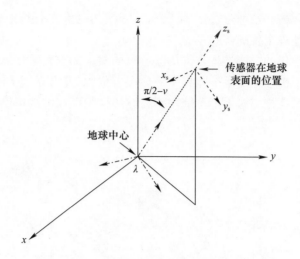

图 10.3　与多传感器地理定位相关的坐标系统

$$A_x = \begin{pmatrix} 1 & 0 & 0 \\ 0 & \sin v & -\cos v \\ 0 & \cos v & \sin v \end{pmatrix} \tag{10.5}$$

第二次旋转,有

$$A_z = \begin{pmatrix} -\sin\lambda & -\cos\lambda & 0 \\ \cos\lambda & -\sin\lambda & 0 \\ 0 & 0 & 1 \end{pmatrix} \tag{10.6}$$

完整的转换是由式(10.4)指定的转换,然后乘以式(10.5)和式(10.6)中的矩阵。

10.2.4　地理定位示例

假设传感器 A 和传感器 B 分别位于 40°N,70°W 和 30°N,100°W 处。传感器 A 估计信号到达方位角为 −25°,传感器 B 估计信号到达方位角为 +25°。图 10.2 说明了该几何结构。

两个传感器在其局部坐标系中的方位角测量平面,有

$$0.9063x + 0.4226y = 0 \quad 传感器 A$$

$$0.9063x - 0.9226y = 0 \quad 传感器 B \tag{10.7}$$

这两个平面都以曲线或"轨迹"的形式与地球表面相交。将坐标变换为赤

道坐标系后,所需的地理定位估计值就是这两条轨迹的交点。这个交点可以从轨迹点间距离矩阵中找到,在本示例中该矩阵表现为图10.4中所显示的曲面。该矩阵最小值对应的最终地理定位估计值为50°N,85°W。显然会有一些误差,这个误差反映了两个方位角测量结果的不确定性。图10.2用全局坐标下的传感器轨迹图说明了这一过程。本例中的结果在纬度53.6°和经度-80.6°处产生了两条轨迹的交点。这一结果可以通过计算在这些坐标中与发射机相关的方位角来验证;传感器A的测量方位角为-25°,传感器B的测量方位角为+25°,与示例描述中指定的测量方位角一致。但在这个有两个传感器的例子中,这并不奇怪,因为用于计算地球交点轨迹的$x-y$坐标被限制在测量的方位角平面上。

　　本节中描述的多站点技术是解决地理定位问题的一种成本较高的方法。首先,要求有多个传感器,它们的位置必须均匀分布在目标周围,以便它们的相交面是接近于垂直的,故与测量误差相关的误差椭圆几乎都是球形的,而不是细长的椭圆;这个问题通常使用几何精度因子(GDOP)来描述。其次,必须有适当的通信链路,以便将来自多个传感器的数据集中到一起处理并生成所需的位置信息。最后,必须有协议确保多个传感器生成的平面都来自于同一目标信号源。否则,就会出现经常所说的"垃圾输入,垃圾输出"。

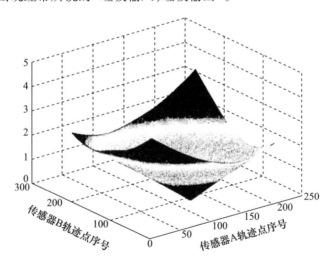

图10.4　双传感器的轨迹点到轨迹点的距离轮廓的例子

　　为了避免多传感器的复杂性,使用单个传感器来生成地理位置估计值是可取的,但对于某些复杂的应用来说,使用多个传感器提高精度的潜力是值得的。10.3节中将介绍使用单站点替代多站点的方法。

10.3 单站地理定位

单站地理定位,通常被简记为 SSL,虽然单站地理定位结果的准确性可能不如多站点地理定位,但单站地理定位可以避免多站点地理定位的成本,并且单站和多站的方法可以协同使用,以提高估计精度。

10.3.1 基本的 SSL 测距

单站点地理定位的基本方法源于 Appleton 和 Barrett[2](见参考文献[4])为证明电离层的存在而设计的早期实验。这些实验的重点是利用这两个已知位置的站点估算电离层的高度;因此发射机和接收机之间的距离是已知的。在这些实验中,主要目的是估计电离层的高度。单站地理定位利用电离层高度和海拔测量结果反向估算距离。在早期的实验中,Appleton 和 Barrett 采用的基本原理是从已知距离的发射机处测量到达的"大气射线"的仰角。

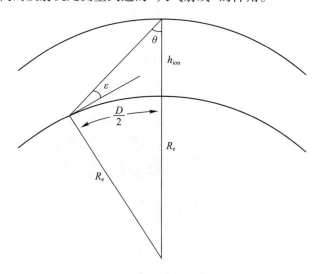

图 10.5 单点测距的几何形状

通过仰角估计,电离层的高度可以通过解决图 10.5 中描绘的几何问题来推断。图 10.5 表明,单个传感器可以对到达的信号或"射线"进行方位角和仰角估算。方位角估计定义了一个传播平面,该平面在发射机和接收机之间形成一个很大的圆形路径。方位角平面的几何图形显示了在传感器处测得的仰角、电离层的高度和发射机的位置之间的关系。Appleton – Barrett 实验中测量了仰角 ε。从发射机和接收机之间的距离可知地心角,并且图中三角形可以求解地心到电离层的距离。再减去地球半径就可以得到所需的电离层高度。

或者,如果已知电离层高度,则可以通过海拔的测量值和电离层的高度来确定发射机和接收机间的距离。没有证据表明 Appleton 和 Barrett 做过这样的计算,Treharne[4]在 1958—1959 年对这一潜在的步骤进行了实验性探索。后来的著作[6-9]提出了表征性能的附加实验结果。这些努力表明,这种技术大约有 50km 的距离误差。上述实验结果以及下面几节中提到的其他使用更复杂技术得到的实验结果,都得到了令人失望的精度,因此使这种方法被推到后台。

尽管如此,为了完成这里给出的相关计算。假设地球是一个半径为 R_e 的球形,可以通过图 10.5 所示的几何图形来估计发射机到接收机的距离 D 为

$$D = 2R_e \arccos\left(\frac{R_e \cos\theta}{R_e + h_{\text{ion}}} - \vartheta\right) \tag{10.8}$$

10.3.2 垂直孔径测距

显然,当水平孔径用于与远程高频通信相关的低仰角信号时,俯仰角估计所涉及的几何结构面临着严峻的挑战。为了克服水平孔径的局限性,Gething[5]使用垂直孔径装置进行了一些有趣的实验。首先配置 3 个而后扩展到 6 个安装在塔上的水平环形天线阵。因为塔是用木头建造的,而且水平环是经过精心设计和制造的,所以实验人员对垂直天线模式的数学表示与阵元之间的关联很有信心。控制发射机,采用连续波(CW)和脉冲信号两种方式来估计仰角;Gething 希望为高频通信信号提供具备"最佳实践"的俯仰角估计潜力。

Gething 使用了 Wilkins 和 Minnis[3]描述的方法进行仰角估算。此方法将水平环天线建模为在自由空间中水平面上是全向的,在垂直平面上与 $\cos\varepsilon$ 成正比。当这样一个天线安装在高度 h 的塔上时,其响应必须包括地平面上阵元镜像的影响。Gething 的塔位于一座坡度为 1°,略呈圆锥形的山顶,而不是在一个绝对平坦的水平地面上;考虑到地平面的小圆锥形特征,在模型中进行仰角修正。

有了这个阵元模型,可以很直观地显示阵元对仰角为 ε 的信号的响应为

$$S = A\cos\varepsilon\sin\left(\frac{2\pi h}{\lambda}\sin\varepsilon\right) \tag{10.9}$$

用此模型作为单个天线的响应,可以考虑两个阵元的响应比率,即

$$\frac{S_1}{S_2} = \frac{\sin r\varepsilon_n}{\sin \varepsilon_n} \tag{10.10}$$

式中:$r = h_2/h_1$,$\varepsilon_n = 2\pi h_1 \sin\varepsilon/\lambda$。Gething 使用合适的仪器测量了天线接收信号

振幅的比值,并使用这个比值来估计仰角 ε。

当使用六阵元阵列时,Gething 采用了另一种方法,这一方法引出了后来的 MUSIC 算法。具体来说,在数字开关的控制下,循环选通两个阵元 360 种可能的组合中的 32 个,并在示波器上显示阵元响应比率的幅度。参数 $f\sin\varepsilon$ 在 0 ~ 20 取值,并且以步长 0.05 分成 400 份,然后为每个步长点分别计算当前所选择的 32 个阵元对的阵元响应比值,使阵元响应比值成为参数 $f\sin\varepsilon$ 的函数。如果某对天线组合能够在某个参数值处产生零陷值,而在其它地方情况不同,则选择这对天线组合。在某些参数 $f\sin\varepsilon$ 处会找不到零陷值。在可能的条件下,可选择两对以实现冗余。

实验的关键问题是涉及多模传播。当存在两种或更多模式时,接收信号模式变成了两条或多条独立路径到达接收机之后相互干扰,因此接收信号模式无法提供准确的仰角估计。然而,通常情况下,不同模式间的差分时延在 0.1 ~ 1.0ms 范围内,故使用开 – 关键控信号可以在脉冲开始和结束时获得可靠的估计。在 Gething 实验中,必要时采用这种方法。

从这些实验中,Gething 得出的结论是,仰角误差可以精确到 $\pm 1°$。他还预见波前分析方法在未来工作中的潜力。

10.4 模式差分地理定位

由于没有获得适当的测量数据或者是由于多模传播现象导致现有的探测结果不可靠,导致无法得到电离层内的反射层高度时,可以结合达俯仰角估计值和同一信号不同传播模式之间的相对时延来估计发射机到接收机的距离。这种技术基于第 2 章中介绍过的 Breit 和 Tuves 定理。模式差分方法基于超分辨率方法估计复倒谱,从而估计模式间延迟,该方法是由 Johnson、Black 和 Sonsteby 提出的[10]。本节概述了估计发射机位置的方法,该方法使用了估计模式间延迟的超分辨率技术。

回顾第 2 章,在电离层中传播的波,所承载的调制是以群速度传播的,相较于相速度来说比较慢,因此群速度和相速度的乘积等于光速的平方。Breit 和 Tuves 定理表明,从地球表面的发射机到接收机的射线群延迟可以通过它们之间的距离 D 及射线在接收机处的仰角 ε 确定,为 $D/(c\sin\varepsilon)$。反之,如果测量得到延迟和仰角,就可以估计出距离。这一关系是这里描述的方法的关键,注意,折射电离层的高度不计入此计算。

Breit 和 Tuve 定理的推导忽略了地球曲率和磁场效应。该定理指出,电磁波到电离层上某一点的路径等效于该点正上方的直线路径。这个虚构的路径被称为三角路径。对实际电离层路径的详细测量表明,忽略地球曲率和磁场虽然会带来一些误差,但对整体地理定位的精度影响并不大[11-12]。图 10.6 说明了 Breit 和 Tuve 定理,显示了高度为 h 的电离层从发射机(T)到接收机(R)的电离层折射路径。P' 是计算群延迟的路径。

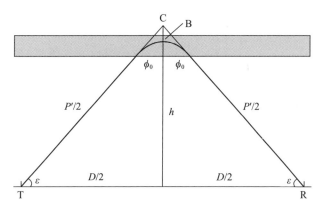

图 10.6 Breit 和 Tuve 定理几何图解

10.4.1 模式差分延迟估计

在本节中,通过处理经电离层折射到达两个独立天线的同一信号来利用 Breit 和 Tuve 定理。如前所述,Johnson 等人对这种方法进行了研究。假设电离层条件可以使每个接收天线通过两种独立的传播模式观测到达它的信号。如图 10.7 所示,一共有 4 条射线,也可以假设 2 个接收机可以获取彼此的数据。这样,就可以估计每个传感器上不同模式之间的延迟,以及各种传感器间的延迟。

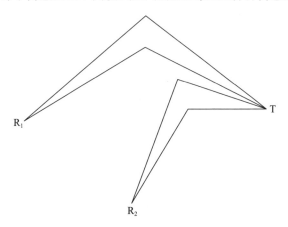

图 10.7 模式差分延迟定位方法中涉及的射线图

在第一个传感器处,接收到的信号为

$$z_1(t) = A_1 s(t-\tau_1) + A_2 s(t-\tau_2) \quad (10.11)$$

$$= A_1 s(t') + A_2 s(t'-\tau_3) \quad (10.12)$$

式中:$A_i, i=1,2$ 为发射机到接收机的衰减,τ_1 为通过模式1接收到的信号的延迟,τ_2 为通过模式2接收到的信号的延迟。t'改变了时间原点,因此模式1的信号在$t'=0$时刻到达传感器1,故 $\tau_3 = \tau_2 - \tau_1$。

在第二个传感器处,接收到的信号为

$$z_2(t) = A_1 s(t-\tau_1-\delta_1) + A_2 s(t-\tau_2-\delta_2) \quad (10.13)$$

$$= A_1 s(t'-\delta_1) + A_2 s(t'-\tau_3-\delta_2) \quad (10.14)$$

式中:δ_1 为模式1中传感器2相对于传感器1的额外延时,δ_2 为模式2中的额外延时。

如果对信号进行傅里叶变换,所得结果可以用来计算两个传感器之间的归一化互功率谱。

$$\mathcal{F}\{z_1(t)\} = F_1(\omega) = (A_1 + A_2 e^{-j\omega\tau_3}) F(\omega) \quad (10.15)$$

$$\mathcal{F}\{z_2(t)\} = F_2(\omega) = (A_1 e^{-j\omega\delta} + A_2 e^{-j\omega(\tau_3+\delta_2)}) F(\omega) \quad (10.16)$$

式中:$F(\omega)$为信号的傅里叶变换 $\mathcal{F}\{s_1(t)\}$。利用这些频谱计算归一化的互功率谱,结果为

$$S_{12}(\omega) = \frac{F_1(\omega) F_2(\omega)}{|F_1(\omega)| \cdot |F_2(\omega)|} \quad (10.17)$$

Johnson 等人提出对式(10.17)的分母进行归一化处理,以减少调制的影响。

如果每个傅里叶变换后的信号都写成 $F_i(\omega) = A_i F(\omega)$ 的形式,则归一化的互功率谱,即式(10.17)可以写成具有单位幅度的极坐标形式,即

$$S_{12}(\omega) = \arg A_1 A_2^* = e^{j\phi(\omega)} \quad (10.18)$$

复参数 $S_{12}(\omega)$ 具有周期性,其周期取决于传感器间延迟和路径间延迟,复参数 $S_{12}(\omega)$ 的幅度是两条传播路径的相对振幅的函数,即

$$\phi(\omega) = \tan^{-1}\left[\frac{A_1^2 \sin\omega\tau_1 + A_2^2 \sin\omega\tau_2 + 2A_1 A_2 \cos\frac{\omega}{2}(2\tau_3+\delta_2-\delta_1)\sin\frac{\omega}{2}(\delta_2+\delta_1)}{A_1^2 \cos\omega\tau_1 + A_2^2 \cos\omega\tau_2 + 2A_1 A_2 \cos\frac{\omega}{2}(2\tau_3+\delta_2-\delta_1)\cos\frac{\omega}{2}(\delta_2+\delta_1)}\right]$$

(10.19)

Johnson 等[10]利用 MUSIC 超分辨率算法对该互功率谱进行分解,因为期望信号是相对窄带的,因此通常仅在信号的几个周期内进行观察。

由于噪声污染了互功率谱,可将 $S_{12}(\omega)$ 表示为

$$S_{12}(\omega) = e^{j\phi(\omega)} + N(\omega) \qquad (10.20)$$

式中:$N(\omega)$ 为一个包含交叉噪声项和信号噪声交叉项的复杂表达式。Johnson 等人假设可以将这种破坏噪声建模为加性白高斯噪声;还假定它与信号不相关。

在互功率谱 $S_{12}(\omega)$ 中,选择 M 个包含期望信号能量的频率间隔。用来组成一个矢量,即

$$S_{12}(\omega) = \begin{bmatrix} e^{j\phi(\omega_1)} \\ \vdots \\ e^{j\phi(\omega_M)} \end{bmatrix} + \begin{bmatrix} N(\omega_1) \\ \vdots \\ N(\omega_M) \end{bmatrix} \qquad (10.21)$$

然后将该矢量与其自身外积,从而得到 $\boldsymbol{C}(\omega) = \mathbf{E}[\boldsymbol{s}_{12}(\omega)\boldsymbol{s}_{12}^{\mathrm{H}}(\omega)]$。进一步,对 $\boldsymbol{C}(\omega)$ 进行特征分解时,做特征分解时可以采用类似于 MUSIC 中用过的方法,该方法在 MUSIC 算法中用于对空域协方差矩阵进行分析以获得转动矢量估计值。这是通过对 $\boldsymbol{C}(\omega)$ 进行特征值分解来完成的,就像在 MUSIC 导向矢量估计算法中一样。如果有两个相干路径,$\boldsymbol{C}(\omega)$ 的秩是 1,并会有一个维度为 $M-1$ 的零空间。但一般来说,有两条以上的相干路径,就会有更高的秩。假设目前只有两条相干的路径,利用 $\boldsymbol{C}(\omega)$ 的 $M-1$ 个小特征值对应的 $M-1$ 个特征矢量作为列,从而构造一个零空间矩阵 $\boldsymbol{C}_N$。所需的频谱如下所示:

$$P = (\boldsymbol{b}^{\mathrm{H}} \boldsymbol{C}_N \boldsymbol{C}_N^{\mathrm{H}} \boldsymbol{b})^{-1} \qquad (10.22)$$

其中"导向矢量" $\boldsymbol{b}$ 被定义为

$$\boldsymbol{b} = \begin{bmatrix} e^{j\phi(\omega_1)} \\ e^{j\phi(\omega_2)} \\ \vdots \\ e^{j\phi(\omega_M)} \end{bmatrix} \qquad (10.23)$$

这里的混合参数 $\phi(\omega_i)$ 由式(10.20)给出。我们的目标是在对四个未知参数 $A_1/A_2, \delta_1, \delta_2$ 和 τ_3 的所有可能取值进行四维搜索后,找到 P 的谱峰值从而确定差分延迟时间 τ_3 的估计值。这种搜索与在导向矢量估计环境中对空间流行的方位角和仰角参数的二维搜索形成对比。

当有更多路径时,搜索范围会更广;对于 3 条路径来说,搜索需要超过 7 个参数、2 个相对振幅、3 个传感器间延迟和 2 个差分路径延迟。

10.4.2 基于差分模式延迟的距离估计

有了这种超分辨率的方法来寻找差分模式延迟,就可以直接应用 Breit 和

Tuve 定理来估计传感器到发射机的距离。回想一下，两条路径的仰角 ε_1 和 ε_2 是可用的。

对于第一条路径，时延 P'_1 由 $P'_1 = D/\cos\varepsilon_1 = ct_1$ 给出，而对于第二条路径，时延 P'_2 由 $P'_2 = D/\cos\varepsilon_2 = ct_2$ 给出。取这两个表达式的差值，

$$t_2 - t_1 = \tau_3 = \frac{D}{c}(\sec\varepsilon_2 - \sec\varepsilon_1) \tag{10.24}$$

从而得出这个实验的结果：

$$D = \frac{c\tau_3}{(\sec\varepsilon_2 - \sec\varepsilon_1)} \tag{10.25}$$

Johnson 等人的文章提供的一些实验结果，表明该方法是可行的。他们报告了一项海上传播实验[10]，其中在距船 225km 的 4 个位置用 4.2λ 的天线孔径观察到了带宽为 3kHz 的船载传输信号。对这些测量值进行 FFT 处理，然后对峰值进行聚类处理，产生传感器间的差分延迟范围约为 $0.2\mu s$ 的紧凑聚类；这相当于 60m 的距离误差。然而，相应距离估计值的散点显示了近 18.5km 的系统偏差。与此同时，方位角估计显示的偏差为 $8.6°$。结果表明，地理定位结果没有达到预期，平均错位距离为 39.6km。尽管如此，该技术还是很有趣的，且提供了一定的单站地理定位功能。

10.4.3 模式差分地理定位总结

考虑到差分时延估计过程中冗长的推导过程，有必要对其过程总结一下：
（1）从两个传感器接收到的信号中得到频谱响应。
（2）计算归一化互功率谱 $S_{12}(\omega)$。
（3）选择与期望信号相关联的频点，形成一个互功率谱矢量。
（4）利用这些频点和适当的时间平均计算光谱互相关矩阵 G。
（5）对这个矩阵进行特征分析以确定其零空间。
（6）建立基于未知参数的导向矢量搜索。
（7）找到这个多维谱的峰值，并得到相应的差分路径延迟值 τ_3。
（8）利用模式间延迟和与这两种模式相关的仰角，用式（10.25）估计到发射机的距离。
（9）结合距离和方位角来估计发射机位置。

10.5　多点差分到达时间地理定位

上述的地理定位方法都受到角度估计不准确的影响，角度估计准确性与表

征传感器孔径相对较小有关。为避免这一缺点,可以采用一个替代方法,即基于两对传感器获得的同一信号的差分到达时间(DTOA)进行估计。使用第 12 章所述的技术,一对传感器中的每一个传感器都可以获得信号波形的基带估计,包括其到达传感器的绝对时间。即使这个信号的实际传输时间是未知的,也可以处理这两个基带信号估计来获到达两个传感器的相对时间差的估计。微分到达时间概念如图 10.8 所示。

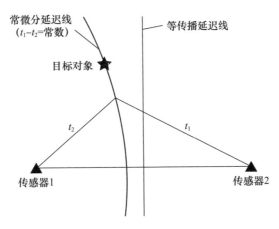

图 10.8 微分到达时间概念

众所周知,与到达时间差相关的所有可能的发射信号位置的轨迹都对应于旋转的双曲线上。这个圆锥曲线的轴线由两个传感器之间的直线指定。这条线的平分线对应于 DTOA = 0。

如果现在有 3 个传感器,可以用 3 对传感器中的 2 对产生 2 个独立的 DTOA 估计。这意味着有两条旋转的双曲线,它们在空间中相交于 1 条曲线。这条曲线与地球表面的交点即为所需的地理定位估算值。

图 10.9 说明了这种地理定位的方法。这张图显示了在 3 个传感器附近的地球表面部分,每个传感器都用 1 个小圆表示。一组轮廓显示与传感器 1 - 传感器 2 相关联的 DTOA 双曲线,其中 DTOA 步长为 1ms;另一组显示传感器 2 - 传感器 3 所对应的 DTOA 双曲线。如果一个发射机位于纬度为 20°,经度 50°的位置时,如小写字母 x 所示,传感器 1 - 传感器 2 观测到的信号到达时间差为 + 0.64ms,传感器 3 - 传感器 2 观测到的信号到达时间差为 - 1.51ms。读者可以看到,这些观察结果与 DTOA 轮廓线是一致的[①]。

---

① 传感器 1 - 传感器 2 轮廓线的数值范围为 - 21 ~ + 21ms,步长为 1ms;传感器 3 - 传感器 2 取值范围为 - 12 ~ + 12ms,步长为 1ms。

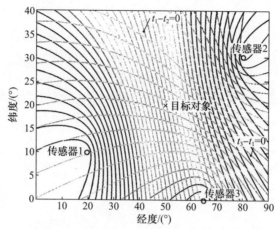

图 10.9 两个站点对的微分到达时间轮廓线，时间步长 = 1ms

到达时间估计精度主要由期望信号的带宽决定，对于高频信号来说，带宽约为 5kHz；转化为时间估计分辨率，大约为 200μs，对应于差分范围不确定度为 $\delta r = c\delta t = 60$km。如果信噪比足够，可以获得比这小 10~50 倍的次级分辨率精度。最终 DTOA 精度可达到 1km。将其与孔径为 90m、工作频率为 10MHz 的传感器的角波束宽度进行比较；即波长为 30m，波束宽度为 20°左右；如果波束以 10:1 的倍数分裂，那么在 3000km 范围上，角度测量的精度将达到 100km。在频率较低时，角度精度变得更差；在高频波段的底部（2MHz），情况要糟糕 10 倍，在更远的范围内，情况甚至要更糟糕。因此，因此，可以考虑采用不依赖于天线波束宽度来产生精确的地理定位估计的方法，如差分时延。

参 考 文 献

1. W. C. Nelson and E. E. Loft, *Space Mechanics*, Upper Saddle River, NJ: Prentice Hall, 1962.
2. E. V. Appleton and M. A. F. Barnett, "On Some Direct Evidence for Downcoming Atmospheric Reflection of Electric Waves," *Proc. Royal Soc.*, London, series A, vol. 100, December 1925, 621.
3. "Measurement of the Angle of Incidence at the Ground of downcoming Short Waves from the Ionosphere," *Journal IEE*, vol. 74, 1934, 582.
4. R. F. Treharne, "Vertical Triangulation Using Skywaves," *Proc. I.R.E.E. (Aust)*, November 1967, 419.
5. P. J. D. Gething, J. G. Morris, E. G. Shepherd, and D. V. Tibble, "Measurement of Elevation Angles of H.F. Waves," *Proc. IEE*, vol. 116, no. 2, February 1969, 185.

6. W. M. Sherrill, D. N. Travers, and P. E. Martin, "Advanced Radiolocation Interferometry," *Proc. Fourth Allerton House Conf. on HF Radio Direction Finding and Radiolocation Research*, Urbana, IL, 1971.
7. H. C. Horing, "Comparison of the Fixing Accuracy of Single-Station Locators and Triangulation Systems Using Ideal Shortwave Propagation in the Ionosphere," *IEE Proceedings*, vol. 137, pt. F. 3, June 1990, 173.
8. E. M. Warrington and T. B. Jones, "Measurements of the Direction of Arrival of HF Skywave Signals and Single Site Location Using a Seven Element Wide Aperture Interferometric Array," *IEE Proceedings*, vol. 138, pt. H. 2, April 1991, 121.
9. H. H. Jenkins, *Small Aperture Direction-Finding*, Boston: Artech House, 1991.
10. R. L. Johnson, Q. R. Black, and A. G. Sonsteby, "HF Multipath Passive Single-Site Radio Location," *IEEE Trans. on Aerospace and Electronic Systems*, vol. AES-30, April 1994.
11. K. Budden, *The Propagation of Radio Waves*, Cambridge, UK: Cambridge University Press, 1985.
12. K. Davies, *Ionospheric Radio*, London: Peter Peregrinus Press, 1989.

第11章 估计:导向矢量方法

11.1 概 述

除了与高频传感器相关的测向产品外,人们对接收电波传输的信号并解调它所承载的内容也有着浓厚的兴趣。该主题在信号估计中进行了讨论,讨论过程中经常使用"复制"这个术语。在高频下实现这些目标所面临的挑战包括微弱和可变的信号强度,电离层的变化特性以及环境中存在的无数干扰信号。如前所述,阵列天线具有创建天线方向图的潜力,在期望信号上提供增益的同时,在干扰信号的方向上产生零陷点。天线模式设计是本章的主题。基于该设计的许多算法都是可用的;在高频中最常见和最有用算法将在这里单独列出。重点是线性处理方法,线性处理确定了一个在矢量求和过程中应用于阵列单元上的权重矢量;其结果是一个单一输出信号,用来表示期望信号的估计值。由于这种结构会产生随空间变化的响应,所以这个结果实际上是一个波束,整个过程被称为波束形成。

回顾第5章描述的整体系统架构,信号估计是在信号被检测后所进行的过程,检测过程具体参见第7章,并使用第9章描述的方法之一来估计其方向。通常,新检测到的信号的短片段可以被估计以协助资源分配。在收集到足够的数据来估计精确的方向和长信号片段之前,最终用户可能希望先对检测到的信号有所了解。不过,用于短信号片段估计的方法将基于长信号片段的估计方法。

在第8章中,作为对测向方法的预览,回顾了最常见的参数估计方法。由于信号估计或复制本质上是一个估计信号矢量的过程,本章所要讨论的方法即使基础不完全相同,也是相似的。因此,可以直接切入波束形成的主题;第一种方法是基于均方误差的方法。图5.1显示了信号估计或复制过程在整个系统框图中的位置。

11.2 均方误差波束形成器

假设一个期望信号 $s(t)$ 入射到传感器阵列产生一个包含该信号的接收信号矢量 z,该信号由与信号到达角相关的阵列导向矢量以及破坏性噪声进行修

改,有

$$z(t) = as(t)v + n(t) \tag{11.1}$$

正如第 6 章中讨论的,一个波束形成器通过对阵列单元的接收信号施加一个复权重矢量,并对加权分量求和,即加权矢量 w_{MSE} 和接收信号矢量 z 的内积来计算输出信号。也就是说,每个信号样本的估计 $\hat{s}(t)$ 都是基于阵列单元接收信号的加权和的,用矢量形式表示为 $\hat{s}(t) = w_{MSE}^H z(t)$。均方误差(MSE)波束形成器确定一个权重矢量,使估计信号相对于真实信号的平方误差最小。通过对信号的这种估计,误差为真实信号和 $\hat{s}(t)$ 的差,即

$$\varepsilon(t) = s(t) - w_{MSE}^H z(t) \tag{11.2}$$

取平方之后,有

$$E[\varepsilon^2(t)] = E[|s(t)|^2 - 2w_{MSE}^H z(t)s(t) + w_{MSE}^H z(t)z^H(t)w_{MSE}] \tag{11.3}$$

在取期望值后,得到

$$E[\varepsilon^2(t)] = S - 2w_{MSE}^H r_{rs} + w_{MSE}^H R w_{MSE} \tag{11.4}$$

式中:r_{rs} 为已知信号参考分量与各阵元接收信号之间相关性的列矢量,

$$r_{rs} = \begin{bmatrix} \overline{z_1(t)s(t)} \\ \overline{z_2(t)s(t)} \\ \vdots \\ \overline{z_N(t)s(t)} \end{bmatrix} \tag{11.5}$$

式中:R 为通常的协方差矩阵。这里,S 为与未知信号相关的信号分量中的功率。由于它是独立于 w 的,因此在后边的内容中可以忽略。

如前所述,我们的目标是将这个均方误差最小化。因此,应计算式(11.4)中的梯度,并使结果为零,即

$$\nabla_w(\overline{\varepsilon^2(t)}) = -2r_{rs} + 2Rw_{MSE} = 0 \tag{11.6}$$

因此,有

$$w_{MSE} = R^{-1} r_{rs} \tag{11.7}$$

在得到接收阵元信号的相位和幅度权值后,发射信号的估计可表示为

$$\hat{s}(t) = w_{MSE}^H z(t) \tag{11.8}$$

注意:如果参考信号为与各阵元接收信号相关的唯一信号成分,那么有

$$r_{rs} = Sv. \tag{11.9}$$

v 为与参考信号相关的导向矢量。因此,有

$$w_{\text{MSE}} = SR^{-1}v. \tag{11.10}$$

这表明 MSE 估计的权值与由估计的噪声协方差所白化后的期望信号导向矢量成正比。

11.3 基于导向矢量的估计

如第 9 章所述，每个阵列单元接收到的复合信号都可以用于确定信号来波方向和极化特性。这些特性全部包含在导向矢量矩阵估计值 $\hat{V}$ 中。利用矩阵表示法，可以从方程的解开始，找到感兴趣信号（SOI）的最小均方估计为

$$\hat{s}(l) = \arg\min_{s} \sum_{k=1}^{N_s} \| x(l) - \hat{V}s(l) \|^2 \tag{11.11}$$

式中：$\hat{V}$ 为第 10 章中详细描述的测向过程中产生的导向矢量。在入射到阵列的一组信号上使用这个导向矩阵，我们可以使用标准规范解来确定数据的最小均方拟合为

$$\hat{s}(l) = (\hat{V}^H \hat{V})^{-1} \hat{V}^H x(l) \tag{11.12}$$

式中：$\hat{V}$ 的维度为 $N \times N_s$，而 $\hat{s}(l)$ 为一个长度为 N_s 的矢量。我们可以定义一个由 $\{\hat{s}(l)\}$ 组成的信号矩阵 S。开发一个只估计 SOI 而不是整个矩阵 $\hat{S}$ 的表达式是有意义的。这样的表达式减少计算负担，还提供对信号估计过程的运作方式更深入的了解。

按照 Weiss 和 Friedlander[7] 采取的方法，将导向矩阵 V 划分为一个 $N \times (N_s - 1)$ 的矩阵 B 和一个长度为 N 且与 SOI 相关的矢量 v，有

$$V = \begin{bmatrix} B & v \end{bmatrix} \tag{11.13}$$

式中：假设 v 为 V 的最后一列。利用 B 可以在其列空间 P_B 上定义一个投影矩阵，并在其零空间 P_N 上定义另一个投影矩阵，有

$$P_B = B(B^H B)^{-1} B^H \tag{11.14}$$

$$P_N = I - P_B \tag{11.15}$$

有了这些投影矩阵，可以将表达式（11.12）中 $x(l)$ 的系数矩阵写成一个分块矩阵为

$$(V^H V)^{-1} V^H = \frac{1}{v^H P_N v} \begin{bmatrix} (B^H B)^{-1} B^H [(v^H P_N v)I - vv^H P_N] \\ v^H P_N \end{bmatrix} \tag{11.16}$$

这使得 $\hat{s}(l)$ 的最后一行,也就是与 SOI 相关的时间序列可以表示为

$$\hat{s}(l) = \frac{v^H P_N x(l)}{v^H P_N v} \tag{11.17}$$

回想一下,矩阵 B 的列表示每个强度足以在测向/极化估计过程中被隔离出来的干扰信号的导向矢量。它的零空间是 B 维接收信号空间中不包含干扰的部分。因此,矩阵乘积 $P_N x(l)$ 中没有干扰方向上的信号,它是由各个传感器贡献的信号所组成的矢量。转向矢量 v^H 的预乘将传感器的贡献以适当的相位和幅度进行相加,其中的相位和幅度由 SOI 导向矢量决定。

11.4 基于 MUSIC 的估计

第 8 章详细介绍了几种测向算法。其中最有效,也因此最受欢迎的是 MUSIC 算法。MUSIC 提供了平面波入射阵列的方向指示。MUSIC 谱的峰值表明信号环境包含了从特定方向到达阵列的能量。下一个目标可能是估计与这些 MUSIC 谱峰值对应的每个方向相关的信号波形。本节考虑如何利用与 MUSIC 测向算法相关的特征结构来实现波束形成的目的。

11.4.1 MUSIC 波束形成的概念

在大多数阵列处理架构中,信号估计被表示为阵元信号的加权和。在第 11.2 节中的均方误差准则中,权值是表征干扰环境和信号方向的噪声白化矢量。然而,如何识别一个适当的信号方向矢量并没有讨论。一种可能性与 MUSIC 谱峰值对应的导向矢量相关。由于该峰值是由方位角和仰角指定的,因此阵列校准表中存在一个与方位角和俯仰角关联的导向矢量。利用这个导向矢量生成权重矢量进行波束形成,通过计算阵列单元接收信号的加权和,可以在指定的方向上提供阵列增益,同时最小化环境中未被选择的信号的相关方向上的增益(可能会产生零陷点),这也是白化的结果。

这种方法有两个缺点:①仅基于校准表的阵列权值无法识别同道干扰,如果要获得阵列结构的好处,就应将同信道干扰最小化。这个缺点可以通过白化过程来解决;②在 MUSIC 测向过程中出现的任何错误都会反映在估计结果中,从而影响估计质量。因此,可以采取不同的策略来利用 MUSIC 算法中固有的信号和噪声子空间概念,但要意识到有阵列误差的可能性。

回想一下 MUSIC 谱如何计算:首先,用阵列接收信号矢量计算协方差矩阵。对该协方差矩阵进行特征分析,然后进行信号数估计,确定与最大特征值相关的

特征矢量和与其余"噪声"特征值相关的特征矢量。协方差矩阵中与较大特征值相关的"模式"提供了包含最多能量的环境成分的线索。假设使用与"噪声"子空间的噪声特征值相关的特征矢量来计算 MUSIC 谱。然后,通过寻找与该噪声子空间正交的方向矢量来估计来波信号的示向线。这样的导向矢量指定了信号的方向,并且可以将导向矢量应用到阵列数据中来估计目标信号,同时使用协方差矩阵的逆矩阵作为白化器使其他信号归零。因此,阵列在信号方向上提供阵列增益的同时,还试图拒绝来自干扰的信号能量。这可以通过与 MUSIC 谱峰值相关的每一个导向矢量来实现。

这个概念可以用数学方法描述如下。基于 MUSIC 的信号估计的最大似然方法可以利用对数似然函数最大化,其正比于:

$$\mathrm{tr}[(Z-VS)(Z-VS)^H] = (Z-VS)^H(Z-VS) \tag{11.18}$$

求解上述表达式的散度并使散度表达式等于 0 可以使上述表达式最大化,即

$$\nabla_S[Z^HZ - S^HV^HZ - Z^HVS + S^HV^HVS] = 0 \tag{11.19}$$

这意味着

$$(V^HV)S = V^HZ \tag{11.20}$$

从而,得到

$$\hat{S} = (V^HV)^{-1}V^HZ \tag{11.21}$$

如果用一组权值矢量 $W = V(V^HV)^{-1}$ 表示对应于 MUSIC 谱峰值的阵列权值矢量并对 N_s 个信号进行加权,其中 V 由 N_s 个矢量 $V(k)$ 组成,那么基于 MUSIC 的估计的未知信号变为

$$\hat{S} = W^HZ \tag{11.22}$$

不幸的是,这种基于 MUSIC 的波束形成器的会导致性能较差,因为预先存储的阵列导向矢量往往与真实信号方向上的实际阵列激励不完全一致。当信噪比高时,这个问题尤其明显。11.4.2 节将讨论这个问题,并描述基于 MUSIC 测向算法固有特征结构的更好的波束形成器。

11.4.2 波束形成实现问题

在大多数实际的阵列处理情况下,一些误差源会影响预先存储的导向矢量表的完美性。这些误差包括(1)阵列单元的制造差异;(2)天线阵元位置不精确;(3)阵列电缆长度不准确;(4)阵列单元间的相互耦合;(5)信号波前与平面度的偏差,特别是在高频时。最终的结果是,到达平面波方向矢量 v 偏离了预先存储的对应特定示向线(LOB)[3]的导向矢量 c。

假设目标是在由协方差矩阵所描述的环境中形成指向一个方向的波束,并在该方向产生最高的信噪比加干扰比为

$$R_{xx} = Pvv^H + R_{nn} \tag{11.23}$$

式中:R_{nn} 为干扰加噪声协方差矩阵,P 为信号功率。在这种环境下,最佳波束形成器可表示为

$$w_{opt} = \frac{NR_{xx}^{-1}v}{v^H R_{xx}^{-1} v} \tag{11.24}$$

但是真正的导向矢量是未知的。如果真实导向矢量替换为 MUSIC 产生的与特定示向线相关联的导向矢量 c,那么最优波束形成器就变为

$$w_{opt} = \frac{NR_{xx}^{-1}c}{c^H R_{xx}^{-1} c} \tag{11.25}$$

如果测量的协方差矩阵实现波束形成器,有

$$R_{xx}^{-1} = R_{nn}^{-1} \left[I - \frac{Pvv^H R_{nn}^{-1}}{(1 + Pv^H R_{nn}^{-1} v)} \right] \tag{11.26}$$

且源输出功率为

$$\mathcal{P} = P |w_{opt}^H v|^2 = \frac{PN^2 |\rho|^2}{[1 + \gamma(1 - |\rho|^2)]^2} \tag{11.27}$$

式中:$\rho \doteq v^H R_{nn}^{-1} c$ 为由 MUSIC 测向过程所产生的与特定示向线相关的理想导向矢量 c 和实际阵列响应矢量 v(在与干扰加噪声协方差相关的度量中)的内积,且 $\gamma = Pv^H R_{nn}^{-1} v$ 为阵列信号 – 干扰加噪声比①。

式(11.27)有助于理解与不准确的导向矢量有关的问题。当给定方向的理想导向矢量与 SOI 产生的实际阵列响应矢量之间有微小的差异时,则参数 ρ 所描述的内积就会偏离单位 1。这个因子会同时影响这个表达式中的分子和分母。当由参数 γ 定量表示的信号干扰加噪声很小时,分子会直接降低期望的输出功率。但是当 γ 大时,随之而来的大分母会使期望的输出功率更低。因此,应当开发替代处理方法来减轻这种影响。

这一现象激发了人们对鲁棒波束成形器的极大兴趣,从而避免信号消退问题。Li 和 Stoica 编撰了一本关于这个话题的论文集[4],鼓励感兴趣的读者查阅此书。

---

① 这一表达式假定导向矢量已经被 $c^H R_{nn}^{-1} c = N$ 归一化。

11.4.3 信号子空间投影波束形成器

已经证实理想导向矢量和真实阵列响应矢量之间的差异会导致信噪比下降,因此应该考虑一种减缓方法。9.4 节描述了 MUSIC 算法以及其对信号子空间概念的依赖。通过对样本协方差矩阵进行特征分析,可以将阵列数据空间分离为两个正交子空间,信号加干扰子空间和噪声子空间。由于采集到的数据为信号加干扰子空间提供了基础,因此可以期望真实的阵列响应矢量位于该子空间中。至少,这个子空间更有可能包含真实导向矢量,而不是包括 MUSIC 测向过程产生的与特定示向线相关联的预设理想导向矢量。这样的推理引出波束形成的投影方法[5]。

该方法利用样本协方差矩阵最大特征值所对应的特征矢量作为信号加干扰子空间的基矢量。如果用这些特征矢量被用作矩阵 E_{ss} 的列,那么与 MUSIC 测向过程产生的与特定示向线相关联的理想导向矢量就可以投影到信号子空间中。然后,由此得到的矢量 $v_s = P_{ss}c$,可以用来得到式(11.24)中的波束形成权矢量。由此产生的波束形成器为

$$w_{mu} = \frac{R_{xx}^{-1}P_{ss}c}{(P_{ss}c)^H R_{xx}^{-1}(P_{ss}c)} \quad (11.28)$$

式中:$P_{ss} = E_{ss}(E_{ss}^H E_{ss})^{-1}E_{ss}^H$ 为由 E_{ss} 所定义的列空间上的投影矩阵。使用这些权重,可以从下式得出一个基于 MUSIC 算法估计的 SOI:

$$\hat{s} = w_{mu}^H Z \quad (11.29)$$

这种方法将基于 MUSIC 的导向矢量投影到信号子空间,然后进行白化,其性能比 11.4.1 节中描述的基于 MUSIC 的估计更好。

11.5 基于极化的方法

9.5 节描述了一种测向技术,该技术可以应用在天线阵列具有不同极化单元时。由于阵列响应对到达信号的极化状态敏感,测向过程因此变得更加复杂。极化灵敏度必须用一对与到达信号的两个正交极化状态相关的阵列流形来定量描述。第 9 章中描述的技术提供针对 SOI 到达角和极化状态的解决方案,从而为 SOI 提供合适的导向矢量估计值。该导向矢量可以用来估计从该方向到达的具有特定极化状态的信号。

11.5.1 利用极化差复制信号

9.5 节给出了极化敏感阵列的详细模型。这里,用极化敏感阵列响应实现

多极化波束形成器,即使信号来自非常相似的方向,也可以分离具有不同极化特性的信号。在第9章详细介绍的测向过程中估算出的基于极化的导向矢量为这一处理提供了基础。

11.5.2 基于极化的复制实例

在本例中,一个简单的二元双极化阵列被定义为沿 x 轴分布的四元阵列:阵元1和2放在同一位置,阵元1沿 x 轴方向极化,阵元2沿 y 轴方向极化,类似的情况也适用于阵元3和4。因此,奇数阵元是 x 轴极化的,偶数阵元是 y 轴极化的。第一对二元天线对位于原点,而另一对位于 x 轴正方向 15m 处。

两个信号入射这个阵列。"信号A"是从方位角为 20° 的方向到达的 12MHz 连续波信号,而"信号B"是以相同载波频率从方位角为 30° 方向到达的 BPSK 信号。两个信号均以 80Msps 采样,信号总线所携带的数据波特率为 0.8MHz①。波特率不是实现极化估计处理技术的关键因素。在 12MHZ 的载频下,信号的波长为 25m。因此,单元间距为 $15/25 = 0.6\lambda$,对应于 1.67rad 或 95° 的波束宽度。显然,两种信号都能在彼此的波束宽度内很好地到达阵列。但这两种信号具有不同的极化特性:假设信号A具有偶数阵元的极化特性,信号B具有奇数阵元的极化特性。因此,阵元1和3不响应信号A,阵元2和4不响应信号B。

为了说明使用极化的好处,图 11.1 显示了位于阵元1和阵元2处,但对两种极化同样敏感的非极化天线的总信号。图中包含了低于每个信号电平 20dB 的接收机噪声。很明显,这两个信号相互干扰,产生的结果不是一个恒定的包络信号,对于两个信号来说这与预计的结果都是相符合的。

接下来,将 11.3 节中描述的阵列处理方法应用于到达矢量信号。假设几何导向矢量与理想导向矢量相比有约 20% 的随机误差。因为只有阵元2和阵元4可以看到信号A,所以用于估计信号的极化敏感导向矢量在相应的元素位置为零;类似的论点也适用于信号B的极化敏感导向矢量的阵元中。

当这些几何导向矢量被极化特性修正后,得到的矢量被用于 11.3 节中描述的 4×1 矩阵 **B** 和估计处理器中的四元矢量 v,信号A和信号B的估计结果如图 11.2 所示。从图中可以看出,信号A的估计结果没有任何数据的证据,而信号B的估计结果在适当的时间显示了清晰的数据转变。

然而,转向矢量误差的影响是显而易见的,这两个信号的幅度估计明显偏离它

---

① 本例中使用这一速率用来表示以波长为单位的阵列尺寸和数据样本转换,并且没有在仿真中添加复杂的基带、下采样处理过程。

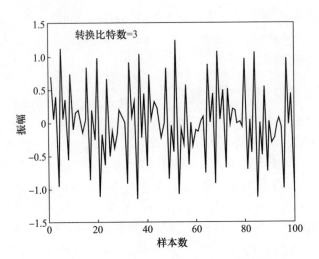

图 11.1 单个非极化天线阵元的复合示例信号

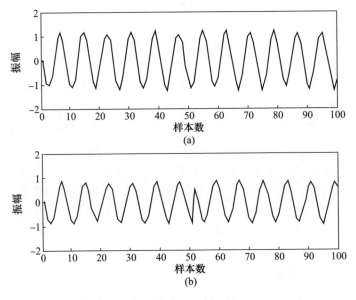

图 11.2 比特转换期间估计的信号 A 和 B

(a)估计信号 A(第一位转换时 100 个样本);(b)估计信号 B(第一位转换时 100 个样本)。

们的单位幅度,并且在细节波形中还存在其他失真。如 11.4.3 节所述,根据样本协方差矩阵的两个最大特征矢量,可以将估计的两个信号相关的转向矢量投影到信号子空间上。当使用这种投影方法得到两种信号波形的最终估计时,结果如图 11.3 所示。这些波形的估计明显比图 11.2 中的等效波形的振幅误差和失真小得多。

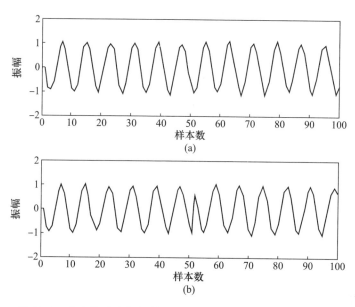

图 11.3 在比特过渡期间利用子空间投影法估计的信号 A 和 B
(a)第一个比特转换时的估计信号 A 的投影方法;(b)第一个比特转换时的估计信号 B 的投影方法。

11.6 估计权矢量跟踪

前面的章节以及第 12 章的全部内容,描述了如何选择一组估计权值来相干地组合来自不同天线通道的信号,从而使产生的波束捕获选定的信号,同时最小化来自同一频带内不需要的干扰信号。如前所述,不同的估计权重计算技术为用户提供了多种备选方案,每个都使用特定的标准来确定其通道权重。首先确定权重,然后将权重应用于所有通道收集的数据块。

然而,环境并不是静态的,SOI 的持续时间通常比一个块的长度长得多。本节介绍一系列权重矢量的计算,每个权重矢量的应用方式都与第一个相同,但计算时需要考虑先前数据块使用的权重矢量。第一个权矢量之后,后续的权矢量不仅要很好地抑制干扰;它们还不应该将时间不连续性引入估计结果中。以一种不会在估计重建结果中引入时间不连续性的方式来实现。将初始权值矢量建立在一个(较长的)块长度上,并根据较短的数据块迭代修改初始权矢量,这可能会变得更加有利。这种权重适应技术尚未得到广泛研究。

空域协方差矩阵被视为所有权值计算方法的核心组成部分。空域协方差矩阵是阵列在适当的时间间隔内连续接收到的信号快照集。计算协方差矩阵,然后从中得出估计权矢量。因为环境会变化,所以要在"过渡"间隔后获取另一组快照,并由此计算出一个新的协方差矩阵和相应的新的估计权矢量。这种方法带来了风险:两个权重矢量可能完全不同,以至于在复制的信号中出现不连续的情形。这种不连续性可能是最终用户数据错误的来源。

一种避免不连续性的方法是:在所计算的相邻协方差矩阵之间,使用一组内插得到的估计权矢量来生成信号估计值。分析图 11.4 中所示的时序图。

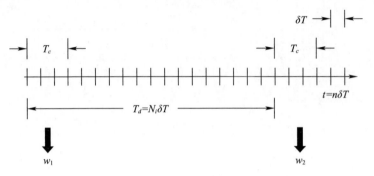

图 11.4　估计权重跟踪时序图

图 11.4 中,根据时间 T_c 上的快照计算初始协方差矩阵,并根据延迟时间 T_d 之后的快照计算下一个协方差矩阵。从两个协方差矩阵计算出两个估计权重矢量,但它们并不直接用于生成估计信号。取而代之,用一个插值过程来生成一系列估计权重矢量,每个权重矢量应于一个估计输出样本。

具体而言,假设阵列快照时间间隔和期望的估计样本时间间隔是相同的,都等于 δT。假设协方差矩阵计算覆盖了比要估计的特定信号带宽更大的带宽,尽管这可能是不正确的,但这里说明的概念仍然有效。在图 11.4 中,信号采样时间以"记号"的形式显示在时间轴的底部。在两个协方差计算之间,总共有 $N_i = T_d/\delta T$ 个样本。

分别用 w_1 和 w_2 表示这两个估计权重矢量中的第一项和第二项,可以用线性插值方法计算每个输出快照的单独的估计权重,有

$$w(n) = w_1\left(1 - \frac{n}{N_i}\right) + w_2\left(\frac{n}{N_i}\right) \tag{11.30}$$

式中:$n = 0 : (N_i - 1)$。

当切换协方差矩阵时,这样的一阶插值方案在斜率上具有不连续性。这可能是可以接受的,也可能不是。可以使用涉及其他协方差矩阵的更复杂的插值方案,从而避免高阶不连续;但是,这种方法会增加估计过程的时延,而这种延迟可能无法接受。

11.7 宽带处理

正如多次提到的,大多数高频通信信号的带宽限制在几千赫兹。虽然高频通信的这一特性最初是由当时的技术条件导致的,但在一个时间和频率变化都很迅速的信道上传输一个不失真的、宽带更宽的信号的确存在困难,这阻碍了高频通信在高速数据传输中的应用。此外,由于其他方法(如全球有线和空基通信)的存在,扩大信号带宽的动机很大程度上是缺乏的。这些方法可以经济可靠地实现带宽信息传输。

最近,由于低截获概率(LPI)通信应用的推动,人们对宽带高频通信产生了兴趣[8-9]。这种高频信号已被证明可以达到约1MHz带宽。本书将不再进一步讨论这一主题。

然而,目前最重要的是开发能够连续捕获大部分高频频段的宽带监视接收机,并利用先进的信号处理技术来分析捕获的环境。将目标信号从干扰中分选出来,那些值得注意的信号被指定为需要检测的信号。调用测向和信号估计过程,并将输出产品交付给潜在的用户。

以这种方式运行的系统将面临以下几个问题:

(1)一次应该覆盖多少带宽?
(2)为了抑制干扰,这个总瞬时带宽应如何分段?
(3)如果选择小于单个高频信号带宽的段进行分割,该信号覆盖的多个信号段如何组合?
(4)这种分割如何影响空间干扰抑制的自由度?

11.7.1 总覆盖带宽

如前所述,虽然模数转换器(ADCs)的采样率曾经是决定单个传感器应覆盖多少高频频带的关键因素,但最近16位转换器以超过80Msps的采样率改变了这一情况。这种模数转移器能够对整个高频频带进行采样,并将这些样本发送给能够对数据进行实时快速傅里叶变换(FFTs)的高速处理器。因此,决定传感器总带宽的限制因素是模数转换器之前的放大器的动态范围。对于这样的预处理放大器来说,仍然希望系统中的动态范围至少达到90dB。

二次谐波失真是主要的限制。这种失真的可能性表明,任何频带的覆盖范围均不应超过最低频率的1.9倍左右;如果满足这个限制,则最低频率的二次谐波将落在传感器覆盖范围之外,并且可以在宽带信号进入到模数转换器之前过滤掉。

覆盖整个高频频带的策略就是从这些考量得到的。遵循1.9规则表明,最高频带约在16MHz开始。下一个较低的频带应为9~16MHz;然后是5~9MHz;2.8~5MHz;最后是2~2.8MHz。

这种方法的困难在于每个子带的数据捕获率差异很大。如果数据处理和存储系统是为最上层的频带设计的,那么对于下层的频段来说这就是超过安全指标的设计。因此需要进行如下折中:2~6MHz、6~10MHz、10~14MHz、14~18MHz、18~24MHz和24~30MHz。这样的设计在最低频带有二次谐波失真的风险,但该子频带在实际操作上相对不重要。即使第一选择只需要5个子频带而不是6个子频带,对数据存储速率的需求与14MHz时的情况相比减少了14/6,这也是一个需要考虑的风险。随着数据存储技术的发展,可能会折中转向5个子带的选择。

11.7.2 子带分段

一旦模数转换器采样样本可用,必须对其进行缓冲并准备进行频率分段。这个过程首先从全带宽开始,然后使用快速傅里叶变化把全带宽分成非常窄的分段。在如今的计算环境中,可以将创建窄带分段的过程与数字下变频结合起来,从而产生覆盖部分传感器带宽的一组连续基带单元。执行这一过程有许多替代方法,本节不会详细讨论这些选择;其中的选择要考虑数据通信网络的因素,这超出了本书的范围。

取而代之,这里的重点将放在单个分段的带宽上。设计参数应根据干扰环境和目标信号带宽而定。因为大多数目标信号都具有早期高频接收机设计所规定的2.4kHz带宽,这个带宽与人们习惯考虑的带宽一样宽。大多数目标信号都有这样的带宽。然而,干扰可能来自各种各样的信号,所以通常使用较窄的分段。这种频率规划可以支持以下事实,即高频通信没有统一规范,一个目标信号可能与多个干扰重叠,每个干扰都有不同的带宽,有些比目标信号宽,有些比目标信号窄。2.4kHz的目标信号带宽可能按因子细分为4、8甚至16,导致分段带宽小至150Hz。

11.7.3 分段合并

在这个讨论中,假设分段带宽被设置为600Hz,或者目标信号带宽的1/4。这些分段将在传感器子带带宽上连续创建,因此不必整齐地分成4个分段。一个典型的目标信号更有可能跨越5个分段。一旦传感器检测到目标信号并且估计出了它的中心频率和带宽,传感器有两种处理目标信号的方法。处理器可以忽略这些分段,正如第7章所讨论的,这些分段用于检测处理,处理器对N个传感器通道各使用一个具有适当中心频率和带宽的窄带接收机。然后,可以将自适应阵列信号估计(复制)算法用于这些长度为 N 的信号矢量,以在检测到的频率和带宽上产生所需的估计信号。

图 11.5 大致显示了这种基于信号和接收机的干扰抑制方法是如何实施的。

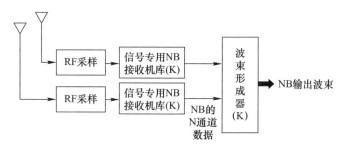

图 11.5　基于信号和接收机的估计处理过程(K 个信号)

或者,一种更激进的方法是直接使用窄带分段数据在每个分段中形成单独的天线通道信号,和若干个基于分段的波束,并组合它们的输出来获得一个跨越这些分段的信号。这种处理体系结构被称为多路复用方法。

图 11.6 显示这种用于信号估计的多路复用方法是如何实现的。

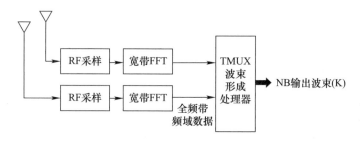

图 11.6　利用多路复用方法的估计处理过程(K 个信号)

这种方法的优点是,每个分段的干扰都有完整的阵列自由度,可以处理的干扰总数也相应增加。如果干扰频带很窄且只跨越一个分段,则干扰总数将增加一个因子,该因子等于目标信号所跨越的分段数。例如,如果传感器包括 8 个天线,2.4kHz 带宽的目标信号跨越 5 个带宽为 600Hz 的分段,将有 40 个的自由度可用于干扰消除。这与第一种方法的 8 个自由度形成对比。如果一些干扰跨越多个段,则可用自由度的数量将落在这两个极端之间。

尽管第二种技术有其优势,但它仍然仅是一个研究课题。关键的挑战来自于估计处理,它需要在干扰抑制完成后,将各个分段重新组装起来。为了使信号不失真,分段间的相位和增益控制是至关重要的。这种先进的方法有可能有能力对抗极端严重的干扰,但估计过程可能会是"把婴儿和洗澡水一起倒掉",并使产生的信号严重失真而不能有效地解调。

参 考 文 献

1. W. C. Nelson and E. E. Loft, *Space Mechanics*, Upper Saddle River, NJ: Prentice Hall, 1962.
2. H. L. Van Trees, *Detection, Estimation, and Modulation, Theory, Part I*, New York: John Wiley and Sons, 1968.
3. J. E. Hudson, *Adaptive Array Principles*, London: Peter Peregrinus, 1981.
4. J. Li and P. Stoica, *Robust Adaptive Beamforming*, Hoboken, NJ: John Wiley and Sons, 2006.
5. D. D. Feldman and L. J. Griffiths, "A Constraint Projection Approach for Robust Adaptive Beamforming," in *Proc. of the Int'l Conference on Acoustics, Speech and Signal Processing*, Toronto, Canada, May 1991, 1381–1384.
6. E. R. Ferrara and T. M. Parks, "Direction Finding with an Array of Antennas Having Diverse Polarizatons," *IEEE Trans. Antennas and Propagation*, vol. AP-31, March 1983, 231–236.
7. A. J. Weiss and B. Friedlander, "Analysis of a Signal Estimation Algorithm for Diversely Polarized Arrays," *IEEE Trans. on Signal Processing*, vol. 41, no. 8, August 1983.
8. B. Perry, "A New Wideband HF Technique for MHz Bandwidth Spread-Spectrum Radio Communications," *IEEE Communications Magazine*, vol. 21, no. 6, September 1993.
9. R. A. Gomes, S. A. Townes, and R. T. Williams, "Experimental Results of a Wide Bandwidth High-Frequency Adaptive Array Processing," IEEE MILCOM Conference, San Diego, CA, 1992.

第 12 章　估计:特性开发方法

第 11 章介绍了信号估计的主题和适用于各种信号类型的具体技术。本章继续探讨信号估计领域,但会缩小应用范围到只针对特定类型的信号,这可以使估计算法充分利用信号特性,特别是在干扰严重的环境中,从而获得更好的性能。下面介绍几种这类算法。

12.1　概　　述

许多通信信号有着与具体格式相关的显著特性。在信号提取过程中利用这种特性,可以在输出时消除环境中不具有这种特性的其他信号。这一过程被归为信号恢复技术。在自适应阵列处理背景下,信号恢复技术体现在应用于接收信号矢量的权值矢量设计中,权值矢量的处理结果是使输出的单一数据流中只有具有特定特性的信号,而不具备该特性的信号被最小化。实际上,加权矢量实现了一个波束在表现出特定特性的能量方向上提供增益,并减少与其他能量方向上的增益。信号恢复技术与空间相干方法形成对比,空间相干方法完全依赖于从给定方向到达的信号的平面波特性,通过对各通道进行相干合并获取感兴趣的信号(signal of interest, SOI)。空间相干技术在之前的章节中有详细介绍,它依赖于阵列校准信息,将复增益矢量(每个通道的相对幅度和相位)与每个可能方向相关联。这样的一组矢量,连同相关的到达方向,构成了所谓的阵列流形。

本章讨论信号恢复方法,涵盖了具有明确载波成分的信号。此信号包括通常遇到的幅度调制,它使我们第一次遇到被称为循环平稳信号的更广泛的一类信号,在 12.2 节介绍循环平稳信号。循环平稳信号包括许多可以在频谱中显示速率线的数字信号,因此非常重要。

12.2 节讨论频谱差分处理,在频谱差分处理中,与(窄带)信号相关联的所有频率子带都由相同的导向矢量来表征。任何偏差都表明存在来自不同方向的干扰,由于干扰不是 SOI 的组成部分,因此应该被置零。

接下来注意力转向具有特定振幅特性的信号。先讨论开关键控信号,然后讨论恒模信号。

另一个重要的主题涉及语音调制信号,包括幅度调制,幅度调制前作为具有明确载波的信号被介绍。这里,关注在高频段经常使用的单边带和双边带抑制载波格式,也包括频率调制。

作为一个特定高频的主题,将介绍与自动链路建立(automatic link establishment,ALE)协议相关的信号类型进行讨论,并讨论在处理 ALE 信号时有用的信号提取算法。

最后要讨论的信号类型是超视距雷达信号(over-the-horizon radar,OTHR)。这种雷达信号的自适应阵列处理是一个相对较新的课题,有许多方面待于未来探索[1]。然而,与通信信号相关的技术是可用的,并将涵盖对雷达信号有用的阵列处理操作。

12.2 基于载波的调零

12.2.1 载波信号格式

考虑由实低通时间函数 $a(t)$ 调制的实 RF 载波信号 $\cos(\omega_0 t)$,有

$$s(t) = a(t)\cos\omega_0 t \tag{12.1}$$

载波的频谱本身是一个实函数,它由 $\pm \omega_0$ 处的脉冲组成;调制频谱也是实数,具有低通形式的调制频谱 $A(\omega)$ 表现出关于 $\omega = 0$ 的共轭对称性。调制的过程在数学上等于这两个波形的乘积,在输出端产生的频谱等于两个输入频谱的卷积。因此,调制波形的频谱由调制信号频谱的两个移位副本组成,以频率 $\pm \omega_0$ 为中心,双边带调制波形的频谱如图 12.1 所示。

这种产生射频调制信号的方法称为双边带调制。双边带调制通常由一种被称为平衡调制器的器件产生,如果仔细构建平衡调制器,输出端则不会产生载波分量。因此,双边带调制信号不包含载波分量。

广播信号的一种更常见的形式是用发射的低通信号调制发射波形的包络。这种发射信号简称为常规调幅,有

$$s(t) = [1 + m_a a(t)]\cos\omega_0 t \tag{12.2}$$

式中:常数因子 m_a 为调制指数;它使式(12.2)括号中的包络小于载波幅度,在本例中载波幅度等于 1。如果包络超过载波幅度,将会出现过调制并在接收端引起失真。

需要注意的是,现在传输的信号是双边带调制信号和载波的总和。因此,信号频谱包括双边带调制的两个边带和一个载波。这种信号对于结构简单的接收机是十分有效的;它不需要在本地重新生成载波,因为传输信号中包含载波分量。

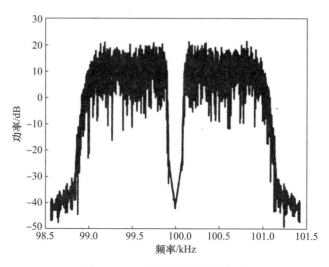

图 12.1 双边带调制波形的频谱

12.2.2 算法描述

基于自适应阵列的高频接收机可以利用信号中的载波成分调整波束形成器中各个通道上的加权系数。后面将会详细说明,假设接收机已知感兴趣信号的载波频率,该方法适用于覆盖载波频率的带宽非常窄的滤波器。实际中,滤波器设计的准确性会受到限制,特别是对于高频信号,电离层信道会在发射信号中引入频移。此外,处理器的目标是排除干扰,所以处理器不会把感兴趣信号之前和之后的时域采样包含进来,由于感兴趣信号可能只传输很短的时间,所以这限制了处理器可用的频率分辨率。因此,高频信号的滤波器带宽下限可能为 10～100Hz 的数量级。由于带宽为 BHz 的滤波处理必须在 $1/B$s 内相干地处理滤波输入,因此相应的滤波器必须处理长达 100ms 的输入(10Hz 带宽)。对于短突发信号,滤波处理器可能只产生少数几个独立的输出样本,几乎无法提供载波调制数据的信息。尽管如此,如果滤波处理器的唯一目标就是估计载波的导向矢量,那么调制数据信息并不是必要的。

现在来详细介绍捕获感兴趣信号的阵列处理方法。假设目前环境中只有一个具有明确载波的信号。正如本书涉及的多种处理器中所考虑的那样,入射信号被建模为导向矢量和感兴趣信号中载波成分的乘积。如果定义 $z_f(t)$ 为前述窄带滤波器输出端通道的信号矢量,有

$$z_f(t) = \mathbf{v}\cos(\omega_0 t + \phi_0) + \mathbf{i}(t) \quad (12.3)$$

建模的信号 $z_f(t)$ 不是天线的原始基带输出集合 $z(t)$,而是每个天线通道中窄带

滤波器的输出。该滤波器被设计得非常窄,除了与感兴趣信号相关的载波之外可能不会通过其他信号成分。如果存在通过滤波器的其他信号,无论该信号是感兴趣信号的一部分还是其他可能存在的干扰信号,它们对 $z_f(t)$ 的影响都将包含在干扰分量 $i(t)$ 中。

如前所述,时间序列 $z_f(t)$ 的带宽等于滤波器的带宽 B,因此每 $1/Bs$ 就会有独立的样本可用。处理器可以从每个天线通道捕获这些样本序列,捕获持续时间不超过感兴趣信号的预期持续时间,并将捕获的样本放在矩阵 Z_f 的列中,该矩阵不同的行对应于不同的天线通道。然后,处理器应该对各通道信号进行适当线性组合来表示期望的载波。该线性组合中的系数可以排列在应用于矩阵 Z_f 的加权矢量 w_{NBF} 中。

假设 N 个天线通道每个都有 L 个样本。那么,矩阵 Z_f 的维度为 $N \times L$,矢量 w_{NBF} 的维度为 $N \times 1$。之前的线性组合为

$$\hat{s} = w_{NBF}^H Z_f \tag{12.4}$$

显然,矢量 $\hat{s}$ 的维度为 $1 \times L$。

接下来,将计算加权矢量 w_{NBF} 用以产生最精确的载波。

一旦选择了权重,生成信号与预期载波信号的误差为

$$\varepsilon = s - \hat{s} = s - w_{NBF}^H Z_f \tag{12.5}$$

式中:ε 为维度为 $1 \times L$ 的误差行矢量。为得到最小均方误差的加权矢量,对该表达式求平方并取平均值。

$$|\varepsilon|^2 = |s|^2 - 2Re[w_{NBF}^H Z_f s^H] + w_{NBF}^H Z_f Z_f^H w_{NBF} \tag{12.6}$$

于是

$$E[|\varepsilon|^2] = S - 2Re[w_{NBF}^H r_{zfs}] + w_{NBF}^H R_{ff} w_{NBF} \tag{12.7}$$

式中:$S = E[ss^H]$ 为信号 s 能量,r_{zfs} 为已知载波信号(参考信号)和各接收通道信号之间的相关列矢量,$R_{ff} = Z_f Z_f^H$ 为根据滤波后的数据计算得到的通道间协方差矩阵,有

$$r_{zfs} = \frac{1}{L} Z_f s^H \tag{12.8}$$

对式(12.7)取梯度,

$$\nabla_w (E[|\varepsilon|^2]) = -2r_{zfs} + 2R_{ff} w_{NBF} \tag{12.9}$$

令上式等于 0,可得

$$w_{NBF} = R_{ff}^{-1} r_{zfs} \tag{12.10}$$

在当前场景中,假设指定的载波是从环境入射的信号中唯一与通道输出相关的成分。因此,由于 $s = s(t) v_c$,有

$$r_{zfs} = S v_c \tag{12.11}$$

式中：v_c 为与信号载波相关的导向矢量。因此，r_{zfs} 就成为导向矢量 v_c 的估计，该导向矢量对应于嵌入在感兴趣信号中的载波成分，即

$$v_c \propto r_{zfs} \tag{12.12}$$

由于完整的感兴趣信号是窄带的，因此相同的导向矢量可以应用于感兴趣信号的所有频率成分，而不仅是载波。所以，该导向矢量对于产生适用于完整感兴趣信号的权值矢量也是有用的。在构造适用于完整感兴趣信号的权值矢量时，不再用窄带滤波数据计算出的协方差矩阵来表征干扰，而是用感兴趣信号带宽范围内的所有通道信号成分计算协方差矩阵 R_{zz}，并用它来代替 R_{ff}。

因此，加权矢量可表示为

$$w_{\text{NBF}} = S R_{zz}^{-1} r_{zfs} \tag{12.13}$$

所以，处理器采用两个滤波器组，每个组内有 N 个滤波器，一组非常窄的滤波用于分离出载波，另一组用于获得感兴趣信号带宽上的干扰信号数据。第二组的输出用来构成矩阵 Z 的 N 行，然后用于计算(12.13)中使用的 R_{zz}，即

$$R_{zz} = Z Z^{\text{H}} \tag{12.14}$$

最终，感兴趣信号估计为

$$\hat{s} = w_{\text{NBF}}^{\text{H}} Z \tag{12.15}$$

图 12.2 以框图形式总结了处理器的配置。

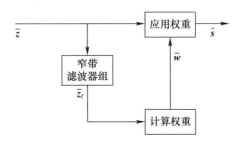

图 12.2 基于信号载波成分的零陷处理框图

12.2.3 示例

举一个简单的例子来说明基于载波的零陷方法，考虑一个信号环境中，其中包括一个 100kHz 的常规调幅信号，它具有两个边带和一个载波；调制带宽约为 2kHz，信号从偏离阵列法向 20°的角度到达。除了这个信号之外，环境还包括一个从 50°方向到达的单音信号，该单音信号频率位于感兴趣信号上边带的中心，当然还包括接收机噪声。干扰会使感兴趣信号的上边带失真，可能会干扰其解调。任何抑制干扰的频谱滤波方法都会对解调过程产生实质性的影响。

一个单元间距为 0.45λ 的 8 单元线性阵列接收上述环境信号,目标是处理多通道接收信号以恢复感兴趣信号。感兴趣信号和干扰信号在一个天线单元上的复合频谱如图 12.3 所示。

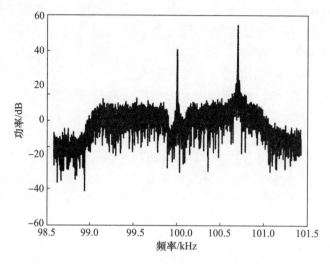

图 12.3　基于载波的调零示例(天线单元信号)

将基于载波的零陷技术应用于接收信号,开发一组如本节开头所述的波束形成权重,产生如图 12.4 所示的阵列方向图,干扰信号方向的增益被大大降低。图 12.5 显示了波束形成器输出端的一段信号,以及同样时间范围内发射的感兴趣信号,图中结果说明该波束形成器的干扰消除能力。

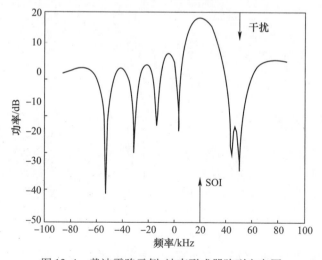

图 12.4　载波零陷示例:波束形成器阵列方向图

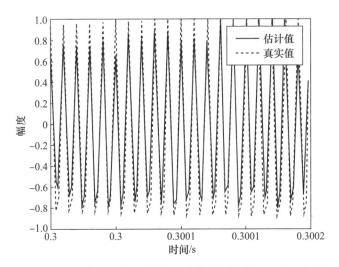

图 12.5　载波零陷示例(原始输入和载波调零信号估计输出端)

12.3　基于速率线的方法

12.2 节解释了当窄带信号具有载波成分时,自适应阵列处理器如何利用载波。这种技术可以扩展到其他信号,包括具有循环平稳特征的信号[5]。本节将介绍由此产生的方法,首先对循环平稳信号进行概述,解释它们与具有载波成分的信号之间的关系,然后,将详细描述循环平稳信号的自适应阵列处理技术。显而易见的是,12.2 节中基于载波的零陷技术是这些方法的一个特例。

12.3.1　循环平稳信号

许多频谱中不包括特定载波频率的通信信号具有可用于信号估计的隐蔽周期性。这种隐藏特性可以通过对信号进行非线性变换展示出来,非线性变换通常为二次方形式。这种信号的统计参数随时间周期性变化,因此被认为是循环平稳信号。这种特性在能够显示二阶周期性的信号矩中特别明显。因此,频谱能够表示由信号调制引起的看似随机的波动与频谱成分之间的关系。

尽管这里的重点在于利用循环平稳特性进行信号估计,但是循环平稳特性也可以用于检测,包括到达方向估计、到达时间差估计和信号识别。

循环平稳信号的特性是通过循环自相关函数来表达的,它是传统自相关函数的推广。循环自相关函数的定义指出,当且仅当信号与自身的某些频移版本相关时,信号才表现出循环平稳特性。定义好循环自相关函数后,可导出其傅里叶变换,即频谱－相关密度函数。后面将会看到,循环自相关函数和其傅里叶变换的关系与传统自相关函数和其傅里叶变换也就是功率谱密度的关系是相同的,正如维纳所述[15]。

众所周知,信号$x(t)$中将会包含频率为α的频谱成分,如果其傅里叶系数

$$M_x^\alpha = \langle x(t)\exp(-i2\pi\alpha t)\rangle \qquad (12.16)$$

不为零①,在这种情况下,如果

$$s(t) = a\cos(2\pi\alpha t + \eta) \qquad (12.17)$$

在$\alpha \neq 0$时,则

$$M_x^\alpha = \frac{1}{2}a\exp(i\eta) \qquad (12.18)$$

因为$s(t)$是实信号,所以它的功率谱密度包含频率为$f=\alpha$的谱线和其镜像频率$f=-\alpha$。功率谱密度可表示为

$$|M_x^\alpha|^2[\delta(f-\alpha)+\delta(f+\alpha)] \qquad (12.19)$$

这样形式的功率谱密度表明信号具有一阶周期性。

如上所述,具有二阶周期性的信号是这里主要关注的。具有二阶周期性的信号在功率谱密度中不显示谱线,但是可以通过平方变化使其显示出一阶周期性;变换后,信号的功率谱确实显示了谱线。

容易证明调幅信号$s(t)=a(t)\cos(2\pi f_0 t+\eta)$的功率谱没有谱线,但是如果对信号进行平方变换$y(t)=s^2(t)$,得到$y(t)$的功率谱在0、$+f_0$和$-f_0$处具有谱线。

其他一阶周期性信号,例如具有全占空比的二进制脉冲幅度调制信号,一旦进行平方变换,由于平方后的波形具有非零平均功率,所以其功率谱密度将在$f=0$处具有谱线。但是变换后的波形在其功率谱密度的脉冲速率位置仍然没有谱线。在二次变换中引入延时可以产生脉冲速率位置的谱线。特别的,如果使用变换

$$y(t) = s(t)s(t-\tau) \qquad (12.20)$$

那么其功率谱密度将在$f=l/T_0$处会有谱线,其中T_0为调制脉冲的宽度。

这一观察导致信号$s(t)$的二阶周期性定义:信号$s(t)$具有二阶周期性,当且仅当式(12.20)中的延迟乘积信号的功率谱密度,对于某些延迟τ,在非零频率$\alpha \neq 0$处含有谱线。事实证明,更对称的延迟积会更加方便,有

---

① 符号$\langle a(t)\rangle$表示函数$a(t)$的时间平均。

$$y_\tau(t) = s(t+\tau/2)s^*(t-\tau/2) \qquad (12.21)$$

式中:第二个乘积项为复共轭形式以适应复信号的情况。根据这个定义,可以得到式(12.21)中延迟积信号的频率为 α 的正弦波分量的傅里叶系数。

$$R_y^\alpha(\tau) \doteq \langle s(t+\tau/2)s^*(t-\tau/2)\exp(-i2\pi\alpha t)\rangle \qquad (12.22)$$

如式(12.16)与式(12.17)的关系一样,这显然是式(12.21)给出的延迟乘积信号中频率为 α 的正弦波分量的傅里叶系数 $M_{y_\tau}^\alpha$。

该表达式是传统自相关函数的推广,它在时间平均前加入了循环加权因子 $\exp(-i2\pi\alpha t)$。这个函数被称为循环自相关函数。它还与延迟多普勒(Doppler)模糊函数[10]和维纳(Wiener)分布函数[11]有关。

值得注意的是,$R_y^\alpha(\tau)$ 可以从三个角度理解:

(1) 它是传统自相关函数的推广,包含刚才描述的循环加权因子 $\exp(-i2\pi\alpha t)$。

(2) 它是式(12.20)中定义的延迟乘积信号 $y(t)$ 的功率谱密度的傅里叶系数。

(3) 通过将指数项分成两个因子,可以看到它是信号 $y(t)$ 频率偏移 $+\alpha/2$ 和信号偏移 $-\alpha/2$ 的互相关函数。

最后一种观点来自于这样的观察:将信号 $y(t)$ 乘以 $\exp(i\pi\alpha t)$ 得到 $u(t)$,其对应于其频谱偏移 $\alpha/2$,导致相应傅里叶变换为 $U(f) = Y(f+\alpha/2)$,相应的功率谱密度为 $S_u(f) = S_y(f+\alpha/2)$。类似的,通过 $y(t)$ 与 $\exp(-i\pi\alpha t)$ 相乘得到 $v(t)$,其对应于频谱偏移 $-\alpha/2$,相应的傅里叶变换为 $V(f) = Y(f-\alpha/2)$,功率谱密度为 $S_v(f) = S_y(f+\alpha/2)$。因此,当 $s(t)$ 的频率偏移彼此相关时,其呈现二阶周期性。

应该清楚的是,如果 $y(t)$ 的频偏版本 $u(t)$ 和 $v(t)$ 的均值为零,那么 $y(t)$ 不包含频率为 $\pm\alpha/2$ 的正弦波分量。因此 $S_y(f)$ 在这些频率上没有谱线。在这种情况下,时域互协方差 $K_{uv}(\tau)$ 等于其互相关 $R_{uv}(\tau) = R_y^\alpha(\tau)$,有

$$\begin{aligned}
K_{uv}(\tau) &\doteq \langle[u(t+\tau/2)-\langle u(t+\tau/2)\rangle]\cdot\langle[v(t-\tau/2)-\langle v(t-\tau/2)\rangle]^*\rangle \\
&= \langle u(t+\tau/2)v^*(t-\tau/2)\rangle \\
&= R_{uv}(\tau) \qquad (12.23)
\end{aligned}$$

这表明时域互协方差 $K_{uv}(\tau)$ 可以用 $\tau=0$ 时的两个协方差的几何平均值来归一化,有

$$K_u(0) = R_u(0) = \langle|u(t)|^2\rangle = R_y(0) \qquad (12.24)$$

$$K_v(0) = R_v(0) = \langle|v(t)|^2\rangle = R_y(0) \qquad (12.25)$$

从而得到频率域的时域相关系数的定义,即

$$\frac{K_{uv}(\tau)}{[K_u(0)K_v(0)]^{1/2}} = \frac{R_x^\alpha(\tau)}{R_x(0)} \doteq \gamma_x^\alpha(\tau) \tag{12.26}$$

该等式的后半部分表明循环自相关函数的归一化因子 R_y^α,即 $1/R_y(0)$。

回顾广义平稳信号的定义。广义平稳信号具有不完全为零的自相关函数 $R_y(\tau)$。根据这一思想来考虑循环信号,可以说一个平稳信号如果对于所有 $\alpha \neq 0$ 均有 $R_y^\alpha \equiv 0$,该平稳信号是完全平稳的,如果对于某些 $\alpha \neq 0$ 存在 $R_y^\alpha \neq 0$ 的情况,那么该信号是循环平稳的。$\alpha \neq 0$ 的频率集称为循环谱[①]。

循环平稳信号的概念可以通过时间相关属性变换到频域。对于任何信号 $s(t)$,可以考虑将其通过中心频率为 f 的窄带带通滤波器,并测量滤波器输出的功率。如果将这一思想扩展到一组具有连续通带的滤波器,并让这些滤波器的带宽趋于零,那么用滤波器带宽归一化滤波器输出功率就可以得到功率谱密度。

类似的,可以将两个频率转换信号 $u(t)$ 和 $v(t)$ 通过两组窄带滤波器,并测量输出的时间相关性。所得到的结果是频谱 – 相关密度函数(spectral - correlation density, SCD)。这是 $s(t)$ 在频率为 $f+\alpha/2$ 和 $f-\alpha/2$ 处的频谱密度。

基本信号处理理论是基于维纳关系的:功率谱密度等于自相关函数的傅里叶变换。同样的,频谱 – 相关密度函数是循环自相关函数的傅里叶变换。

$$S_x^\alpha(f) = \int_{-\infty}^{+\infty} R_x^\alpha(\tau) \exp(-i2\pi f\tau) \mathrm{d}\tau \tag{12.27}$$

这种关系被称为循环维纳关系,传统的维纳关系是循环维纳关系的特殊情况。它也被描述为循环谱密度函数。显然,频谱 – 相关密度函数是互相关函数 $R_{uv}(\tau)$ 的傅里叶变换,因此 $S_x^\alpha(f) = S_{uv}(f)$。

此外,使用相应功率谱密度的几何平均值得到的归一化的互谱密度是有用的,有

$$\frac{S_{uv}(f)}{[S_u(f)S_v(f)]^{1/2}} = \frac{S_y^\alpha(f)}{[S_y(f+\alpha/2)S_y(f-\alpha/2)]^{1/2}} \doteq \rho_y^\alpha(f) \tag{12.28}$$

只要满足 $|\rho_y^\alpha(f)| = 1$,则可以得到完全的谱冗余。

12.3.2 算法逼近

在循环信号的背景下,将循环平稳特性应用于阵列天线信号估计是合适的。假设环境包含单个信号 $s(t)$,该信号具有循环频率 α;虽然环境包含干扰和噪

[①] Gardner 在 1991 年 4 月的 IEEE SP Mag 中提供了一个 AM 信号的例子。

声,但是这些信号成分在频率 α 处不是频谱自相干的,在这种情况下,如果 $z(t) = as(t) + n(t)$,有

$$R_{zz}^\alpha(\tau) = |a|^2 R_{ss}^\alpha(\tau) + R_i^\alpha(\tau) = |a|^2 R_{ss}^\alpha(\tau) \tag{12.29}$$

这一发现可以解释为:添加任意扰后接收信号的循环自相关没有发生改变,只要干扰和信号在循环频率 α 处不是频谱自相干的。

目标是确定一个适当的加权矢量 w 并应用于阵列输出矢量 $z(t)$,从而产生信号 $y(t) = w^H z(t)$,该信号环境中包含具有特定自相干特性的感兴趣信号。

关键在于阵元输出的二次变换。

12.3.3 算法描述

此处对算法的描述是基于 Agee,Schell 和 Gardner[2] 的工作。

由于所有阵元接收信号中包括感兴趣信号,可以使用所谓的控制矢量 κ,通过对阵元输出进行加权形成一个标量参考信号,有

$$r(t) \doteq \kappa^H z^*(t-\tau)\exp(i2\pi\alpha t) \tag{12.30}$$

该算法基于寻找可用于形成波束的加权矢量 w,使波束形成输出尽可能和参考信号匹配。这个矢量是任意的,任何与阵列响应不正交的矢量都是有效的,但性能取决于具体的选择。文献[12]中描述了通过仔细选择该矢量来优化整体性能的技术。

在该算法中,参考信号是由式(12.30)中的控制矢量加权得到的各阵元信号的线性组合。各阵元信号的时间序列用于计算参考信号的循环互相关,其时间和频率延迟为

$$\bar{r}_{zr} = \int \bar{r}(t) \cdot z\exp(i2\pi\alpha t)\mathrm{d}t \tag{12.31}$$

因为到达的干扰分量在这一点上不具有循环互相关性,而目标信号是循环相关的,因此式(12.31)的结果可以看成是感兴趣信号方向上阵列响应矢量的估计值。该阵列响应矢量与直接从阵列快照得到的协方差矩阵 R 结合使用,以得到信号估计的加权矢量,$R^{-1}\hat{v} = R^{-1}\bar{r}_{zr}(\alpha_{\text{SOI}})$,利用该加权矢量可以保护感兴趣信号方向的信号并使来自其他方向的信号置零。

特别的,度量 F 为

$$F \doteq \langle |y(t) - r(t)|^2 \rangle \tag{12.32}$$

式中:$\langle \cdot \rangle$ 表示时间平均。

$$F = \langle |w^H z(t) - r(t)|^2 \rangle \tag{12.33}$$

相乘的结果为

$$\langle w^H z(t)z^H(t)w - 2Re[w^H z(t)r^*(t)] + \text{const}\rangle = w^H R_{zz} w - 2Re[w^H r_{zr}] + \text{const} \tag{12.34}$$

式中:R_{zz}为传统的阵列协方差矩阵,r_{zr}为式(12.30)中阵元输出与参考信号的互相关矢量。取梯度并使结果为零,可得

$$w = R_{zz}^{-1} r_{zr} \tag{12.35}$$

然后可以将该加权矢量应用于阵列输出信号矢量,得到感兴趣的信号估计为

$$\hat{s}(t) = w^H z(t) \tag{12.36}$$

12.3.4 QPSK 示例

作为一个有趣的例子,考虑一个 QPSK 信号作为感兴趣信号,一个高斯调幅信号作为干扰源;环境模型中还包括接收机噪声。QPSK 信号符号长度为 2.5μs,信号带宽为 400kHz。一个四元线性阵列接收这两个信号,信号来波角度分别为 20°和 -30°。与感兴趣信号相关的速率线位于对应于信号带宽的 ±400kHz 位置,该位置对应于信号带宽,可以用于形成指向感兴趣信号而在干扰方向上为零的波束。如图 12.6 所示,在将接收信号搬移到基带后,可以在基带接收信号的循环自相关函数中观察到速率线。在处理过程中利用了循环自相关函数中较小的峰值,峰值位置的频率为符号持续时间的倒数;即 400kHz,峰值位置的延迟等于符号持续时间,即 2.5μs。在上述频率和延迟位置,干扰和接收机噪声波形的循环自相关函数不会出现峰值,从而允许从阵元信号快照矢量中提取阵列响应矢量。

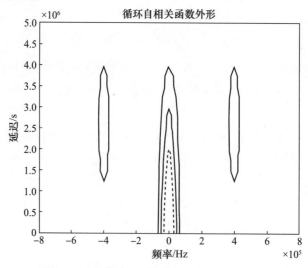

图 12.6 基带 QPSK 信号的循环自相关函数

图 12.7 显示了在示例场景中使用这组加权实现的波束。显然,在干扰源方向($-30°$)存在零点,在受保护的感兴趣信号方向上($+20°$)为波束峰值。因此,循环平稳处理方法能够为从感兴趣信号中恢复有效数据提供了显著改善的信干噪比(signal – to – interference – plus – noise ratio,SINR)。

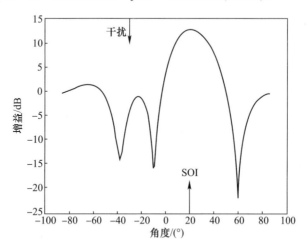

图 12.7 用于示例 QPSK 信号的估计波束的形状

图 12.8 显示信号估计过程的结果。在上方曲线中,信号幅度模显然是常数;信号估计输出的相位通过用户数据编码值(0,1,2 或 3)表示,如下方的曲线

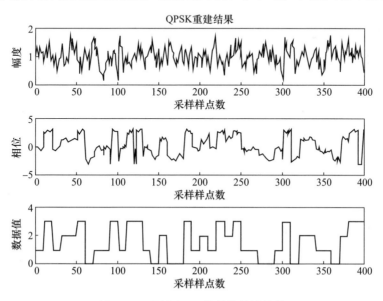

图 12.8 示例 QPSK 信号的估计结果

所示。因为这里描述的算法不包括确定绝对相位参考,所以没有办法计算误符号率。这种算法可以作为额外的后处理。

最后,图 12.9 显示了使用这种技术估计后的 QPSK 信号星座图。应该清楚的是,随着确定绝对相位过程的添加,精确解调将变得简单。

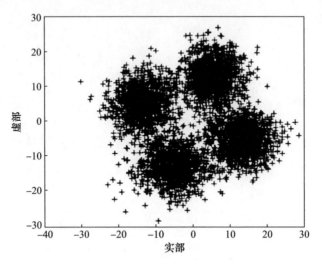

图 12.9　示例 QPSK 信号估计过程的星座图

12.4　恒 模 处 理

12.4.1　恒模信号格式

当功率放大器以最大发射功率工作时可以获得较高的效率,因此各种高频通信信号广泛采用一种信号包络或模值不随调制数据发生改变的格式。常见的恒模信号中比较重要的包括 PSK,QPSK,FSK 和 CDMA;这些格式在第 3 章已经介绍。由于恒模信号使用较为广泛,利用恒模特征的阵列处理算法非常值得详细讨论。这一部分从基本算法的详细描述和说明开始,接着描述增强技术能力的部分细节。

12.4.2　基本恒模波束形成描述

25 年前[6,7],阵列处理中引入基本恒模算法是为了解决最小均方(least mean square,LMS)算法的两个重要缺点:当干扰与信号相关时,LMS 算法性能较差;LMS 算法对阵列几何结构十分敏感,当阵元位置不能精确已知时,LMS 算法性能受到限制从而影响其实用性。"恒模阵列"源自应用于数据调制解调器的盲均衡技术。

恒模阵列处理算法对基带阵元信号 $z(t)$ 的复矢量进行处理,复矢量分量已经过滤波器从而将接收信号带宽在感兴趣信号的带宽范围内。在参考文献[7]中,假设数据采样与数据波特同步,因此每个数据波特的峰值都有一个采样值。该假设条件在最新的恒模算法中得到了放宽。

波束形成用常规复数加权矢量乘以各阵元输出信号,并将输出相加求和以产生信号估计流。加权系数用来控制波束在感兴趣信号方向上产生增益而在干扰方向上产生零陷点。可以在自适应波束形成器加权系数的控制下形成 $N-1$ 个零陷点。恒模阵列采用的自适应算法是基于干扰和其他失真引起的阵元接收信号的幅度波动;该算法依次处理阵列快照,调整加权系数以消除信号幅度波动,随着波束形状按期望的方式逐渐适应环境,这些波动会减小。

具体方法是利用一个成本函数,它等于波束形成器输出包络与恒模信号的期望单位值(归一化后)之差的均方值,$|y(t)|^p - 1$,其中 p 是一个整数用来确定适当的范数。可以使用最速下降算法来调整阵列的加权矢量 w 以使该成本函数最小化。具体来说,对于 $p=1$,误差函数如下:

$$\varepsilon(t) = ||\{y(t)/|y(t)|\}| - 1| \tag{12.37}$$

利用式(12.37)定义的误差函数,可得

$$y(n) = w^H z(n); w(n+1) = w(n) + \mu z(n)\varepsilon^*(n) \tag{12.38}$$

初始加权矢量 $w(1)$ 可以选择为指向标称方向的等权重矢量,如果阵列是线性的,那么该标称方向是侧向方向。μ 是在确定加权系数过程中控制收敛速度和稳定性的常数。可以通过迭代过程处理一组数据快照的序列,使加权系数能够产生恒模输出。

这种方法可以看作是 LMS 算法的一种变形,其中期望信号为 $y(n)/|y(n)|$。因为 LMS 算法需要输入信号矢量 $z(t)$ 与协方差矩阵的逆 R_{zz}^{-1} 进行预相乘,这样的步骤在恒模处理中可能是有用的。这里,预乘被认为是一种变形,在所给出的例子中没有用到。

值得注意的是,这种恒模技术没有用到二次成本函数,因此没有最小代价加权矢量的解析解。事实上,成本函数的形状是复杂的,且具有许多鞍点,存在迭代过程可能收敛不到期望波束形状的风险。

12.4.3 恒模算法示例

作为恒模阵列处理操作的一个示例,考虑一个简单的情况。BPSK 信号以

12MHz 载波和 1kHz 数据速率传输。该信号以 20°的到达角入射到阵元间距为 12.5m(12MHz 的半波长)的 4 元线性阵列上。除了这个感兴趣信号外还有一个从 -30°入射的干扰信号,干扰信号功率与感兴趣信号相同,并采用高斯幅度调制,还包括比感兴趣信号低 20dB 的接收机噪声。图 12.10 上方的曲线显示了数据调制的 BPSK 信号,中间的曲线显示了线性阵列的阵元 1 上的混合信号幅度。

对上述算法进行仿真,在射频信号中产生 100bit 的感兴趣信号。在阵列的每个阵元上,该信号经下变频到基带、低通滤波和下采样;由于产生的信号以 10kHz 采样,波特率为 1kHz,因此感兴趣信号被 10 倍过采样。如前所述,图 12.10 中间的曲线显示了阵元 1 上的接收信号幅度;各阵元信号矢量被用作恒模算法的输入。注意,由于高斯调制干扰源的存在,阵元 1 处的信号不是恒模的。

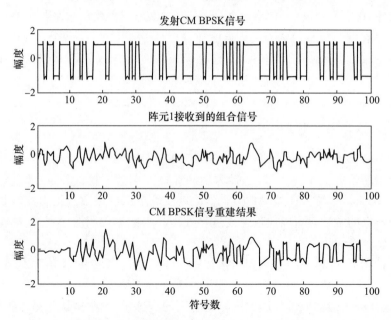

图 12.10　恒模示例(高斯幅度调制干扰下 1kHz 数据速率的感兴趣信号)

前面描述的算法是在参数 $\mu = 0.1$ 下运行的。图 12.10 中下方曲线显示了信号估计输出的结果。显然,恒模信号估计算法在大约 80 个符号之后已经收敛。图 12.11 显示了该过程形成的波束形状。该图样增益在与干扰(-30°)相关的方向附近较低,而在感兴趣信号(+20°)方向上,4 元阵列的最大可能增益可以达到 6dB。本例中,干扰的相对抑制为 15.9dB。

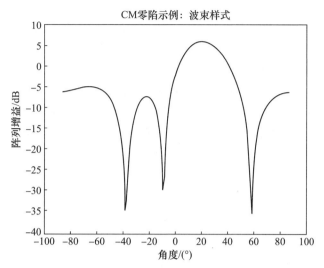

图 12.11 恒模示例(信号估计波束图样)

12.5 频谱差分处理

12.5.1 概述

本节描述对入射到高频阵列的多个信号波形进行估计的技术。这种技术被称为频谱差分处理,这是一种所谓的盲估计技术,因为它在计算中不使用信号源方向的任何先验估计。频谱差分处理是利用信道化概念的多滤波器模型,该模型之前在第 5 章中进行了描述。

考虑到大多数高频信令协议相关的信号是窄带信号(带宽通常小于 5kHz),阵列响应矢量在整个信号带宽上必然是不变的。因此,如果捕获的数据被过滤到更窄的频率单元中,其带宽是典型高频信号带宽的 10%,那么与特定信号相关的任何阵列响应矢量在这些频率单元中都是相同的。这种隐藏在接收信号数据中的特性为频谱差分处理提供可利用的信息。

具体而言,考虑整个感兴趣信号带宽内的信号协方差矩阵和对感兴趣信号进行窄带滤波后得到的窄带信号协方差矩阵,与两个矩阵模型相关联的阵列响应矢量应该是相同的。如 12.5.2 所示,这个共同的阵列响应矢量可以从两个协方差矩阵中分别提取,一个从覆盖整个信号带宽的数据中生成,另一个从窄带带通滤波器输出的数据中生成。如果使用几个不相交的带通滤波器,每个滤波器覆盖感兴趣信号带宽的一部分,并因此产生不同的子带协方差矩阵,则处理过程可以具有更好的鲁棒性。每个子带协方差矩阵为其子带信号产生单独的阵列响应矢量；不同的阵列响应矢量可以进行组合以产生一个"平滑的"阵列响应矢量，并将它作为获得信号估计的加权系数。最后，信号估计加权系数用于估计与每个信号来波方向的阵列响应相关的信号。

正如频谱差分算法的分析公式中显示的，即使在噪声协方差被去除之后，与协方差矩阵模型相关的阵列响应矢量的解需要协方差矩阵保持满秩。这意味着在使用该模型之前，有必要降低信号数据的维数，使其等于环境中存在的信号数量。降维是基于阵列协方差矩阵的特征分析进行的，通过特征分析得到信号数量的一个估计值 N_s，并将由 N 元阵列收集的数据投影到 N_s 个主特征矢量上。

12.5.2 分析描述

第 6 章描述的基本阵列处理模型表明，阵列输出的协方差矩阵为

$$\hat{R} = \frac{1}{L} ZZ^H \qquad (12.39)$$

式中：如果 $z(t)$ 为在给定采样时刻阵元输出的矢量，那么 Z 为以 $z(t)$ 的分量为行的 $N \times L$ 矩阵。因此，Z 的 N 行对应于 N 个阵元处的信号，而 L 列对应于 L 个阵列快照。第 7 章讨论了信号数量估计的方法。这里假设已经进行了信号数量的估计，并且可用于本节主题的频谱差分处理算法。

第 7 章还讨论了协方差矩阵的数据模型。该模型表明协方差矩阵 R 与环境中信号相关联的阵列响应矢量是相关的，如阵列响应矩阵 V 所概括的，第 i 列表示第 i 个信号的阵列响应矢量，信号的功率由对角阵 P_s 表示为

$$R = VP_s V^H + N \qquad (12.40)$$

式中：N 为无信号时阵列数据协方差矩阵的期望值，也就是噪声协方差矩阵。对 R 进行特征分析，并对其特征值进行阈值化，可以得到数据中存在的信号数量的估计值 N_s。在这个过程中也估计了噪声协方差矩阵。

该协方差矩阵特征分析的结果表明，对应于 N_s 个最大特征值的主特征矢量被估计以提供所谓的信号子空间的基。如上所述，频谱差分算法要求数据的维数减少到 N_s。在信号子空间中，协方差矩阵可以用投影到与 R 的最大 N_s 个特征值相关联的特征矢量(主特征矢量)上的阵列数据的子空间协方差矩阵来表示。用 R_s 表示这个子空间协方差矩阵，z_s 表示投影到主特征矢量上的输入数据。

如概述中所述，频谱差分处理利用这样的假设，即阵列响应矩阵 V 随频率缓慢变化，因此在较窄信号带宽范围内的各个频率单元中是不变的，这种假设在

实践中通常适用于高频通信协议中常见的窄带信号。该算法假设全带宽的 N 通道输入数据 Z 已经被过滤到感兴趣信号相关的窄带中。协方差矩阵 R_s 表征与信号子空间中的窄带信号相关联的全带宽环境,包括该带宽中所有潜在的干扰源。该窄带数据流被至少一组子带滤波器滤波以产生子带数据,从而至少建立一个子带频率单元。在子带单元中形成一个协方差矩阵 R_k;每个 R_k 符合式(12.41)所表示的模型。下标 k 表示用于产生子带协方差矩阵 R_k 的特定子带滤波器;如果有几个这样的滤波器用于提高频谱差分算法的鲁棒性,那么这个下标将指示所涉及的特定子带协方差。

接下来对这种方法的细节进行描述。首先,作为技术细节,下面使用的 V 应投影到信号子空间上。为了简化符号及更清晰地讨论,假设信号的数量等于阵元的数量,使得信号子空间等于整个空间。随后,当指定信号估计权重时式(12.53),可以放宽该假设。

从子带协方差开始

$$R_k = VP_kV^H + N_s \tag{12.41}$$

注意到

$$VP_sV^H = R_s - N_s \tag{12.42}$$

及

$$VP_kV^H = R_k - N_s \tag{12.43}$$

式中:N_s 为子带中噪声的协方差矩阵。然后有

$$\mathcal{R}_k = (R_s - N_s)^{-1/2} R_k (R_s - N_s)^{-1/2} \tag{12.44}$$

和

$$\mathcal{Q} = (R_s - N_s)^{-1/2} N_s (R_s - N_s)^{-1/2} \tag{12.45}$$

利用这种机制,可以评估这两个协方差矩阵的差异为

$$\mathcal{R}_k - \mathcal{Q} = (R_s - N_s)^{-1/2} (R_k - N_s)(R_s - N_s)^{-1/2}$$
$$= UP_k P_s^{-1} U^H \tag{12.46}$$

式中:

$$U = (VP_sV^H)^{-1/2} VP_s^{1/2} \tag{12.47}$$

式(12.47)是酉矩阵。式(12.46)的化简利用了 P_s 和 P_k 为对角矩阵的事实。注意,酉矩阵 U 与 k 为独立的,因此式(12.44)中所有归一化的滤波器输出协方差都可以被同一个酉矩阵 U 对角化。

这里描述的频谱差分算法总结如下:

(1) 在阵列输出端选择一个子带单元。

(2) 计算其空间协方差矩阵 R_k。

(3) 按照式(12.44)所描述的对 R_k 进行标准化。

(4) 计算 $\mathcal{R}_k - \mathcal{Q}$。

(5) 用酉矩阵 U 对结果进行对角化。

(6) 计算阵列响应矢量。

值得注意的是,由于上面的方法使用相同的酉矩阵来对角化式(12.44)中任意 k 值的矩阵,也就是说,酉矩阵不依赖于滤波器的选择,可以考虑更好的方法使上面方法鲁棒性增强。由此,可以为每个子带计算相应的酉矩阵 U_k,并通过对各个酉矩阵进行组合以实现平滑处理,从而使得对角化可以利用所有子带单元,而不是挑选单个子带单元进行对角化。这样做可以对环境中信号的阵列响应矢量进行更稳健的估计,从而得到更稳健的信号估计加权系数集。下一节将更详细地介绍这一平滑处理过程。

式(12.47)可用于获得阵列响应矢量 V 的估计为

$$V = (R_s - N_s)^{-1/2} U P_s^{-1/2} \tag{12.48}$$

由于假设 P 是对角阵,P 中的元素只是通过(复)常数来缩放 V 中的阵列响应列矢量,所以它对结果几乎没有影响。

与显著不同的频谱特性相关的阵列响应矢量的估计值 V 可以用来形成自适应波束以估计每个信号,它可以提供阵列增益并将其他信号干扰进行抑制。波束形成权矢量根据第7章前面所述的总体 $R^{-1}v$ 方法实现的。在这里,这个过程由于在频谱差分处理早期进行的信号子空间投影而变得复杂。

回想一下,为了简化算法描述中的记号,上面假设信号的数量等于传感器的数量。事实上,这种情况很少发生。因此,式(12.52)中的权重将与投影到降维子空间的信号相关。为了应用这些权重,快照数据矩阵 Z 应该被投影到这个子空间中,并且权重被应用到此处。

$$Z_s = E_s E_s^H Z \tag{12.49}$$

式中:E_s 为协方差矩阵 R 的主特征矢量构成的 $N \times N_s$ 矩阵。

在降维子空间中,式(12.44)的归一化为 $L_s^{1/2} = (R_s - N_s)^{1/2}$。然后,在这个子空间中,期望的信号估计权重变为

$$W_s = V(Z_s Z_s^H)^{-1} \tag{12.50}$$

但是在子空间中,阵列响应矢量和式(12.48)中的酉矩阵之间的关系变为

$$Z_s = L_s^{1/2} U \tag{12.51}$$

注意,表示信号功率的对角矩阵的不相关性使得 $P^{-1/2}$ 被假设为单位矩阵 I。

然后经过一些计算后,式(12.50)变为

$$W_s = L_s^{-1/2} U \tag{12.52}$$

在原始空间中,使用定义子空间的特征矢量来确定相关的信号估计权重。即

$$W = E_s W_s \tag{12.53}$$

结果,信号估计变为

$$\hat{S} = W^H Z_s \tag{12.54}$$

在给出示例之前,需要更详细地描述子带平滑过程。

12.5.3 子带平滑

回到对鲁棒性的要求,回想一下执行对角化操作的酉矩阵 U 被证明是可以独立于子带滤波器的。如果使用多个滤波器,由于噪声、不完美的采样电路等引起的数据差异,每个滤波器将产生稍微不同的酉矩阵。组合每个子带上的酉矩阵是有帮助的,因为这样的组合将产生一个单一的酉矩阵,它可以在某种意义上平滑子带之间的误差。组合的过程是首先将每个酉矩阵变换为一个列矢量,并将这些列矢量看成是一个平稳随机过程的数据矢量快照,然后形成以这些列矢量为列的数据矩阵,计算这个数据矩阵的协方差阵同时找到它的主特征矢量。对该主特征矢量进行变换以形成所追需要的平滑酉矩阵。组合过程在某种意义上产生这些酉矩阵的"平均值",但由于组合过程为非线性过程,与各子带获得的酉矩阵的平均值截然不同。

具体而言,每个酉矩阵被矢量化(堆叠酉矩阵的列来生成所需矢量);然后将每个矢量组装成以这些矢量为列的伪数据矩阵 D;接下来,计算 DD^H 形成伪协方差矩阵;最后,得到伪协方差矩阵的主特征矢量,并用它来代表平滑后的酉矩阵 U_s。然后,在式(12.52)和式(12.53)用平滑的 U_s 代替 U,并使用 U_s 来确定所需要的信号估计权重。

12.5.4 示例

为了说明频谱差分处理的能力,使用第7章中描述的场景。回想一下,这个场景包含一个直径为100m的圆形阵列,在圆周上的随机位置有8个阵元。2个15MHz的信号到达阵列,其中一个是BPSK信号,接收阵元的信噪比为28dB,而另一个是干扰信号,接收阵元处的信噪比为20dB。阵列输出是采样频率为5kHz复采样,根据奈奎斯特准则,该速率适合带宽小于5kHz的信号。接收机噪

声被建模为具有单位方差的高斯白噪声。

1. 信号特征

BPSK 信号利用 800Hz 的载波;该载波的 8 个连续样本以相同的相位(0 或 πrad)传输,以表示要传输的二进制信息。为了达到示例的目的,假设二进制信息比特是随机的,未考虑使用特定的传输协议时的特殊结构。如第 3 章所述,该信号的带宽为 5000/8 = 625Hz。它的振幅是 50。第二个信号是频率为 1200Hz 的单音信号,振幅为 20。图 12.12 显示了这两个信号与接收机噪声的周期图。BPSK 信号以 10°的方位角和 15°的仰角方向到达天线阵;干扰信号以方位角 80°和仰角 20°方向到达。

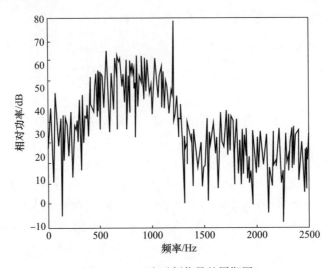

图 12.12　两个示例信号的周期图

2. 8 通道滤波器组

以 5kHz 采样速率接收和数字化后,每个天线阵元的信号通过 1 个 8 通道滤波器组,如图 12.13 所示。该滤波器组将采样速率降低了 8 倍,并相应地降低了每个滤波器组输出端的带宽。图 12.14 给出了滤波器组中频率较低的 4 个输出端口的信号周期图,涵盖频段 0 ~ 2500/8(0 ~ 312.5),2500/8 ~ 2500/4(312.5 ~ 625.0),2500/4 ~ 3 * 2500/8(625.0 ~ 937.5)和 3 * 2500/8 ~ 2500/2(937.5 ~ 1250.0)。BPSK 信号峰值出现在第 3 个子图中,干扰信号出现在第 4 个子图的上边缘。该滤波器组中所有 8 个端口的输出都将用于最终输出,但仅使用 8 个端口中的 1 个端口的样本来检查频谱差分结果十分有趣。接下来介绍这些结果。

3. 单个滤波器的信号估计结果

假设选择一个特定的输出端口来应用频谱差分算法。所选端口的采样数据

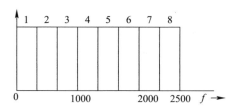

图 12.13 8 通道滤波器组的通道规格

根据式(12.41)形成协方差矩阵;然后根据式(12.42)至式(12.47)利用该协方差矩阵,此时可以产生一个用于对角化的酉矩阵,并产生一组信号估计权重。在阵列信号矢量数据上用这种权重以得到假设的两个信号的期望估计。结合 12.5.3 节中给出的周期图,对结果进行检查表明,信号估计质量取决于该频段中信号的频谱表示。例如,第 4 个滤波器输出端口提供最适合干扰的信号估计权重,这并不奇怪,因为干扰完全包含在第 4 个滤波器输出端口的数据中。

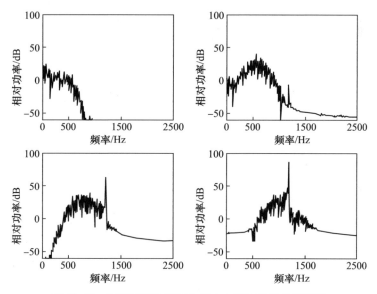

图 12.14 8 通道滤波器组中前 4 个端口的信号周期图

算法仿真中使用的两个信号的频谱差分输出波形的均方误差如表 12.1 所列。前 8 行显示仅使用指定端口获得频谱差分估计权重的结果。最后一行显示使用如前所述的鲁棒估计权重的结果。尽管后一种结果没有显示鲁棒估计权重能够获得比任何单个子带信道更好的结果,但是鲁棒权重产生的结果几乎与使用最佳子带信道的结果一样好。这表明鲁棒权重表现良好,同时对一个子带中的强干扰不太敏感。

研究子带信道中的功率和使用从相应子带导出的权重获得的均方误差之间的关系是适宜的。对于这里给出的例子,图 12.15(a) 显示了 8 个子带中每个子带的功率。图 12.15(b)(深色曲线)显示了横坐标上指示的一个子带中导出的频谱差分权重的均方误差(MSE)。很明显,子带中的信号功率与使用该信道的频谱差分估计方法所提供的精度之间存在直接关系。该子图还显示了使用所有 8 个子带的鲁棒方法获得的均方误差。如表 12.1 所列,该均方误差几乎与仅使用最佳子带获得的均方误差一样好。

表 12.1 频谱差分估计后的均方误差

SD 频谱端口号	BPSK 信号的 MSE	正弦信号的 MSE
1	0.0956	0.0637
2	0.1130	0.0916
3	0.0623	0.0255
4	0.0540	0.0105
5	0.0546	0.0111
6	0.0855	0.0502
7	0.0886	0.0545
8	0.0859	0.0510
All	0.0575	0.0145

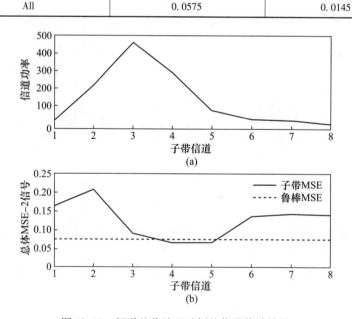

图 12.15 频谱差分处理示例的信号估计结果

4. 使用所有滤波器和"平滑"滤波器的信号估计结果

按照酉矩阵平均一节中描述的方法,在 8 个输出端口计算的 8 个酉矩阵被组合以形成混合酉矩阵,该混合酉矩阵用于生成一组信号估计权重,该信号估计权重可以表现出关于频谱内容的多样性。这种处理产生的均方误差见表 12.1 的最后一行。显然,子带平滑方法大大改善了估计结果。使用频谱差分处理得到的信号估计结果如图 12.16 所示。

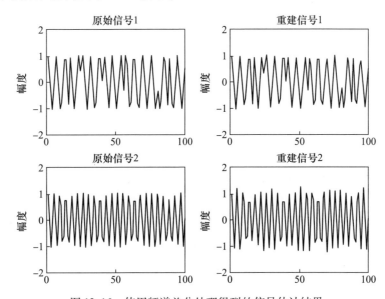

图 12.16　使用频谱差分处理得到的信号估计结果

12.6　开关键控信号

接下来,考虑另一个重要的高频工作环境,该环境中具有不相关的接收机噪声和各种同信道干扰源。假设一个新的开关键控信号 $s(t)$ 到达阵列。目标是用一种方法来检测这种新的到达信号,并生成一个适当的信号估计矢量来应用于阵列输出的 N 通道信号矩阵。这个信号估计矢量应该提供新信号的有效估计,并且使环境中其他信号的干扰最小。本节重点在于为开关键控信号找到一个合适的估计权重矢量。

12.6.1　算法描述

到达阵列的新信号的复基带数据矢量 $z(t)$ 为

$$z(t) = vs(t) + i(t) \qquad (12.55)$$

式中:$i(t)$为一个矢量信号,因为各个阵元都可以观察到与到达方向相对应的每个干扰信号,并且接收机噪声样本在各个阵元上是不相同的。

通过复波束形成矢量 w 实现信号 $s(t)$ 的恢复,以提供单通道输出为

$$\hat{s}(t) = w^H[vs(t) + i(t)] \tag{12.56}$$

式中:设计 w 为最大化 $\hat{s}(t)$ 中的信干噪比。最大化信噪比为

$$\gamma(w) \doteq \frac{|w^H v|^2 \langle |s(t)|^2 \rangle}{w^H R_{ii} w}$$

$$= \frac{w^H R_{zz} w - w^H R_{ii} w}{w^H R_{ii} w} \tag{12.57}$$

$$= \frac{w^H R_{zz} w}{w^H R_{ii} w} - 1$$

$$= \lambda - 1$$

式中:$P_s = \langle |s(t)|^2 \rangle$ 为信号功率,$R_{ii} = \langle i(t) i^H(t) \rangle$ 和 $R_{zz} = \langle z(t) z^H(t) \rangle$ 分别为干扰和接收数据的自相关矩阵。

如果 R_{ii} 是已知的,或者可以根据在新信号开始之前接收的阵列数据来估计,则 $\gamma^2(w)$ 可以通过对应于广义特征方程的最大特征值的特征矢量来最大化,有

$$R_{zz} w = \lambda R_{ii} w \tag{12.58}$$

特征方程的解产生一个最大特征值 $\lambda_{max}(R_{zz}, R_{ii})$,它为两个协方差矩阵 R_{zz} 和 R_{ii} 的函数,相应的特征矢量 $e_{max}(R_{zz}, R_{ii})$ 满足

$$R_{zz} e_{max} = \lambda_{max} R_{ii} e_{max} \tag{12.59}$$

因为 $R_{zz} = v P_s v^H + R_{ii}$,其中 P_s 为感兴趣信号的功率,可得

$$(v P_s v^H + R_{ii}) e_{max} = \lambda_{max} R_{ii} e_{max} \tag{12.60}$$

或

$$R_{ii}^{-1} v P_s v^H e_{max} = (\lambda_{max} - 1) e_{max} = \lambda' e_{max} \tag{12.61}$$

式中:$v P_s v^H$ 为一个秩为 1 的矩阵,表明该矩阵只有一个非零特征值;R_{ii}^{-1} 白化操作不会改变该矩阵的秩。考虑到式(12.61)左侧最后两个矢量的乘积,$v^H e_{max}$ 为一个标量,因此特征方程可以重写为

$$R_{ii}^{-1} v P_s = \lambda'' e_{max} \tag{12.62}$$

式中:$\lambda'' = \lambda'/v^H e_{max}$。容易看到 $R_{ii}^{-1} v P_s$ 就是矩阵 $R_{ii}^{-1} v P_s v^H$ 的特征矢量。但是由于这个复合矩阵的秩为1,它只有一个非平凡的特征矢量。因此,有

$$e_{max} = g R_{ii}^{-1} v \tag{12.63}$$

式中:g 为标量。因此,v 可以被估计为 $g'R_{ii}e_{max}$,其中 g' 将 v 归一化为单位范数。这个结果是众所周知的[3]。

将特征矢量插入特征方程式(12.61),可以得到

$$\lambda_{max} - 1 = P_s v^H R_{ii}^{-1} v \quad (12.64)$$

但是从式(12.57)来看,$\lambda_{max} = 1 + \lambda_{opt}$,因此最佳信干噪声比为

$$\lambda_{opt} = P_s v^H R_{ii}^{-1} v \quad (12.65)$$

可以利用用这种机制考虑间歇信号的接收。如果阵列在信号关闭时捕获环境,阵列数据为 $z(t) = i(t)$。但如果信号开启,$z(t) = vs(t) + i(t)$。因此,间歇信号关闭时收集的数据由 $R_{zz} = R_{ii}$ 表征;间隔信号开启时收集的数据由 $R_{zz} = vP_s v^H + R_{ii}$ 表征。

12.6.2 间歇信号估计方法

第 7 章主要讨论信号的检测;对于间歇性信号,检测和信号估计之间有着紧密的关系。如果将观测时间间隔分成较短的分段,由于分段持续时间相对于传播条件变化的时间尺度是很短的,所以信号导向矢量在每个分段中基本保持不变。如果为每个分段计算阵列协方差矩阵,那么对该协方差的特征分析将为每个分段提供获取权重矢量的数据。

当间歇信号开启时,可以从式(12.63)中得到信号估计权重矢量;当它关闭时,可以通过更新干扰协方差矩阵 R_{ii} 来重新表征干扰环境,以便在后续段中使用,直到信号再次关闭。可以使用从式(12.65)获得的最佳信干噪比来实现适当的阈值比较。通断键控信号估计逻辑和定时关系如图 12.17 所示。

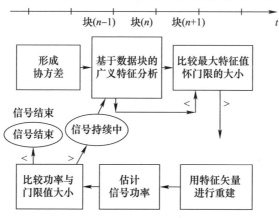

图 12.17 通断键控信号估计逻辑和定时关系

12.6.3 算法总结

以下示例中实现的算法明确假设信号在此过程开始时处于关闭状态;至少需要一个关断间隔来提供 R_{ii} 的初始估计。该算法可以总结为以下步骤:

(1) 将时间线分成一系列适合感兴趣信号时序的短分段。
(2) 获取每个分段内的自相关矩阵 R_{zz}。
(3) 一次完成一个分段。
(4) 对于第一分段,假设其中仅存在干扰,将其结果作为 R_{ii}。
(5) 对于所有后续分段内的协方差矩阵进行广义特征分析,如式(12.58)。
(6) 将最大特征值与阈值进行比较。
(7) 如果最大特征值不高于阈值,则用当前分段的协方差更新 R_{ii}。
(8) 如果最大特征值高于阈值,则当前分段中有信号开启。
(9) 在这种情况下,用对应于最大特征值的特征矢量作为该分段的信号估计权重矢量。
(10) 估算当前分段中信号估计结果中的功率。
(11) 如果该功率低于第二阈值,表明感兴趣信号已关闭,可以恢复更新 R_{ii}。
(12) 继续下一分段数据。

12.6.4 通断键控示例

这个例子是基于前面描述的通断键控算法,该算法用于接收隐藏在干扰中摩斯编码的连续波信号。编码的时序基于摩斯码常见的码速率,即每分钟 20 个字,也就是每秒大约 20 个点。该速率意味着标准键控测试字"PARIS"的摩斯码信号的持续时间为 2.5s。在仿真示例中,该信号从入射角为 20°到达四元线性阵列(半波长阵元间距)。接收信号信噪比为 20dB。

同样到达阵列的还有一个高斯调制、带宽受限的干扰信号,干扰信号功率比感兴趣信号强 20dB,它从入射角为 -30°到达阵列。

刚刚总结的算法在如下信息的持续时间内运行,"快速狡猾的狐狸跳过了懒惰的棕色狗"。如算法描述中所述,需要两个阈值,一个用于确定新信号的开始,另一个用于确定信号的结束。在仿真中,阈值是通过反复试验选择的。然而,也可以使用分析方法来设置合适的阈值[3,12]。

显示了 OOK 信号估计示例结果如图 12.18 所示。12.18(a)显示 22s 的调制信号;12.18(b)显示到达阵元 1 的复合信号和干扰。显然,摩斯编码信号已经很难辨认。信号的音频重放并不能证明摩斯编码的存在。最后,12.18(c)显示信号估计输出。尽管在整个过程中,处理增益有明显的变化,但定时是准确的,音频回放表明摩斯码信息可以以很少(如果有的话)的错误被解码。

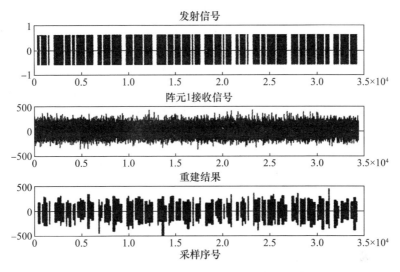

图 12.18　OOK 信号估计示例结果(任意比例)

这种仿真也可用于评估算法性能,算法性能是各种系统参数的函数:天线阵元的数量、信号信噪比、干扰电平、阈值设置等。但是这些研究不在本例的范围内,本例的目的是演示为通断键控信号设计的信号估计技术。

12.7　雷达信号

本书主要讨论通信信号,但 N 通道自适应处理技术也可以应用于雷达信号。恒模(CM)算法特别合适,由于目标距离性能仅以发射功率的 4 次根形式得到提高,所以雷达发射机在追求最大化目标距离性能的目标时几乎普遍使用恒模信号。在高功率发射机的设计上投入了太多的精力,会把潜在探测距离都浪费在调幅波形的细微之处。

本节讨论如何利用阵列处理方法处理雷达信号,其中大部分细节保留给线性调频信号。如 12.7.1 节所述,线性调频雷达信号可以提供所需的距离性能,而且不牺牲距离分辨率。

12.7.1　雷达脉冲格式

未调制脉冲雷达信号通常利用非常短的脉冲持续时间来满足距离分辨率的要求。由于距离分辨率与脉冲持续时间成正比,如果要获得有用的距离分辨率,信号必须短于1μs,带宽大于1MHz。如此短暂的信号持续时间也只能提供边际距离分辨率,标称能力为300m。更有用的未调制雷达信号需要更短的持续时间,可能为0.1μs,带宽等于10MHz,标称分辨率为30m。然而,如此大的极限带宽(对于高频来说)将无法获得可预测的传播特性支持,此外,如此宽的高频通带上的相位变化将使相干处理成为一个挑战。

由于这些原因,高频雷达通常采用线性调频信号。带宽限制在几十千赫,以确保一致的传播特性。通常,高频雷达采用调频扫描向目标发射足够的能量,并依靠扫描带宽和长时间相干处理来获得足够的距离分辨率和工作距离性能。较长处理时间意味着多普勒频移必须作为信号处理环节的一个组成部分得到妥善处理。

12.7.2 线性调频处理

这里强调用线性调频雷达信号的处理,并将注意力放在处理过程本身。

与通信信号处理相反,雷达信号本身并不携带未知数据。波形本身是详细已知的,波形效用函数通过观察目标回波的延迟、多普勒频移和振幅得到。因为波形是已知的,所以可以使用匹配滤波器来捕获与特定反射时间相关联的信号能量,并且可以使用一组匹配滤波器来获得多普勒频移。信号幅度提供关于目标大小的信息。

已知线性频率扫描信号的匹配滤波器可以用回波信号与本地波形副本的复相关实现,每个本地波形副本都对应一个测试多普勒频移。在相关处理中,参考波形在距离和多普勒两个方向上扫描输入信号,有

$$z_{mf}(f,\tau) = \sum_{t_i} z(t_i) z^*(t_i - \tau) \exp(i2\pi f t_i) \quad (12.66)$$

这种距离多普勒处理可以使用二维傅立叶变换来实现,其中与线性调频信号的互相关在频域中执行。这种处理方法在下一个示例中使用。

例如,现在已有部署在沿海的雷达来研究海洋行为,这些雷达使用覆盖约26kHz带宽的线性扫描调频信号,可以提供6km的距离分辨率。相干处理时间为几秒钟,可以实现亚赫兹多普勒分辨率。任何阵列处理技术都应该利用已知的波形结构特征。因此,应该在每个天线通道上使用匹配滤波器;然后,这些匹配滤波器的输出作为后续阵列处理的输入。

阵列中线性调频雷达信号处理框图如图12.19所示。这里的讨论将仅限于测向(DF)功能。假设通道匹配滤波器相互匹配,或者校准良好,相关器能够保持通道间的相位关系。然后,匹配滤波器输出可以提供用于构建协方差矩阵的数据快照,就像通信信号中遇到的情况一样。务必需要将要组合的数据快照与

雷达信号重复周期同步。这意味着要处理的距离间隔被分成距离分辨率单元，并且每个单元被单独处理。

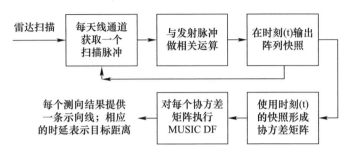

图12.19 阵列中线性调频雷达信号处理框图

Kelly[4]在一个基于广义似然比检验(GLRT)的公式中严格证明了这种处理方法。这里描述的技术是基于一个雷达模型，其中发射信号是接收机已知的。Kelly推导出一个应用于多天线接收信号的权重矢量。多个雷达快照可以用一种简单的方式组合到处理过程中。

这个方法通过一个例子来说明。假设雷达的扫描宽度为20kHz，扫描(脉冲)重复周期为100ms，总共有2000个测距单元。在相隔100ms的时间点，相关器组输出的连续矢量提供构造协方差矩阵所需的数据快照。如果雷达目标是测向，距离多普勒图像可以用于目标检测。一旦检测过程识别出与目标相关联的距离-多普勒单元，来自每个天线的距离-多普勒单元的复信号可用于产生MUSIC算法所需要的协方差矩阵。

此外，如果目的是目标检测，则来自所有相关器输出的天线信号可用于为每个单元建立变化矩阵，如第7章所述。

最后，如果协方差矩阵如所描述的那样构造，它可以与基于MUSIC算法的导向矢量一起使用，以提供一组信号估计权重。如果要抑制干扰，需要包含干扰而不是感兴趣信号的协方差矩阵。根据环境，可以使用目标附近距离的数据快照来计算这种协方差矩阵。如果雷达主要用于点目标，并且干扰由扩展目标引起，那么这种方法是合适的。其他情况将需要替代方法来确定有用的干扰协方差矩阵。

12.7.3 线性调频处理示例

前面描述的雷达，即在100ms内具有20kHz的线性调频扫描频率，可以作为例子说明一些细节。图12.20显示了该雷达一轮扫描的相位。利用这种二次相位关系产生线性频率扫描。一个3Hz的多普勒频移被应用于这个雷达信号，模拟一个移动目标回波。在这个例子中,具有半波长间隔的线性天线阵列被用来接收雷达信号,假设雷达信号从 20°的角度发出,3 次连续扫描由相关过程处理,相关过程对特定多普勒速度下的单次扫描执行匹配滤波;每个天线通道信号都以相同的方式处理。因为 3 次扫描通过匹配滤波器处理,如图 12.21 所示的一个多普勒频移/天线对来说,匹配滤波器的输出显示有 3 个尖峰。峰值相对于相关器定时基准的时间延迟量是目标距离的度量,在本例中为零(处理器延迟导致峰值在大约 10ms,即扫描持续时间),而显示最强时域峰值的多普勒信道提供了目标速度的度量。在示例处理过程中,实现了 9 个多普勒通道。

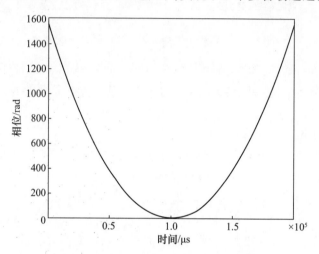

图 12.20　线性调频处理示例的雷达波形相位

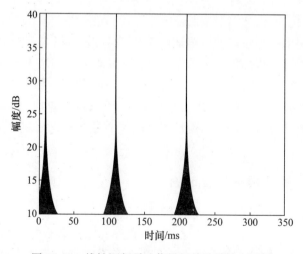

图 12.21　线性调频雷达信号相关处理输出示例

对所有天线通道进行的距离-多普勒处理包含了对所有多普勒速度进行的匹配滤波,检查匹配滤波器输出结果以确定哪个距离多普勒通道具有最强峰值。图 12.23 显示了在有限的距离扫描部分,所有 9 个通道的峰值幅度,表明处理器在对应于 3Hz 的多普勒通道和对应于扫描持续时间的距离上(零距离处的模拟目标)提供了最强的峰值。在每个天线通道中都可以看到相同的行为。

一旦确定具有最强回波的距离-多普勒信道,就可以收集该多普勒信道中所有天线的峰值的复幅度值,以获得用于计算协方差矩阵的数据矢量;应该为用于多普勒处理的每组雷达扫描获得一个这样的矢量。完成后,矢量以常规的方式组合形成协方差矩阵为

$$R = \sum_{\text{sweeps}} z_{mf} z_{mf}^H \quad (12.67)$$

在这个例子中,用 3 个这样的矢量来形成协方差矩阵。然后,利用 MUSIC 算法实现测向。对协方差矩阵进行特征分析,与较小特征值相关的特征矢量用于指定噪声子空间。然后按照 MUSIC 算法的规定,搜索与阵列几何形状相关联的阵列流形,以寻找与噪声子空间正交的导向矢量。这一过程的结果如图 12.22 所示,图中显示了 MUSIC 谱,即所有流形导向矢量与噪声子空间距离的倒数。显然,在 MUSIC 谱中有一个强峰值,表明前面描述的处理算法效果良好。在这个例子中,阵列流形上的导向矢量和与相关峰值处协方差矩阵相关联的特征矢量相距 0.0001 个波束宽度。

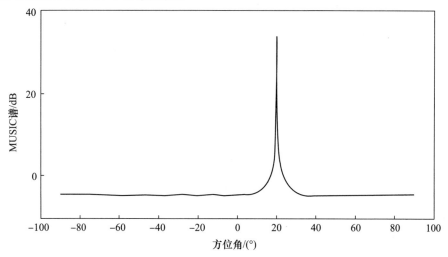

图 12.22 基于 MUSIC 算法的线性 FM 雷达信号侧向结果示例

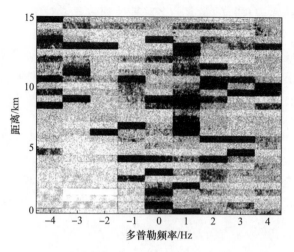

图 12.23 线性调频雷达信号的多普勒处理输出示例

12.8 语音调制信号

高频链路上的语音流量相对常见;由于潜在的低成本长距离通信,许多用户被高频吸引。语音信号可以使用第 3 章中讨论的调幅方法之一;频率调制的性能很差,因为高频频段的可用带宽非常有限。然而,考虑带宽效率,单边带抑制载波(SS-SC)调制似乎是最流行的调制格式。

不幸的是,单边带抑制载波调制缺乏一个可用于阵列信号处理以估计信号的显著波形特征。因此,语音信号估计是一个相对具有挑战性的主题。尽管如此,这一挑战促使 Schell 和 Gardner 提出了一种相对新颖的阵列信号估计方法[9]。这种技术被称为可编程典型相关分析(PCCA),它与本章前面讨论的利用训练信号的方法有关。可编程典型相关分析方法提供极大的灵活性,通过对阵列天线上的信号进行创造性的频谱滤波来生成伪训练信号。滤波可以有效地将到达信号矢量变换到交替的多维空间,而不改变由空间采样建立起来的信号矢量各分量之间的相位关系。经过滤波之后,空间样本之间的未知关系,即信号估计所需的导向矢量,可以通过典型相关分析的多元分析技术来获得。

12.8.1 典型相关分析方法

关于典型相关分析的全面基础,读者应该参考多元分析的基本教材[16]。这里只讨论这种方法的一般原理。基本上,该方法适用于分析两个数据组的情况,两个数据组都与主要目标相关,但是每个数据组以不同的形式提供不同的信息或相似的信息。每个数据组由一系列观察数据矢量表示;我们感兴趣的是确定两个矢量集之间的共同关系。

更抽象地说,用矢量 x_1 表示来自第一数据组的观测值,用矢量 x_2 表示来自第二数据组的观测值。可以使用基于矢量 x 的"超观测"来表示联合观测值。使用该符号,可以考虑超观测的样本协方差矩阵。

$$S \doteq xx^H = \begin{bmatrix} x_1 \\ x_2 \end{bmatrix} \begin{bmatrix} x_1^H & x_2^H \end{bmatrix} \tag{12.68}$$

这个协方差矩阵可以用通常的方法来划分,有

$$S = \begin{bmatrix} S_{11} & S_{12} \\ S_{21} & S_{22} \end{bmatrix} \tag{12.69}$$

考虑来自第一个数据组的观测值的线性组合,$u = a^H x_1$,以及来自第二个数据组的观测值的线性组合,$v = a^H x_2$,最有可能的相关性是什么?这个问题可以通过最大化 u 和 v 之间的协方差来解决,条件是这些变量的方差为 1,即 $\text{var}(u) = \text{var}(v) = 1$。

x_1 中的元素和 x_2 中的元素之间的协方差在子矩阵 S_{12} 中,而每个数据组内元素自身的方差和协方差包含在样本协方差 S_{11} 和 S_{22} 中,有

$$\text{cov}(u,v) = a^H S_{12} b \tag{12.70}$$

$$\text{var}(u) = a^H S_{11} a \tag{12.71}$$

$$\text{var}(v) = b^H S_{22} b \tag{12.72}$$

使用拉格朗日乘子 λ_1 和 λ_2 使下式最大化可以找到期望的解,即

$$V = a^H S_{12} b - \lambda_1 (a^H S_{11} a - 1) - \lambda_2 (b^H S_{22} b - 1) \tag{12.73}$$

对复数变量 a 和 b 求 V 的微分,并将结果设置为零,得到

$$S_{12} b - \lambda_1 S_{11} a = 0 \tag{12.74}$$

$$S_{21} a - \lambda_2 S_{22} b = 0 \tag{12.75}$$

这两个关系可以借助于约束 $a^H S_{11} a = 1$,$b^H S_{22} b = 1$ 来求解,并且,假设 $b^H S_{21} a$ 是实数(可以通过假设它被最大化来证明),得到

$$\lambda_2 = b^H S_{21} a = a^H S_{12} b = \lambda_1 = K \tag{12.76}$$

这里引入了标量 K,因为两个拉格朗日乘数被认为彼此相等,并且等于 u 和 v 之间的期望最大相关。

回到指定拉格朗日乘数的方程式(12.75),得到

$$KS_{11}a = S_{12}b \tag{12.77}$$

$$KS_{22}b = S_{21}a \tag{12.78}$$

求解 a 为

$$a = \frac{1}{K}S_{11}^{-1}S_{12}b \tag{12.79}$$

所以

$$(S_{21}S_{11}^{-1}S_{12} - K^2 S_{22})b = 0 \tag{12.80}$$

同理可以求解 b 得到。

$$(S_{12}S_{22}^{-1}S_{21} - K^2 S_{11})a = 0 \tag{12.81}$$

a 的广义特征矢量为

$$S_{12}S_{22}^{-1}S_{21}a = K^2 S_{11}a \tag{12.82}$$

b 的广义特征矢量为

$$S_{21}S_{11}^{-1}S_{12}b = K^2 S_{22}b \tag{12.83}$$

如果这两个方程被 S_{11}^{-1} 和 S_{22}^{-1} 预相乘,则可以分别获得另一对特征方程。得到的一对普通特征方程变为

$$S_{11}^{-1}S_{12}S_{22}^{-1}S_{21}a = K^2 a \tag{12.84}$$

$$S_{22}^{-1}S_{21}S_{11}^{-1}S_{12}b = K^2 b \tag{12.85}$$

这些特征关系具有一个以上的特征值/特征矢量对;非零特征值的数量将是 $N_e = \text{rank}(S_{12}) \leqslant \min(p,q)$,其中 p 和 q 是矢量 x_1 和 x_2 的长度。由于特征值不同,单对变量 u 和 v 不足以量化两组 x_1 和 x_2 之间的关系。相反,根据内积的规定,需要 N_e 特征矢量对

$$u_i = a_i^H x_1 \tag{12.86}$$

$$v_i = b_i^H x_2, i = 1, \cdots, s \tag{12.87}$$

这些操作的结果是数据已经从原始的两组坐标 x 转换到新的坐标 $y = [u, v]$。在

y 坐标中,可以发现样本协方差矩阵具有以下形式:

$$S_y = \begin{bmatrix} I & D \\ D & I \end{bmatrix} \quad (12.88)$$

式中:I 为大小为 N_e 的单位矩阵,D 为 D 个特征值的对角矩阵。因此,该变换产生标准化的组内变量以及组间不相关的变量。这些对角化技术是可编程典型相关性分析方法的基础,这将在 12.8.2 节中描述。

12.8.2 可编程典型相关分析

12.8.1 节中描述的数学机制提供一种从阵列数据进行信号估计的方法,通过设计适当的变换,该方法可以适用于各种各样的信号类型[9]。本节重点介绍典型相关分析在阵列数据处理中的应用,在接下来的部分中,将举例说明该技术在单边带抑制载波信号中的应用。

可编程典型相关分析可以用图 12.24 所示的框图来概括。阵列数据矢量 z 由两条平行路径进行线性处理。其中第一个是正常信号估计通道,阵列单元输出信号以常规方式由一组适当的信号估计权重 w_s 加权。第二条路径对阵列数据的每个通道使用一个变换域滤波器,然后对滤波器输出矢量执行一组相似的信号估计权重 w_t。这里下标 s 用来表示"信号"通道,而下标 t 用来表示"变换"通道。

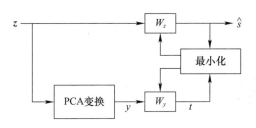

图 12.24 PCCA 处理框图

目标是找到两组信号估计权重,以最小化两个信号估计输出之间的差异。如果仔细选择变换(滤波器)使得变换路径上的信号更强调感兴趣信号的特性并弱化干扰信号,那么信号路径上的权重将弱化干扰,并在信号估计输出端口提供阵列数据的低干扰版本。

通过在变换(滤波器)路径上的定义变换后的估计信号 t,并注意到信号路径上对应的重建信号是期望的信号估计,可以用与典型相关分析方法相似的方式来公式化处理过程。目标是找到适当的信号估计权重,以最小化两个信号之

间的任何差异。从数学上讲,这可以描述为

$$\min_{\boldsymbol{W}_z,\boldsymbol{W}_y}\langle\parallel\boldsymbol{W}_y^\mathrm{H}\boldsymbol{y}(t)-\boldsymbol{W}_z^\mathrm{H}\boldsymbol{z}(t)\parallel^2\rangle \tag{12.89}$$

受限于 $\boldsymbol{W}_z^\mathrm{H}\boldsymbol{R}_{zz}\boldsymbol{W}_z=\boldsymbol{I}$ 的约束,类似的约束也适用于 $\boldsymbol{W}_y$。

前面描述的数学方法的适用性应该是显而易见的。因此,期望的空间滤波器对可以被确定为来自两个特征方程的主要特征矢量为

$$\hat{\boldsymbol{R}}_{zz}^{-1}\hat{\boldsymbol{R}}_{zy}\hat{\boldsymbol{R}}_{yy}^{-1}\hat{\boldsymbol{R}}_{zy}^\mathrm{H}\boldsymbol{w}_{z,i}=\lambda_i\boldsymbol{w}_{z,i} \tag{12.90}$$

$$\hat{\boldsymbol{R}}_{yy}^{-1}\hat{\boldsymbol{R}}_{zy}^\mathrm{H}\hat{\boldsymbol{R}}_{zz}^{-1}\hat{\boldsymbol{R}}_{zy}\boldsymbol{w}_{y,i}=\lambda_i\boldsymbol{w}_{y,i} \tag{12.91}$$

其中利用了 L 个主特征值。实际上,由于不需要估计变换后的信号,所以只需要求解式(12.90)。

12.8.3 单边带抑制载波信号示例

作为语音调制信号的可编程典型相关分析处理的一个例子,考虑一个具有高斯随机分布振幅和音调的合成语音信号。音调以 200Hz 为中心,并围绕这个中心频率以 20Hz 的方差变化。显示了这种合成语音信号的总体特征如图 12.25 所示。

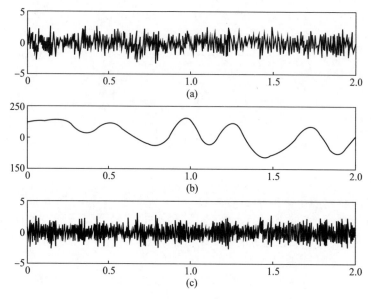

图 12.25　单边带抑制载波通信信号的合成语音调制特性
（a）语音调制；（b）音高变化,中心频率200Hz；（c）语音波形。

完整波形中随机位置的基带波形样本如图12.26所示。基带波形随后用于对载波进行幅度调制,并对结果进行滤波,以产生单边带抑制载波调制信号,并作为感兴趣信号包含在信号环境中。这个信号被模拟成从20°的方位角到达接收天线阵列。

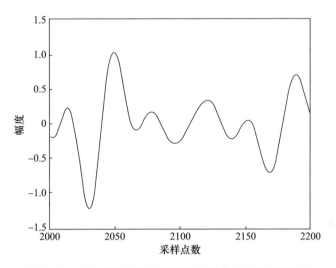

图12.26　单边载抑制载波通信信号的合成语音调制样本

第二个信号具有高斯噪声幅度调制的非感兴趣信号(SNOI),在相同的水平上,被生成并模拟为从-30°的方位角到达。两个信号的功率水平大致相同,比模拟噪声高30dB。接收阵列由4个天线单元组成,并且具有半波长间隔和12MHz的射频频率。这种几何结构和频率使两个信号的波束宽度不同。

如前两节所述,对4元阵列信号进行可编程典型相关分析处理。对阵列单元信号进行窄带滤波,以消除处理中的带外信号。然后,输出的信号通过一个对两种信号类型产生不同影响的滤波器。在本例中,该滤波器与单边带抑制载波滤波器相同,该滤波器在发射时用于在单边带抑制载波信号生成过程消除和下边带。因此,感兴趣信号不受滤波影响,而噪声调制信号受到显著影响。然后,使用天线信号和滤波信号的统计来计算适当的信号估计权重。

回顾生成的几个信号估计权重矢量;矢量的数量等于天线单元的数量。可编程典型相关处理必须由信号估计的后处理来补充,以确定哪组信号估计权重产生感兴趣信号。这个例子没有详细研究这种处理,但是从结果中可以明显看出合适的感兴趣信号通道。

图12.27显示了通过解调射频信号获得的基带信号。显而易见,这个过程进行得很顺利。在仿真中,使用了Matlab"soundsc"命令来产生传输信号以及每

个恢复信号的音频。听者的耳朵可以确认可编程典型相关分析处理在恢复感兴趣信号中的有效性。

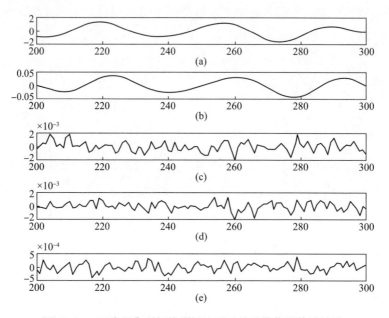

图 12.27　可编程典型相关分析处理后的基带信号估计结果

(a)感兴趣的发射基带信号；(b)通道 1 可编程典型相关分析基带输出；
(c)通道 2 可编程典型相关分析基带输出；(d)通道 3 可编程典型相关分析基带输出；
(e)通道 4 可编程典型相关分析基带输出。

参 考 文 献

1. G. A. Fabrizio, *High Frequency Over-the-Horizon Radar*, New York: McGraw Hill, 2013.
2. B. G. Agee, S. V. Schell, and W. A. Gardner, "Spectral Self-Coherence Restoral: A New Approach to Blind Adaptive Signal Extraction Using Antenna Arrays," *Proceedings of the IEEE*, vol. 78, no. 4, April 1990.
3. E. J. Kelly and K. M. Forsythe, *Adaptive Detection and Parameter Estimation for Multidimensional Signal Models*, Lincoln Laboratory Technical Report 848, 19 April 1989.
4. E. J. Kelly, "An Adaptive Detection Algorithm," *IEEE Trans. on Aerospace and Electronic Systems*, vol. AES-22, March 1986, 115.
5. W. A. Gardner, "Exploitation of Spectral Redundancy in Cyclostationary Signals," *IEEE Signal Processing Magazine*, April 1991.

6. J. R. Treichler and M. G. Larimore, "New Processing Techniques Based on the Constant Modulus Adaptive Algorithm," *IEEE Trans. on Accoustics, Speech, and Signal Processing*, ASSP-33, no. 2, April 1985, 420.
7. R. Gooch and J. Lundell, "The CM Array: An Adaptive Beamformer for Constant Modulus Signals," *ICASSP 86*, 2523.
8. G. B. Agee, "Blind Separation and Capture of Communication Signals Using a Multitarget Constant Modulus Beamformer," 1989 IEEE Military Communications Conference, 340.
9. S. V. Schell and W. A. Gardner, "Programmable Canonical Correlation Analysis: A Flexible Framework for Blind Adaptive Spatial Filtering," *IEEE Transactions on Signal Processing*, vol. 43, no. 12, December 1995, 2898.
10. P. M. Woodward, *Probability and Information Theory, with Application to Radar*, New York: McGraw-Hill, 1955.
11. R. L. Allen and D. W. Mills, *Signal Analysis: Time, Frequency, Scale and Structure*, Hoboken, NJ: Wiley-Interscience, 2004.
12. B. G. Agee, S. V. Schell, and W. A. Gardner, "Spectral Self-Coherence Restoral: A New Approach to Blind Adaptive Signal Extraction Using Antenna Arrays," *Proceedings of the IEEE*, vol. 78, no. 4, April 1990.
13. C. E. Shannon, "A Mathematical Theory of Communication," *Bell System Technical Journal*, vol. 27, 1948.
14. C. E. Shannon, "Communication in the Presence of Noise," *Proc. I.R.E.*, vol. 37, no. 10, 1949.
15. R. M. Fano, *Transmission of Information*, Cambridge, MA: MIT Press, 1961.
16. W. J. Krzanowski, *Principles of Multivariate Analysis*, Oxford, UK: Oxford University Press, 1988.